U0490050

省级河湖长制
实施关键技术与示范应用

江西省鄱阳湖水利枢纽建设办公室
江　西　省　水　利　科　学　院　组织编写

谢睿　袁芳　邹文生 等　著

·北京·

图书在版编目（CIP）数据

省级河湖长制实施关键技术与示范应用 / 谢睿等著 ; 江西省鄱阳湖水利枢纽建设办公室，江西省水利科学院组织编写. -- 北京 : 中国水利水电出版社，2024. 12.
ISBN 978-7-5226-3048-9

Ⅰ. TV882

中国国家版本馆CIP数据核字第20244A54F8号

书　　名	**省级河湖长制实施关键技术与示范应用** SHENGJI HEHUZHANGZHI SHISHI GUANJIAN JISHU YU SHIFAN YINGYONG
作　　者	江西省鄱阳湖水利枢纽建设办公室 江西省水利科学院 组织编写 谢睿　袁芳　邹文生　等　著
出版发行	中国水利水电出版社 （北京市海淀区玉渊潭南路1号D座　100038） 网址：www. waterpub. com. cn E-mail：sales@mwr. gov. cn 电话：（010）68545888（营销中心）
经　　售	北京科水图书销售有限公司 电话：（010）68545874、63202643 全国各地新华书店和相关出版物销售网点
排　　版	中国水利水电出版社微机排版中心
印　　刷	天津嘉印务有限公司
规　　格	184mm×260mm　16开本　14.75印张　359千字
版　　次	2024年12月第1版　2024年12月第1次印刷
定　　价	**98.00**元

本书编委会

主　编： 谢　睿

副主编： 袁　芳　邹文生

参　编： 吴小毛　周　波　周文敏　张兰婷　胡　芳　邓香平
徐可姿　申思佳　王艳凤　占雷龙　韩　露　陈　伟
张书滨　邓　虹　徐雅婕　石　莎　肖　潇　张　悦
涂静婷　袁晓峰　杨　平　邓　恺　周　维　张力薇
张　磊　钟　燮　张家婧　吕　苗　李　珍　饶姝曼
胡思军　李　洋　艾　晟　钟依罗　涂丽娟　张立存
胡根华　谌祖安　黎　洲　危文广　曾智超　毛安琪
罗志雄　朱燕红　彭振华　刘小佳　孙志斌　袁小梅
袁锦虎　朱　菘　郭　杨　刘　波　戴　瑛　闵晓雯

序 1

江西，这片因水而生、依水而兴的沃土，展现着水之韵律的无穷魅力。赣江、抚河、信江、饶河、修水等五大河流，宛如蜿蜒巨龙，汇聚于鄱阳湖之中，共同绘制出一幅波澜壮阔的自然画卷。2400余条支流及众多中小湖泊星罗棋布，构成了一个生机勃勃的水系网络，孕育了鱼米之乡的壮美景观，滋养着4600万赣鄱儿女的生命与心田。江西的河湖，以其博大的胸怀，吞吐风云，兼容并包，为长江中下游地区的水资源保障、水安全维护和水生态安全做出了卓越贡献。2016年2月，习近平总书记曾明确指出："绿色生态是江西的最大财富、最大优势、最大品牌。"凭着得天独厚的自然条件，江西于2014年率先成为全国生态文明先行示范区；2015年，省委、省政府站在生态文明建设的战略高度，决定全面实施河湖长制，为生态文明建设注入了新的活力与动能。

九年来，江西在河湖保护与管理的道路上，以智慧为引领，用汗水来浇灌，精心绘制了一幅幅动人心弦的生态文明建设之歌。其一，坚守"三条红线"，强化水资源保护，落实最严格之制度，护水之源；其二，严管河湖水域岸线，对水域、岸线等生态空间实施铁腕治理，严禁侵占河道，围填湖泊；其三，下真功夫防治污染，统筹水上岸下，全面排查污染源，优化排污口布局，治污之根；其四，深化水环境治理，重拳出击黑臭水体，确保饮水安全，净水之体；其五，推进水生态修复，实施山水林田湖草综合治理，复生态之韵；其六，严格执法监管，重拳打击违法，捍卫河湖生态健康，守法律之威。在此过程中，形成了四大重要举措。

第一，构建五级联动网络，筑牢责任防线。以前瞻性的视野为引领，构建了一张覆盖每一寸水域的五级联动的河长湖长组织网络。2.5万名河（湖）长与9.42万余名河湖管护人员齐心协力，共同筑起一道坚不可摧的责任防线，守护着绿水青山，让责任与担当在潺潺流水中熠熠生辉。

第二，铁腕治理河湖顽疾，恢复碧波荡漾。以雷霆万钧之势，开展了声势浩大的清河行动。通过清洁水质、拆除违建、清理违法等行为，九年来累计排查处理各类损害河湖水域环境的突出问题一万多个，全省河湖环境面貌得到了明显改观。

第三，实施流域综合治理，开启生态新篇章。以系统观念为引领，全面推进流域生态修复和保护。投入889亿元巨资实施山水田林湖草综合治理，全省108条（段）幸福河湖建设全面铺开，以河川秀美、百姓宜居为目标，村民自主创建了836个省级水生态文明村试点，幸福河湖建设如明珠般镶嵌在江西大地上，成为江西最动人的底色。

第四，创新机制模式，引领绿色发展新风尚。以创优争先为动力，积极探索生态价值转换试点、多员合一生态综合管护机制、“河长＋警长”“河长＋检察长”等创新举措。同时，创立和完善了河湖长巡查与履职技术、“点-线-面”水陆共治技术，构建了“省-市-县”多层级矩阵式治水考评体系和“制度-标准-科普”技术支撑体系。这些举措犹如坚固基石，夯实了河湖长制的发展根基；犹如一面面旗帜，引领着河湖保护与管理的新风尚。

九年来，江西实施“河长制”取得了显著成效。全省全部断面消灭了Ⅴ类和劣Ⅴ类水体，河流断面水质优良比例由2015年的81％提高到2020年的94.7％；进入21世纪以来，长江干流江西段及赣江干流稳定保持Ⅱ类水质，县以上城市集中式饮用水水源水质100％达标；流域综合治理示范流域（河段）、生态宜居美丽乡村不断涌现，宜黄县宜水、南昌市长堎河等入选全国幸福河湖建设试点并顺利通过水利部考核。河湖生态效益、经济效益和社会效益不断提升。

展望未来，河湖保护与管理仍任重而道远。在全面深入实施河湖长制，进行河湖治理保护修复探索的基础上，工作人员编写了《省级河湖长制实施关键技术与示范应用》一书。此书不仅是对江西河湖长制实践经验的总结与提炼，更是对未来河湖保护与管理工作的展望与思考。抛砖引玉，希望通过这本书的出版，能够激发更多人对河湖保护的热情与关注，推动全国河湖长制工作不断迈向新的高度；愿此书能成为河湖保护与管理道路上的一盏引路灯，引领我们共同书写河湖保护与管理的新篇章。

江西省人民政府原副省长、教授 胡振鹏

2024年12月18日

序 2

党的十八大以来，以习近平同志为核心的党中央坚持“五位一体”总体布局，持续推进生态文明建设，坚持民生为上、治水为要，以“节水优先、空间均衡、系统治理、两手发力”的治水思路为核心，统筹推进水灾害防治、水资源节约、水生态修复、水环境治理，全面提升水安全保证能力，形成了新时代治水安邦、兴水利民的新理念、新思想、新战略。

长期以来，河湖管理和保护“线长面广”，涉及上下游、左右岸、干支流、不同区域和流域，难以形成共管共治的合力，影响河湖保护的整体成效。河湖长制是新时代河湖管护的体制机制创新，旨在充分发挥地方党委政府和相关部门的作用，明确责任分工，强化统筹协调，形成河湖水生态环境保护的合力。

全面实行河湖长制，是践行习近平生态文明思想、推动生态文明建设的内在需求，是解决我国新老水问题的关键环节。习近平总书记多次强调，绿水青山就是金山银山，要像保护眼睛一样保护生态环境，像对待生命一样对待生态环境。坚持绿色发展理念，必须把河湖管理保护作为生态文明建设的重要内容。同时，实施河湖长制是解决我国复杂水问题的有效举措。在促进河湖系统保护和水生态环境整体改善，保障河湖功能永续利用，维护河湖健康生命方面有重要意义。显然，实施河长制是完善水治理体系、保障国家水安全的制度创新。

2015 年，江西省在全国率先建立高规格、高水准的河湖长制管理体系，保障制度供给。此后，江西省河湖长制工作跨流域、跨区域合纵连横、督导稽查，推动解决了一系列河湖治理难题，水更清了，岸更绿了，景更美了，人更幸福了。贯彻落实好河湖长制，不仅需要体制机制创新，还需要关键技术支撑。首先，要解决信息共享不畅、统筹协调制度欠缺的难题。在整个河湖长全巡查过程中，卫星、无人机、手机等信息设备的使用，产生了大量空间地理、环境质量等信息数据，要把这些信息数据充分整合，应用于流域河湖管理，并有效降低管理成本。其次，要解决流域综合管理缺乏抓手、长期规划难以落地的难题。江西省曾试点探索了多种生态经济建设模式，但是大多没有转化为全流域的综合管理制度，其影响力随着时间推移而逐渐衰弱，其管理模式无法统筹流域内自然、社会和经济发展，难以落实流域综合管理理念。最后，要解决涉水管理主体之间协调效率问题。涉水问题的权责部门并不一定是该行业的主管部门，因而可能导致管理工作落不到实处。单一部门对涉及多部门综合性的问题管理力度非常有限。水利部门是涉河湖类问题的主管部门，但是许多行业出现的实际问题却必须依靠该行业的业务主管部门才好解决。因此，分析各行业线条的河湖保护工作权重，动态制定河湖保护指标体系，探索成效评定方法，显得尤其重要。

《省级河湖长制实施关键技术与示范应用》选取省级河湖长制实施为研究对象，围绕河湖生态治理过程中管理机制、协调瓶颈、监测手段和技术手段存在的滞后性、单一性等问题，河湖治理效果不佳、监督考核不健全、制度法规体系不全等难题，发展了“空-天-地”立体化河湖长协同巡查方法，提出“点-线-面”水陆共治模式，创建了全流域跨部门多层级矩阵式考评体系，形成了一批技术标准、管理制度和地方标准，从巡查、治理、考核、体系建设、集成应用的闭环事件流程系统提升河湖长制工作的质效，为提升我国河湖生态治理应用技术水平提供了示范和借鉴。结合河湖长制治理项目，采用“理论研究-技术体系构建-省级统管-市县全覆盖-全面推广”的模式推广应用。总结江西省河湖长制实施中存在的问题及其发展趋势，为河湖长制工作从“有名”“有实”向“有能”“有效”转变。

工欲善其事必先利其器，为了更好地推动河湖长制工作提质增效，在多年实践经验和专题研究的基础上，本书系统梳理了河湖长制体系的创建与集成，是江西河湖长制关键技术的集大成者，具有很强的可操作性，对推进河湖长制工作走深走实大有裨益。

中国工程院院士

2024年12月27日

前言

习近平总书记指出，河川之危、水源之危是生存环境之危、民族存续之危，保护江河湖泊，事关人民群众安危，事关中华民族发展。党的十八大以来，生态文明建设被纳入国家“五位一体”总体战略。习近平总书记在全国生态环境保护大会上提出“第一，加快构建生态文明体系”，在2017年新年贺词中提到“每条河流都要有河长了”。2019年，习近平总书记号召“建设造福人民的幸福河”。全面推行河湖长制是破解我国新老水问题、保障国家水安全的重大制度创新。

2007年5月，太湖爆发严重的蓝藻污染，造成较大的社会影响。为解决太湖水问题，同年8月，无锡市在乡镇基层率先实行河长制。此后，江苏、浙江、福建、江西等多地开展了相关探索。

2016年10月25日，水利部主办的全国“河长制”及河湖管护体制机制创新座谈会在江西省靖安县召开。当月，习近平总书记主持召开中央全面深化改革领导小组第二十八次会议，审议通过了水利部以江西河长制模式为蓝本起草的《关于全面推行河长制的意见》，并于2016年11月28日由中办、国办联合印发，河长制在全国范围内全面推广。2017年12月26日，中办、国办印发了《关于在湖泊实施湖长制的指导意见》，将湖泊保护纳入河长制管理。

2014年，江西省靖安县、星子县被列入了全国首批河湖管护体制机制创新试点县，2015年8月，靖安县在江西省率先全面建成河长制，通过河长制持续推进河湖管护取得了较好的成效。2015年11月，江西省制定出台《关于全面实施河长制的意见》，启动实施了河长制，在全国建立当时规格最高、覆盖面广、组织体系完善的河长制体系，市县党政同责、区域和流域相结合，覆盖全省所有水域的高规格五级河长制组织体系，构建了河长领衔、部门协同、流域上下游共同治理的河长制运行机制，并对河湖管理和保护中存在的突出问题进行专项整治。2018年5月9日，在全面推行河长制的基础上，对照湖泊的管理保护特点，省委办公厅、省政府办公厅联合印发《关于在湖泊实施湖长制的工作方案》，湖长制在江西省全面推行，纳入河长制管理，覆盖全省所有河湖的高规格五级河湖长制体系全面建成。2019 年 1 月 1 日，经江西省人民代表大会常务委员会审议通过的《江西省实施河长制湖长制条例》正式施行，河湖长制的工作内容、实施范围，各级河湖长、河长办、河湖长制责任单位的职责以法律形式明确。

河长制实施以来，江西省认真贯彻落实习近平总书记视察江西时“做好治山理水、显山露水的文章，打造美丽中国江西样板”的重要指示，持续深入实施河湖长制，聚焦河湖保护管理和治理，高标准高质量建设秀美幸福河湖、美丽绿色江西，有力整治影响河湖健康的突出问题。但是，在有效改善河湖水环境质量，取得河湖治理显著效益的同时，河湖长制实施过程中存在的一些技术问题也逐步显现。

本书选取省级河湖长制实施为研究对象，围绕着河湖生态治理过程中管理机制、协调瓶颈、监测手段和技术手段存在滞后、单一性等问题，监督考核不健全、制度法规体系不全等瓶颈难题，遵循生态文明和生态系统管理理论，通过有效的管理与保护措施，促进河湖的生态恢复与可持续发展，创新并发展了“空–天–地”立体化河湖长协同巡查方法，提出“点–线–面”水陆共治模式，创建了全流域跨部门多层级矩阵式考评体系，形成了一批技术标准、管理制度和地方标准和法规，从巡查、治理、考核、体系建设、集成应用的闭环事件流程全面系统提升河湖长制工作的水平和质量，旨在为我国提升河湖生态治理应用技术水平提供示范和借鉴。

本书的出版得到了江西水利科技重大项目“鄱阳湖流域微单元水生态文明建设关键技术研究与应用”（202325ZDKT06）的资助，特表示感谢。在研究期间作者得到了江西省水利厅、江西省水投江河信息技术有限公司、鄱阳湖水文水资源监测中心、靖安县河湖管护中心、南昌工程学院、南昌理工学院等单位的大力支持，以及作者团队全体人员的密切配合，在此对他们的辛勤劳动一并表示衷心感谢。

限于作者的知识水平和实践经验，书中的缺点、遗漏甚至谬误在所难免，热切希望和欢迎各位读者提出宝贵意见。

作者

2024 年 12 月

目录

第1章

绪　论

1.1　河湖长制研究背景

习近平总书记指出河川之危、水源之危是生存环境之危、民族存续之危，保护江河湖泊，事关人民群众安危，事关中华民族发展。党的十八大以来，生态文明建设被纳入国家“五位一体”总体战略。党的十九大提出，到21世纪中叶，我国物质文明、政治文明、精神文明、社会文明、生态文明将全面提升。党的二十大又提出，中国式现代化是人与自然和谐共生的现代化。习近平总书记在全国生态环境保护大会上提出“第一，加快构建生态文明体系”，在2017年新年贺词中提到“每条河流都要有河长了”。2019年习近平总书记号召“建设造福人民的幸福河”。全面推行河湖长制是以习近平同志为核心的党中央从人与自然和谐共生、加快推进生态文明建设的战略高度作出的重大决策部署，是破解我国新老水问题、保障国家水安全的重大制度创新。

2007年5月，太湖暴发严重的蓝藻污染，引发江苏省无锡市全城自来水污染，生活用水和饮用水严重短缺，超市、商店里的桶装水被抢购一空，造成较大的社会影响。痛定思痛，当地政府认识到，水质恶化导致的蓝藻暴发，问题表现在“水里”，根子是在岸上。解决这些问题，不仅要在水上下功夫，更要在岸上下功夫；不仅要本地区治污，更要统筹河流上下游、左右岸联防联治；不仅要靠水利、环保、城建等部门切实履行职责，更需要党政主导、部门联动、社会参与。2007年8月，无锡市率先实行河长制，由各级党政负责人分别担任64条河道的河长，加强污染物源头治理，负责督办河道水质改善工作。2008年，浙江省湖州市长兴县委下发文件，由四位副县长分别担任4条入太湖河道的河长，所有乡镇班子成员担任辖区内的河道河长，由此县、镇、村三级河长制管理体系初步形成。2008年起，浙江湖州、衢州、嘉兴、温州等地陆续试点推行河长制。

2014年9月19日，水利部印发《水利部关于开展河湖管护体制机制创新试点工作的通知》（水建管〔2014〕303号），从部委层面开始了对河湖管护体制机制的新一轮探索。2016年10月25日，水利部主办的全国“河长制”及河湖管护体制机制创新座谈会在江西省靖安县召开，并对江西省河长制体制机制开展深入调研。当月，习近平总书记主持召开中央全面深化改革领导小组第二十八次会议，审议通过了水利部以江西河长制模式为蓝本起草的《关于全面推行河长制的意见》，并于2016年11月28日由中办、国办联合印发，文件号厅字〔2016〕42号，河长制在全国范围内全面推广。2017年12月26日，中办、国办印发了《关于在湖泊实施湖长制的指导意见》，基于湖泊在防洪、供水、航运、生态等方面不可替代的作用及其特殊性，将湖泊保护纳入河长制管理。至此，河湖长制在国家层面的顶层设计全面完成。

2014年，江西省靖安县被列入了全国首批河湖管护体制机制创新试点县，并于2015年8月在江西省率先全面建成河长制，靖安县秉承以“河”为贵的工作理念，通过河长制持续推进河湖管护创新提升，取得了较好的成效，并形成了可推广、可复制的工作经验。江西省委、省政府主要领导高位推动，各级河长积极履职，责任单位联动配合，全省上下齐心协力，以清河行动和流域生态综合治理为抓手，奋力打造河长制升级版，实现了从“见河长”“见行动”到“见成效”，河湖管护成效显著。2015年11月1日，江西省委办公厅、省政府办公厅联合印发《江西省实施“河长制”工作方案》(赣办字〔2015〕50号)，标志着江西省河长制工作的全面启动，率先在全国建立当时规格高、覆盖面广、组织体系完善的河长制体系，江西省委书记任省级总河长，省长任副总河长，7位省领导分别担任“五河一湖一江”的河长。2016年，江西省把河长制作为建设生态文明先行示范区的重要改革举措，加大推进力度，并将河长制工作纳入《江西省生态文明先行示范区建设工作要点》(赣生态〔2016〕4号)，推进各项工作的落实。2017年，国家批复《国家生态文明试验区（江西）实施方案》，进一步明确指出：“全面推行河长制，进一步细化责任、强化考核，落实水资源保护、水域岸线管理、水污染防治、水环境治理等职责，完善执法监督制度，落实河湖管护主体、责任和经费”。同年，江西省委办公厅、省政府办公厅出台《关于以推进流域生态综合治理为抓手打造河长制升级版的指导意见》，要求转型升级河长制工作思路，以实施流域生态保护和综合治理工程为抓手，统筹推进流域水资源保护、水污染防治、水环境改善、水生态修复，协同推进流域新型工业化、城镇化、农业现代化和绿色化，实现生态与富民双赢。2018年5月9日，在全面推行河长制的基础上，对照湖泊的管理保护特点，江西省委办公厅、省政府办公厅联合印发《关于在湖泊实施湖长制的工作方案》，湖长制在江西省全面推行，纳入河长制管理，覆盖全省所有河湖的高规格五级河湖长制体系全面建成。2019年1月1日，经江西省人民代表大会常务委员会审议通过的《江西省实施河长制湖长制条例》正式施行，河湖长制的工作内容、实施范围，各级河湖长、河长办、河湖长制责任的单位的职责以法律形式明确。2022年1月6日，《江西省关于强化河湖长制建设幸福河湖的指导意见》以总河长令的形式印发，全面启动幸福河湖建设，明确从强化水安全保障、强化水岸线管控、强化水环境治理、强化水生态修复、强化水文化传承、强化可持续利用等六大途径开展幸福河湖建设。

1.2 国内外河湖管理体制机制探索现状

1.2.1 国外河湖综合治理体制机制

近代以来，国外对河湖综合治理进行了许多有益的探索和实践，探索了适合当地情况的管理体制机制，并取得了成效，形成了多种河湖管理保护模式。

1.2.1.1 美国田纳西流域

田纳西河是美国第一大河——密西西比河最长、水量最大的支流，长 1050km，流域面积 10.5 万 km^2，地跨 7 个州。20 世纪 30 年代大萧条时期，罗斯福总统为扩大内需开展的公共基础设施建设，推动了美国历史上大规模的流域开发。田纳西流域被当作试点进行综合开发治理，试图通过一种新的独特的管理模式，对流域内的自然资源进行综合开发，达到振兴和发展区域经济的目的。经过多年的实践，田纳西流域的开发和管理取得了辉煌的成就，从根本上改变了田纳西流域落后的面貌，在国际上被誉为“流域区整体综合开发最成功的典范”。

1. 主要法律和制度框架

1933 年，美国国会通过了《田纳西流域管理局法》，在此法案基础上成立田纳西流域管理局（Tennessee Valley Authority，TVA），授权依法对田纳西流域自然资源进行统一开发和管理，成为田纳西流域开发与治理取得成功的关键。田纳西流域地跨 7 个州，而美国各州的权力很大，如果没有立法保证，对田纳西流域进行统一开发管理将无法进行。《田纳西流域管理局法》对 TVA 的职能、开发各项自然资源的任务和权力作了明确规定，为对田纳西流域包括水资源在内的自然资源的有效开发和统一管理提供了法律保证。《田纳西流域管理局法》并非一成不变，自颁布后，根据流域开发和管理的变化和需要，不断进行修改和补充，使涉及流域开发和管理的重大举措都能得到相应的法律支持。

2. 管理主体

TVA 是罗斯福总统规划专责解决田纳西河谷水土保持、粮食生产、水库、发电、交通等所有问题的机构。TVA 定位为一个既享有政府的权力、同时具有私人企业的灵活性和主动性的公司型联邦一级机构，集中了流域的规划、开发、研究、工程设计与施工、工程招标、土地转让、发放债券以及产品的生产、经营和销售的多种权力。

TVA 的决策机构是由总统任命的 3 人董事会，由主席、总经理和总顾问组成，另外设有具有咨询性质的“地区资源管理理事会”。总统每四年可以重新任命 TVA 董事会的 3 名成员，或者只撤换其中 2 人，以此来改变理事会的政策方向。《田纳西流域管理局法》给予 TVA 独立的自主权，可以使其跨越一般的程序，直接向总统和国会汇报，避免了一般政治程序和其他部门的干扰。

TVA 的机构由董事会自主设置，并根据业务需要进行调整。TVA 时期根据自然资源开发的需要，设置有农业、工程建设、自然资源开发保护等方面的机构。随着流域开发的基本实现和发展电力的需要，设置电力建设和经营方面的机构。2000 年，TVA 董事会下设 15 人组成的执行委员会。执行委员会的成员分别主管河流系统运行和环境、电力、经济开发、客户服务和市场营销、人力资源、计划、财务等业务。

TVA 支持流域内地区公众参与流域管理。根据《田纳西流域管理局法》和《联邦咨询委员会法》，TVA 建立地区资源管理理事会，理事会对田纳西流域自然资源管理提供咨询意见。该理事会有 20 名成员，包括流域内 7 个州的州长代表，TVA 电力系统配电商的代表，防洪、航运、旅游和环境等受益方的代表，以及 TVA 的代表。理事会每年至少举行 2 次会议。理事会通过投票，对获多数票的 TVA 建议予以确认，同时，获少数票的意见也被转达给 TVA。每次会议的议程提前公告，公众可以列席会议。地区资源管理理事会的成员构成和活动机制，为 TVA 与流域地区各方提供了有效的交流渠道，促进公众积极参与流域管理。田纳西流域管理体制架构如图 1－1 所示。

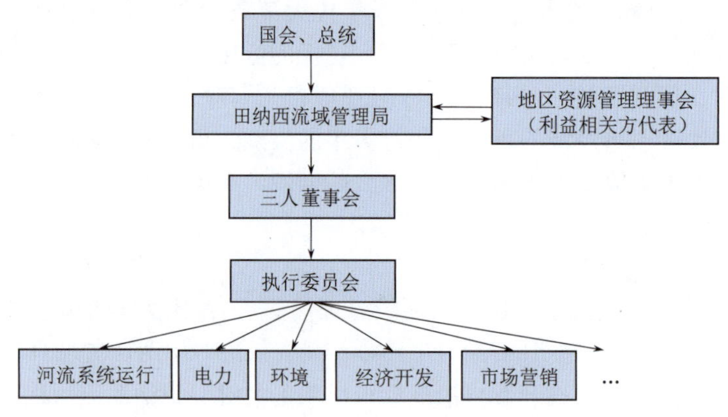

图 1－1 田纳西流域管理体制架构

1.2.1.2 北美五大湖

北美五大湖是世界最大的淡水湖，位于北美洲中西部，包括苏必利尔湖、休伦湖、密歇根湖、伊利湖和安大略湖，湖泊总面积约 245660km²，流域总面积约 766100km²，美国占 72%，加拿大占 28%。五大湖丰富的水资源孕育和支持了水上航运、水力发电、工业制造、农业生产、城市发展及旅游与娱乐。但流域资源的开发、工业化与城市化给五大湖流域的生态环境造成严重破坏，包括但不限于水土流失严重、湖区水质恶化、沼泽地面积锐减、鱼群数量急剧下降、外来物种入侵等。面对这些严峻的挑战，美国和加拿大从开始的单一治理逐渐转变成跨国联合治理。

1. 主要法律和制度框架

早在 1905 年，美国和加拿大两国就已经共同建立了国际水路委员会（International Waterways Commission），围绕着五大湖的水流量，尤其是水力发电方面，给两国政府提供建议。1909 年，两国签署了美加《边界水资源条约》（*Boundary Water Treaty*），并根据条约要求设立了国际联合委员会（International Joint Commission，IJC）。IJC 的主要职责是化解两国围绕着跨国水资源使用而产生的纠纷，并根据两国政府的需求对特定问题进行研究并提供咨询服务。正是因为国际联合委员会对五大湖的环境情况进行了一系列的研究工作并指出了存在的问题，对相关管理治理工作的具体需求才被提上日程，这些新的需求最终促成了 1972 年美加《五大湖水质协议》（*Great Lakes Water Quality Agreement*）的签署，而这正是日后一系列美加合作对五大湖进行联合管理和治理所依据的根本性的制度文件。

《五大湖水质协议》起到的主要作用是为两国共同管理五大湖设立共同的水质目标，为了达到这些目标，协议还设立了具体的流程。此外，协议还规定每五年对设立的水质目标进行重新评估，如果有必要还需协商以确认新的共同目标。自 1972 年签署后，美国和加拿大两国又分别于 1978 年和 1987 年两度对《五大湖水质协议》进行了修订，每次修订都会根据环境的变化提出新的共同目标。

1972 年协议签署之初要解决的问题主要是减少因为大规模污水倾倒而引发的五大湖

磷含量过高问题，其他目标还包括消除湖水中的油、固体废弃物和其他污染物。到1977年，向五大湖中倾倒的富营养物质已经大幅减少，人为造成的水体富营养化、细菌污染和其他近岸污染问题也都已经大幅减少。但是监测研究项目很快发现了新的问题，即有毒化学物质的积累。于是在1978年，美国和加拿大两国修订并签署了新的《五大湖水质协议》，针对新的问题，新协议设立了消除往湖内倾倒有毒化学物质的目标。不同于旧版的协议，新协议要求恢复和保持五大湖流域生态系统内水的化学、物理和生物完整性。新协议设立的消除有毒化学物质排放的目标的一大原因也在于有毒物质对于整个五大湖生态系统中的鸟类和鱼类的繁殖造成了巨大负面影响。

1987年，两国又对协议进行了修订，要求制定包含了整个生态系统的、而不止限于水的生态系统发展目标和相应的衡量指标，试图以此解决非点源污染、沉积污染物、空气污染物以及地下水污染问题，在新版协议的框架下，美国和加拿大两国随后针对这些污染问题出台了一系列的计划和项目，包括针对特定地理区域的《补救行动计划》（*Remedial Action Plans*）和针对特定污染物的《湖区管理计划》（*Lakewide Management Plans*）等。

总之，《五大湖水质协议》以动态的方式持续地对五大湖的管理和治理提供了符合现实情况和实际需求的制度保障。

2. 管理主体

在《五大湖水质协议》的框架下，美国和加拿大两国联合对五大湖进行管理和治理的一个重要机构仍然是1909年在《边界水资源条约》下建立的IJC。在这个条约框架下，IJC的主要职责是协调纠纷、针对特定问题进行研究并对政府提供建议。IJC还负责在《五大湖水质协议》框架下监测和评估两国对协议制定的目标的达成情况。为了实现这个功能，IJC下设水质委员会（Water Quality Board）和科学顾问委员会（Science Advisory Board）两个常务顾问委员会（Standing Advisory Boards）。水质委员会的成员主要包括了联邦、州和省的高级管理者，他们是从美加两国中选出的，其主要职责包括了评估《五大湖水质协议》设立的目标的执行情况，并协调不同级别政府在湖区相关项目上的合作。科学顾问委员会的成员则主要是政府和学术领域的专家，他们对水质委员会和IJC提供科学发现和研究需要方面的建议。除了这两个常务委员会外，IJC还有一个五大湖研究管理者委员会（Council of Great Lakes Research Manager），其作用是对五大湖区的各种研究项目提供有效的指导、支持和评估。以上这三个子委员会都有各自针对的特定领域的特别委员会以及特殊工作小组以应对和解决具体的问题。

总的来说，IJC主要依靠两国的各级政府和学术界来履行职责。它在两国的首都设立办事处，此外还在安大略省的温莎市设立了一个五大湖区域办公室（Great Lake Regional Office），这个区域办公室主要负责对IJC的两个常务委员会提供行政和技术上的支持和协助，此外还负责就委员会的项目提供公共信息服务。由以上可知，国际联合委员会本质上属于流域委员会（River Basin Commission）一类，除了协调、研究和提供建议的职能外，还拥有诸如监测、监督、评估等实际执行权，不过真正对五大湖行使管理职能的仍然以美国和加拿大两国的各级政府部门为主。

加拿大方面，《不列颠北美法案》（*British North America Act*）规定涉及航运和国际水域的事务都由加拿大联邦政府管理，而污染控制和自然资源管理等主要由省政府负责。

因而，在《五大湖水质协议》框架下的各种项目和目标的设定由联邦和省共同负责，而具体的执行由省负责。加拿大负责参与五大湖管理的联邦级别的政府机构主要是加拿大环境部（Environment Canada）、渔业和海洋部（Department of Fisheries and Oceans）负责对五大湖区项目提供科学研究支持。除此之外，其他直接涉及的联邦政府机构包括卫生部（Department of Health）、农业和农业食品部（Agriculture and Agrifood Canada）以及交通部（Transport Canada）等。省一级的部门主要包括负责控制各个工业污染排放和对污水处理厂提供财政支持的安大略环境和能源部（Ontario Ministry of Environment and Energy）和对渔业、林业和野生动物进行管理的安大略自然资源部（Ontario Ministry of Natural Resources）。

美国方面，《清洁水法案》（*Clean Water Act*），《资源保护与恢复法案》（*Resource Conservation and Recovery Act*），《有毒物质控制法案》（*Toxic Substances Control Act*），《综合环境反应和恢复法案》（*Comprehensive Environmental Response and Recovery Act*）以及《国家政策环境法案》（*National Environmental Policy Act*）等各种法案都给了联邦政府对河湖水资源的相应管理权限。因为美国是联邦制国家，州和地方政府有很大的自主权，它们都颁布了有相应河湖水资源管理方面的法律。但如果只讨论五大湖的管理，在《五大湖水质协议》下行使主要的管理权的仍然是属于联邦政府的美国环保署（US Environmental Protection Agency），其他联邦政府部门，比如美国鱼类和野生动物管理局（US Fish and Wildlife Service）、美国国家生物管理局（US National Biological Service）和美国海岸警卫队等也都扮演了一些重要的角色。

此外，五大湖区附近的社区、当地团体和个人也都以直接或间接的方式参与了五大湖的管理和保护。非政府组织（Non - Government Organization，NGO）负责公共教育及直接与市民相关的环境项目，并向政府提供建议。此外，商业团体也在它们各自的日常工作中承担了可持续发展和生态保护方面的职责。普通市民也都能通过各种地方社区的公共咨询委员会（Public Advisory Committees）或其他地方团体参与地方的决策过程，在参加听证会的过程中他们可以提问、获取有用信息并提供反馈。北美五大湖管理架构如图1-2所示。

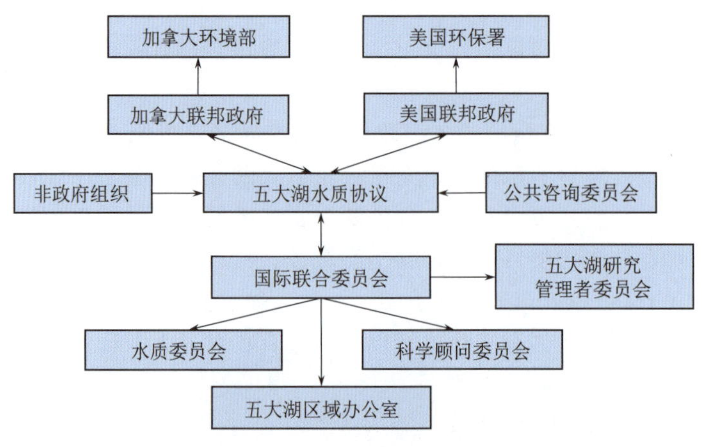

图1-2 北美五大湖管理架构

1.2.1.3 英国东南流域

相比于美国、加拿大的以自然环境的保护为主的模式，英国的河湖管理模式更加注重环境保护和社会经济发展的关系，试图在二者间寻求一种平衡。

1. 主要法律和制度框架

作为欧盟成员国，英国的河湖管理中扮演最重要角色的是欧盟《水框架指令》(*Water Framework Directive*)。随着工业化和现代化的加深，环境问题越来越凸显。为了应对水污染问题，欧盟对《欧洲水政策》(*European Water Policy*) 进行了一次彻底的结构改革，并于2000年出台了新的《水框架指令》，以此作为根本性的法律制度框架，对欧洲水资源保护设立了目标。

《水框架指令》制定的初衷是为了保护和促进所有类型的水体环境，包括了河流、湖泊、地下水、河口和近岸水等，主要通过流域管理计划 (river basin planning) 实施。各个流域管理计划对特定流域中所有地下水和地表水体都设定了环境目标，并为达到这些目标而制定了战略和方案。《水框架指令》的一个主要目的就是让欧盟成员国认识到不同类型的水资源之间的联系以及陆上活动对水体造成的影响。

可以看出，《水框架指令》是一个强调流域综合管理的法律制度，认识到生态环境中各种因素的影响。针对水环境的管理和保护，不仅从水这个角度着眼，而且更多地强调了参与、合作和协调，体现了英国东南流域管理区的特点。

2. 管理主体

英国试图在保持自然环境保护及资源的可持续利用和社会经济发展两个方面保持平衡，为达到平衡的，英国的东南流域管理采用了“综合水域管理”(integrated catchment management) 的方式来吸引不同的利益团体和组织参与到水资源的管理中来。因而，其管理的主体大体可以分为两个：一个是政府；另一个则是各个利益相关方。

英国东南流域管理框架如图1-3所示。为了促进社会和各个利益相关方的参与，英国政府设立了东南流域区联络组 (South East River Basin Liaison Panel)。这个联络组主要由各个领域的代表组成，包括商业、环境组织、消费者、航运、渔业、观光业主体以及中央、地区和地方政府，所有的主体在河湖水资源的管理中都扮演重要作用，因为它们的活动都直接影响到所在区域的水环境，尤其是各产业和商业部门。除了这些大的利益相关方外，英国环境署 (Environment Agency) 还负责和地方上分散的利益团体联络合作以确定需要采取措施的领域和问题。不过，东南流域区联络组更多只是一个服务于沟通的组织，并不具有任何实际上的行政和执行权力，只能算是一个流域协调委员会类型的组织。

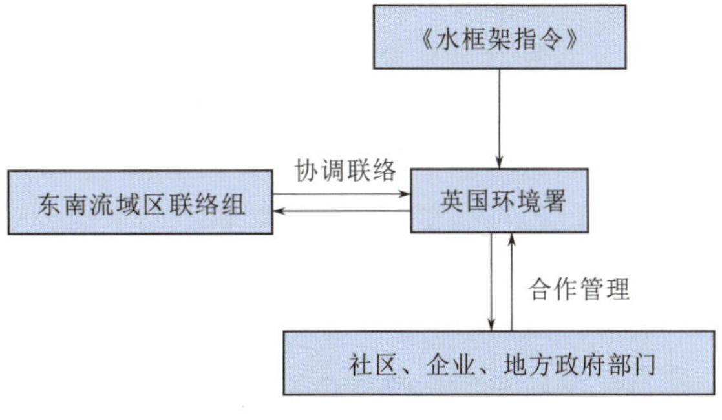

图1-3 英国东南流域管理框架

真正负责对东南流域区的河湖资源进行管理的主要还是英国的政府部门，包括了英国环境署、林业委员会 (Forestry Commission) 和海洋与渔业署 (Marine and Fisheries Agency)

等。在欧盟《水框架指令》下，对河湖水资源管理处于领导地位的部门是环境署，主要负责持续地对水环境进行监测、提供相关建议、管理排污、派发水和环境相关的许可证并强制相关政策的执行。此外，环境署还要负责确保有足够的水资源满足工业、农业和整个社会的需要。

虽然环境署统管河湖水资源事务，在英国的河湖水资源管理上具有很大的行政权力；但在实际的工作中，环境署主要是通过与具体领域的利益相关方合作的方式进行管理的。举例而言，在航运方面，环境署仅负责管理河流上的各个港口，和当地的航运和港口管理部门一起合作促进水环境，以确保河流的情况在满足航运要求的同时其水质也能得到保护，任何新建港口或扩大现有港口的提案都必须符合水资源可持续利用的要求，因为航运需求而要进行的对河道的改动工程必须达到环境要求才能得到批准；在市政和运输方面，环境署与当地社区、企业和政府部门一起合作，减少污染物排放并促进城市水和野生动物的栖息环境的改善，而这些都有助于当地观光业和经济的发展；在水相关行业，环境署与各个水公司、消费者和当地政府密切合作，以定期审核水产业投资项目的方式监督并确保污水处理和倾倒满足水行业的制度管理规范要求。

1.2.1.4 日本琵琶湖

日本琵琶湖是日本最大的淡水湖，而鄱阳湖是我国最大的淡水湖，两湖在湖泊保护与治理方面有相似之处，都是将山水林田湖草作为一个大系统来综合开发治理。20 世纪 60 年代之后，随着琵琶湖湖区工业经济的高速发展、人口增长和大量农药化肥的不合理使用，琵琶湖水质开始急剧恶化，富营养化严重，蓝藻水华、淡水赤潮频繁暴发，严重影响其社会服务功能。针对琵琶湖水质退化问题，日本政府采取了一系列治理措施保护琵琶湖水质，包括制定严格的法律条例、实施中长期综合治理规划、流域污染源系统控制、建立自动监测系统及专门研究机构以及动员公众参与等。

1. 主要法律和制度框架

日本河湖管理最重要的法律首推《河川法》（*River Law of Japan*），该法对整个国家的水土防洪、水源补充、促进物种生存环境等水资源相关的各个方面做出了规定。虽然针对具体的领域还有《多用途水坝法》（*Specified -Multipurpose Dam Law*）、《海岸法》（*Seacoast Law*）等，但《河川法》无疑是最重要的。

《河川法》将日本的河流分级，并分给不同级别的政府部门管理。对国家经济和国民生活有重要影响的河川被归为 A 类河川（或一级河川），由中央政府的国土交通省管理；其他的河川都被归为 B 类（或二级河川），由各个县政府管理。A 类河川又可细分为“主干河川”和“其他河川”两类，其他河川除了那些要经过特别授权的以外，都由县政府直接管理。A 级河川和 B 级河川的一些小的、只能部分适用于《河川法》的支流主要由市、镇和村一级行政长官管理，而其他较小的未提到或者完全不适用于《河川法》的小河川则统一由市一级行政长官管理。而所有适于《河川法》的河流和周边土地的利用一律须有对应的、有管理权的政府官员批准。

随着二战后日本逐渐进入经济高速增长期，为防止工业废水、生活污水污染河流湖泊，除了作为日本河流湖泊保护管理的水法体系标准的《河川法》之外，日本政府迅速出台了相关法律来保护水环境。为了保护琵琶湖，日本政府和滋贺县先后制定了《滋贺县公害防止条例》《琵琶湖综合开发特别措施法》《琵琶湖富营养化防止条例》《湖沼水质保护特别措施法》等法律法规。

日本制定的一系列保护与管理琵琶湖的国家法律和地方法规，明确了各级政府、企业团体及个人的职责、权限与义务。其目的在于调整与琵琶湖有关的人与人、人与琵琶湖之间的关系，对琵琶湖的开发、利用、保护、管理等各种行为进行规范，最终实现琵琶湖的可持续利用，促进琵琶湖流域以及下游的淀川流域的经济、社会和环境协调发展。

为了促进琵琶湖的综合开发和保护，日本实施了两大发展计划：《琵琶湖综合发展计划》和《琵琶湖 21 世纪综合保护整治计划》。琵琶湖综合治理放眼于全流域，将琵琶湖流域生态系统作为整体进行治理。在湖滨城市全面铺设雨污分流制排水管网系统，建设大型污水处理厂，全面治理城市污水，有效控制湖泊流域点源污染；然后对农田灌排系统、污染河流进行整治，在山坡及河流小流域实施大规模植树造林工程等控制面源污染；基于此再进行湖泊污染底泥疏浚，使湖泊的综合治理达到系统全面、科学有序和重点突出。

2. 管理主体

日本各级地方政府都有专管河流湖泊的部门，水资源管理属于分部门、分级管理，区域管理与流域管理相结合的类型。中央政府一级的水管理部门涉及国土交通省、厚生劳动省、农林水产省、环境省、经济产业省，部门之间对于水资源的管理分工明确，各司其职，其中占核心地位的是国土交通省，其下设有河川局作为内部机构来管理河川方面各种事务。

由于琵琶湖的重要性，相关省厅设有专门的琵琶湖管理机构，如国土交通省琵琶湖河川事务所、环境省国立环境研究所和生物多样性中心等。琵琶湖所在的滋贺县设有滋贺县琵琶湖环境部、琵琶湖-淀川水质保护机构等，负责琵琶湖的保护管理。

由于参与琵琶湖保护管理的政府方面机构较多，为更好地协调各方关系，专门设立了县、市、镇、村联络会议制度，由中央政府与地方共同组成的行政协作体制和中央省厅协作体制，如图 1-4 所示。这种管理协作体制除了部门之间、中央政府与地方政府间交流与沟通外，更重要的是负有调整、协调各方活动的责任，使琵琶湖的管理在纵向上得到理顺，横向上得到协调。

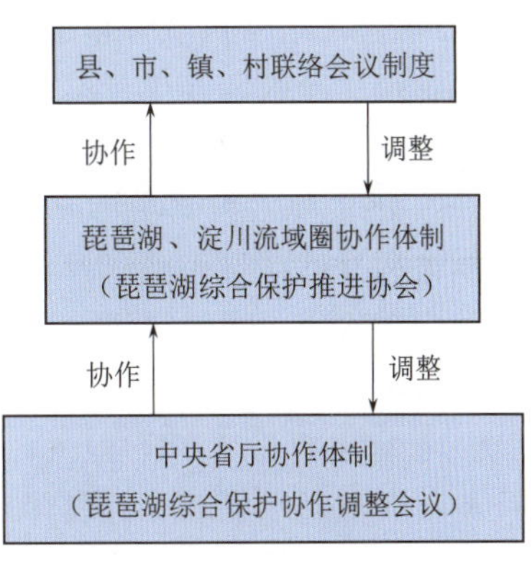

图 1-4 琵琶湖管理协作体制示意图

县、市、镇、村联络会议成员单位由其所在的小流域组织机构组成；琵琶湖综合保护推进协会成员由国土交通省、农林水产省、林野厅、大阪府、兵库县、京都府、滋贺县、大阪市、神户市、京都市组成；琵琶湖综合保护联络调整会议成员由国土交通省、厚生劳动省、农林水产省、林野厅、水产厅、环境省组成。

1.2.1.5 澳大利亚墨累—达令流域

墨累—达令流域位于澳大利亚东南部，流域面积 106 万 km^2，覆盖 4 个州，占澳大利亚国土面积的 14%。流域水资源开发的主要目的是灌溉和供水，并为当地提供电力。作为农业灌溉的主要水源，流域产值占全国农业总产值的40%。全国75%的农业、家庭及工业用水都发生在该区域。由于干旱造成流域供水不足，流域管理面临严重的水资源短缺问题。墨累—达令河流域在全流域水资源管理方面的经验久负盛名。

1. 主要法律制度和框架

墨累—达令流域州际水资源合作管理的第一份协议酝酿于19世纪末，当时流域主要人口聚集区连续7年发生大旱，导致州际间严重的用水冲突，迫使几个流域州只能一起共商对策。经过长达15年的谈判，澳大利亚联邦政府和新南威尔士、维多利亚和南澳大利亚三个州政府于1914年共同签署了《墨累河水协议》(*River Murray Water Agreement*)。此后长达70年时间里，协议被多次修改，但一直发挥着作用。依据该协议成立了墨累河委员会，由其承担流域水资源分配和调控的职能。

1987年，原缔约四方经过2年谈判，共同签署《墨累—达令流域协议》(*Murray - Darling Basin Agreement*)。1993年，对协议进行了修订并成为各州法案。1996年，昆士兰州加入协定。1998年，澳大利亚首都直辖区也通过签订备忘录形式加入协定。新的协议旨在“促进和协调公平、有效和可持续地对墨累—达令流域的水资源、土地和其他自然资源的使用”，确立墨累—达令流域的协调和综合管理框架，流域部长理事会（Ministerial Council)、流域管理委员会（Basin Commission）和咨询委员会（Advisory Committee）三个层级的机构分别履行决策、执行和沟通协调的职责。

1989年，澳大利亚联邦制定《流域管理法案1989》（*Catchment Management Act* 1989)，确立了“全流域管理”模式。该法案将“全流域管理”定义为“在流域的基础上对土地、水、植被和其他自然资源的协调与可持续地利用和管理，以此平衡资源的利用和保护”。正是该法案对澳大利亚的流域层面的资源和环境综合管理提供了法律依据。

2007年，澳大利亚联邦进行了水法改革，出台的《2007水法案》(*Water Act* 2007)成为澳大利亚联邦层面水资源管理的基本法，并制定了《水管理条例》《水费和水市场规则》等配套法规。该法案提出和确定了当时澳大利亚所进行的水资源管理改革的基本方向和主要措施。

2. 管理主体

澳大利亚对水资源实行联邦政府、州政府、地方政府三级管理的体制，但基本上以州为主，流域与区域管理相结合，对水资源（包括地下水)、水体环境、水权市场进行统一管理和全面治理。

中央政府层面，联邦政府机构职能和名称变化相对较频繁，政府换届后，涉及自然资源管理方面的职能经常会因为人事变动而从一个部门移交至另一个部门。目前对水资源和水环境管理的部门有两个：①农业与水资源部，代表联邦政府负责水资源与政策管理；②能源与环境部，负责水环境治理。另外还有两个委员会：①竞争和消费者委员会，作为执行机构负责水资源市场竞争及消费保护事务；②国家水资源委员会，作为执行机构负责供水和污水处理事务。此外，气象局负责收集和发布水情和水利信息。

州层面，各州（和领地）对水资源管理是自治的。各州（和领地）都有自己的水资源主管部门。除了西澳大利亚州独立成立水资源厅以外，其他机构水资源管理均设置在自然资源管理机构，与土地以及初级产业等共同管理。

具体到墨累—达令流域，由于流域覆盖 4 个州和首都直辖区，而各州对水资源管理都是自治的，跨州流域水资源消费的负外部性治理和资源开发均需联邦及各州政府的协调一致和共同努力。1987 年各方签署的《墨累—达令流域协议》奠定了墨累—达令流域的决策、执行、协调三级管理架构。澳大利亚《2007 水法案》通过建立墨累—达令盆地管理局的设置，对管理机构进行了一定程度的调整，但核心架构仍然保持不变，部长理事会、流域管理局和流域行政委员会，分别行使决策、执行、协调三个方面的职能，总体架构如图 1-5 所示。

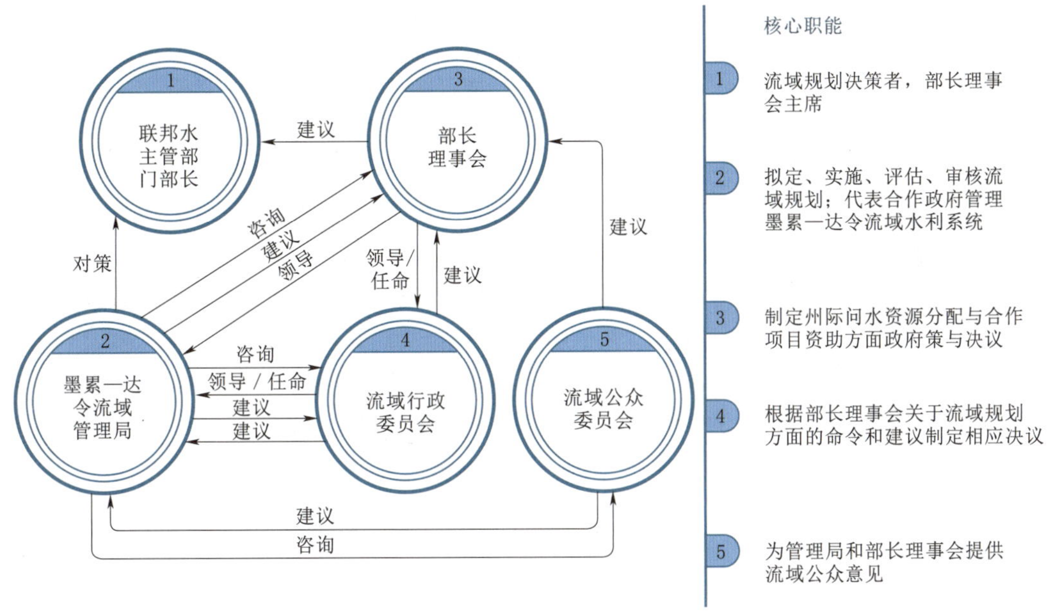

图 1-5　墨累—达令流域管理总体架构

(1) 决策层：部长理事会。《墨累—达令流域协议》签署之后，首要任务便是组建流域部长理事会，作为主要决策部门，为流域内的自然资源管理制定政策和确定方向。《2007 水法案》改革后，部长理事会角色保持不变。流域理事会成员主要来自流域跨越的几个州和联邦政府负责土地、水及环境的部门首长。部长理事会主席由联邦水主管部门部长担任。

(2) 执行层：墨累—达令流域管理局。为了支持部长理事会的工作，1988 年在《墨累—达令流域协议》框架下成立了墨累—达令流域管理委员会，作为执行机构。《2007 水法案》出台后，澳大利亚成立专门的独立法定机构——墨累—达令流域管理局。原流域管理委员会所有权力和职能都转移到墨累—达令流域管理局，成为唯一负责监管墨累一达令流域水资源规划的机构。流域管理局与州政府开展合作管理，新南威尔士州、维多利亚州、南澳大利亚州、昆士兰州的州政府以及首都特区加入了合作框架中。

(3) 协调层：流域行政委员会和流域规划实施委员会。

1) 流域行政委员会根据《2007 水法案》修订的《墨累—达令流域协议》成立，作为促进联邦政府、州政府以及流域管理局之间合作、沟通的桥梁。行政委员会成员由联邦委员会和每个州政府的1名行政官员组成，主席由联邦委员会成员担任。流域管理局主席和首席执行官有权参加行政委员会的所有会议，但没有决策投票权。行政委员会负责向流域管理局和部长理事会提供建议，为流域管理局与州政府合作制定和修改流域规划提供建议；为部长理事会制定流域水及其他自然资源管理重大政策的预期结果和目标提供建议。

2）墨累—达令盆地管理局负责流域的整体规划和管理，《墨累—达令流域规划2012实施协议》由该单位于2012年牵头制定。流域规划实施委员会为流域各政府在推进流域规划实施过程中进行监督、审核、决策以及和公众合作搭建高级别对话平台，同时为流域管理局征集州政府和联邦水环境办公室关于流域规划实施方面的意见提供渠道。流域规划实施委员会成员由每个州政府、农业与水资源部、联邦水环境办公室以及流域管理局各派一名官员组成，每年召开4次联席会议。此外，为了落实流域规划实施委员会工作，为流域规划实施方面的具体问题提供建议，还组建了水资源规划工作组、水环境工作组、水权交易工作组、监督和评估工作组4个工作组。

此外，墨累—达令流域还建立了公众参与、专家咨询等相关的非政府机构，为流域管理提供来自公众的意见建议和学术界的科学支撑。

流域公众委员会是公众参与流域水资源管理的平台，是公众与管理局联系的纽带，为流域管理提出公众对水资源、环境、文化和社会经济问题的意见和建议。社区咨询委员会基于个人的专业领域和对水资源利用、管理、当地政府管理问题的热心程度挑选成员。流域公众委员会还建立了数个子委员会，具体到水利、水环境等方面，为建言献策提供多方支撑。

社会、经济和环境专家咨询委员会是流域管理局根据《2007水法案》组建的，职责是为推进实施适宜的流域规划提供战略建议和科技支撑，特别是提供社会和经济方面的科学建议。

北部流域咨询委员会为流域管理局如何针对北部流域制定适宜的流域规划提供建议，并加强流域管理局和当地居民之间的沟通联系。北部流域咨询委员会与流域管理局等机构合作制定工作方案，确认北部流域需要优先关注的核心问题，提出节水或提高环境效益方面管理政策的建议，反映流域社会、经济、文化等方面的问题。

从墨累—达令流域的管理架构看，虽然流域设立了流域管理局，但是与美国田纳西流域等早期设立的流域管理局有非常大的区别。墨累—达令流域管理局与集合各方面职能、大搞水资源开发建设的早期流域管理局有所不同，并不是一个集权机构，主要侧重水资源的管理方面的规划制定和实施，而且在水质和水生态系统监测、流域科学研究、水权交易、引导公众参与方面发挥作用，并扮演向联邦政府提供决策建议的角色，可以说是一个流域综合管理局。美国田纳西流域管理局是流域开发初期进行大规模水资源开发建设常见的模式，对鄱阳湖流域来说不太适用。

1.2.2 国内河湖管理保护体制机制

除河长制外，我国各地对河湖管理保护也从体制机制、制度建设、技术体系方面进行了大量有益的探索，取得了良好的成效。

1.2.2.1 水利部太湖流域管理局

水利部太湖流域管理局（以下简称太湖局）是国家层面流域管理机构的典型代表。

《中华人民共和国水法》规定，国家对水资源实行流域管理与行政区域管理相结合的管理体制。一直以来，水利部是国务院水行政主管部门，为了统筹流域水资源开发和治理，在长江、黄河、淮河、珠江、海河、松花江、辽河等七大流域和太湖流域设立了流域管理机构，承担各区域的水资源管理和监督职责。太湖局负责的区域是太湖流域、钱塘江流域以及闽江等东南诸河区域，涉及的五省一市是我国大中城市最密集、经济最活力的地区。

1. 法律法规

除《中华人民共和国水法》以及其他相关涉水法律法规，太湖流域还专门制定了一部综合性的《太湖流域管理条例》，于2011年9月7日经国务院颁布，自2011年11月1日起施行。条例要求从流域层面进行全面规划、综合治理和开发保护，同时明确了太湖局的职责。条例把水量、水质、水环境等涉水相关的工作都纳入进去，规定了饮用水安全、水资源保护、水污染防治、水域和岸线保护等四个方面内容。

2. 机构编制

太湖局为水利部派出正厅级机构，设机关10个部门，1个单列机构——太湖水资源保护局，7个事业单位。人员编制总数为330名，其中参照《中华人民共和国公务员法》管理人员编制120名，事业编制210名。

3. 管理职能

作为水利部的派出机构，太湖局和七大流域的水利委员会一样，管理职责都在水利管理范畴内，侧重水量的管理，主要是围绕防洪、灌溉、发电、航运、水土流失防治等水利建设工作，主持流域规划编制，并利用规划来指导、组织、协调本流域的水利工程建设，以及水政监察执法和省际水事纠纷调处等。太湖局在防汛防台风、引江济太水资源调度、流域治理重点工程建设、保障供水安全和生态安全、助推河长制建设等方面发挥了重要作用。

4. 管理机制与经验

在流域管理与行政区域管理相结合的管理体制下，地方政府在行政区域内的水资源和水环境管理中实际上起主导作用。水利部派出的流域管理机构对于地方水利部门既有行政指导职能，又有行业管理职能。由于不是垂直管理模式，要达到流域统一管理的目标还有很大难度。在流域层面，太湖局主要通过制定流域规划、政策和制度，开展水利工程建设、管理、水资源调度和水政监察执法，监督考核地方水利部门工作，建立地方协商机制等措施来推进流域层面水资源管理。

1.2.2.2 环境保护部华东督察局

环境保护部（现为生态环境部）在华北、华东、华南、西北、西南、东北设立了六个督查中心，作为环境保护部派出监督机构，承担监督地方对国家环境法规、政策、规划、标准的执行情况；承担中央环境保护督察相关工作；协调指导省级环保部门开展市、县环境保护综合督察；承担国控污染源日常监督和国家审批的建设项目“三同时”现场监督检查；参与重大活动、重点时期空气质量保障督察；参与重特大突发环境事件应急响应与调查处理的督察；承办跨省区域、流域、海域重大环境纠纷协调处置；承担重大环境污染与生态破坏案件查办等职责。2017年，督查中心更名为督察局，由事业单位转为行政机构，目前最核心的工作是开展中央环保督察。华东督察局承担上海、江苏、浙江、安徽、福建、江西、山东等区域内的中央环保督察工作。

环境质量的责任主体是区域内的地方政府，督察局不对具体生态环境问题进行管理，而是以环境质量为核心，对地方政府进行监督，督促地方政府落实环境保护的主体责任，简而言之为“督政”。中央深化改革委员会第一次会议在审议第一轮中央环保督察总结后，为第二轮环保督察提出了新任务，“推动经济高质量发展，夯实生态文明建设和环境保护政治责任，推动环境保护督察向纵深发展”。下一步，生态环境部将指导地方建立省级环保督察体系，实现国家督省、省督市县的中央和省两级督察体制机制，发挥督察联动效应。

水利部作为水量和水质两个重要方面的水行政主管部门，在七大流域和太湖流域建立流域管理机构；生态环境部虽然没有专门的流域管理机构，但六个区域督察局发挥了一定的流域管理中对地方政府的监督、跨界纠纷协调等职能。环保督察倒逼产业升级、推动经济向高质量发展转型，深入契合流域综合考虑环境和经济社会发展的协调的综合管理要求，实现流域经济、社会和环境福利最大化的目标。生态环境督察有助于流域综合管理的实现，流域综合管理体制机制试验探索需要加快建立省级环保督察体系。

1.2.2.3 广东省“四江”流域管理局

广东省水利厅借鉴水利部流域管理理念，较早在省内四条主要河流开展了流域管理，建立了类似水利部在七大流域和太湖流域设立派出机构的管理模式。2001—2007，广东省水利厅相继组建了韩江、东江、北江和西江四家流域管理局，分别对四个流域的水资源进行统一管理。2007年，广东省成立流域管理委员会，作为省级层面议事协调平台，负责全省流域水资源的保护、管理、协调和决策工作。2009年，广东省进行事业单位改革，四家流域管理局都明确为行政类事业单位，作为水利厅执行机构，强化执行能力。同时，广东省水利厅成立了水利水政监察局，四家流域管理局加挂水利水政监察分局的牌子。

1. 法律法规

2008年9月26日，广东省十一届人大常委会通过《广东省东江西江北江韩江流域水资源管理条例》，作为四家流域管理局进行水资源管理的法律依据，条例规定了流域水资源规划、流域水量分配和调度、流域水资源保护等三个方面的内容。

2. 机构编制

根据2009年机构编制方案，北江流域管理局为副厅级管理单位，下辖北江大堤、飞来峡和乐昌峡水利枢纽三个工程管理处。东江、西江和韩江为正处级管理单位，东江流域管理局局长由副厅级干部担任，韩江流域管理局局长由副厅级干部兼任，下辖潮州枢纽管理处。四家流域管理局事业单位编制共431名，其中局本部171名，下辖管理处230名。水利发电中心职能划出，最初为公益三类事业单位，核定事业编制350名，3年过渡期满，于2012年转制为企业。

3. 管理职能

四家流域管理局受水利厅委托，在各自的流域河道管理范围内行使一定的行政管理职能和执法职能：①承担流域综合规划和流域水资源保护、治涝、供水等与水利有关的专业规划的编制并组织实施。②制订并组织实施流域水量分配方案和年度水量调度计划。③核定干流及三角洲河道等水域纳污能力，审核新建、改建、扩建排污口，并对水功能区的水质进行监测。④对水资源、防洪、水土保持、河道（含采砂）等有关法律法规的执行情况实施监督检查，查处违法行为；协调流域、区域和行业之间水事关系，指导区域水行政执法。⑤管理下设水利工程管理单位。⑥承担省流域管理委员会和省水利厅交办的其他事项。

4. 管理机制与经验

广东省的流域管理是在水利工程建设和管理逐步发展起来的。第一个阶段是 2007 年之前，从水利工程建设和管理为主向流域管理转变的阶段。这一阶段，各流域有一些大型水利工程项目，例如北江有北江大堤、飞来峡水利枢纽、乐昌峡水利枢纽工程，西江有珠江河骨干工程，韩江有潮州供水枢纽工程。为了建设和管理这些水利工程，相应成立了一些工程管理机构。工程修建完成后只剩后续管理工作，这些工程管理机构开始转型。根据《水法》提出的流域管理和行政区域管理相结合的体制，流域管理思路逐渐清晰，开始在工程管理机构的基础上组建流域管理机构。韩江流域在潮州供水枢纽工程的基础上组建了韩江流域管理局，北江流域在北江大堤管理局的基础上组建了北江流域管理局，西江流域在河口管理局的基础上组建了西江流域管理局。东江流域则是直接新设立了东江流域管理局，目的是加强东江水资源的分配和调度。

1.2.2.4 辽宁省辽河凌河保护区管理局

辽宁省辽河凌河保护区管理局是我国首个在省级层面探索，将涉水管理中水利、环保、国土、林业等各部门职能整合在一起进行统一管理的机构。为了彻底治理辽河干流与凌河生态环境，辽宁省借鉴国内外经验，实施“划区设局”，于 2010 年划定辽河保护区和凌河保护区，分别成立辽河保护区管理局和凌河保护区管理局进行统一管理，促使河流保护与治理工作从多龙治水、分段管理、条块分割向统筹规划、集中治理、全面保护转变。为保证其统一管理权力，辽宁省人民政府给予其充分的政策、资金和人员支持。同时，设立省公安厅保护区公安局以保障其执法成效，实行省公安厅和保护区管理局双重管理。沿河市、县参照省级模式分别成立了相应的辽河、凌河保护区管理机构。

两个保护区管理局最初为省政府直属正厅级参公事业单位，辽河保护区管理局对上接受国家环保部指导。2014 年 9 月，两个保护区管理局整合为辽河凌河保护区管理局，直属省政府管理。2015 年 12 月，辽河凌河保护区管理局再次调整为省水利厅管理。

1. 法律法规

辽宁省第十一届人大常委会于 2010 年 9 月审议通过《辽宁省辽河保护区条例》，于 2011 年 5 月审议通过《辽宁省凌河保护区条例》，依法授权管理局统一负责两个保护区内的污染防治、资源保护和生态建设等管理工作，履行水利、环保、国土、交通、林业、农业、海洋渔业等部门有关监督管理和行政执法职责。

2. 机构编制

目前，辽河凌河保护区管理局为正厅级参公事业单位，局长由水利厅厅长兼任。2017 年 2 月，局内设机构经过优化组合，原 18 个处室整合为 11 个。2017 年 8 月，省委编办收回空余编制 18 名，重新核定人员编制为 88 名。

3. 管理职能

辽河保护区依辽河干流而设，全长 538km，总面积 1869.2km^2。凌河保护区管理范围为大、小凌河干支流河道管理范围（水库管理范围除外）。省政府同时将辽河干流和大、小凌河沿线基层河道所整建制划归辽河凌河保护区管理。

在保护区范围内，原来由省水利厅、环保厅、国土资源厅等7个部门承担的相关职责都划入到保护区管理局：①负责拟订保护区管理的地方性法规、规章草案；编制保护区保护规划、土地利用规划、河道治理规划等，并组织实施。②负责保护区内的水政监察、污染控制等行政执法和行政复议工作，查处重大违法行为；协调处理保护区内跨地区水事纠纷和环境污染等问题。③负责保护区内河道维护和安全运行管理；负责保护区内渡口管理；组织开展保护区内违法违规建房及其他建筑物的清理拆迁工作。④负责保护区内水质、水量和污染物排放的监督管理，审定水域纳污能力，提出限制排污总量意见和污染防治方案。⑤负责保护区内重点区域非法采砂和用地、违法使用滩涂、影响河道和堤坝安全、违规排放污染物等问题的经常性巡查和处理。⑥负责保护区内水利设施、生态设施和环境保护项目的建设、管理和维护。⑦编制保护区内采砂规划，综合管理保护区内河道采砂工作。⑧在省防汛抗旱指挥部领导下，协调保护区内防汛抗旱工作。⑨监督管理保护区内林木砍伐工作；负责保护区内退耕绿化、湿地保护、生态建设、水土流失防治和野生动物保护工作；负责保护区内农药和渔业捕捞管理；负责保护区内土地权属管理。

4. 管理机制与经验

辽河、凌河“划区设局”以来，保护区管理局紧紧抓住省委、省政府全力建设“青山、碧水、蓝天”三大工程的有利契机，以“恢复生态、改善水质、行洪安全、特高能力”为目标，以打造沿河生态带、旅游带、城镇带为重点，通过实施退耕环河封育、水质稳定达标、采砂疏浚清障、重点生态示范、源头治理保护、中小河流治理、城镇河段整治、项目前期建管、管护体系建设、体制机制创新等举措，持之以恒，高位推动，使辽河、凌河治理保护取得重大成效。2013年初，辽河成为“九五”以来全国重点治理的“三河三湖”率先甩掉重度污染帽子的唯一一条河流。

1.2.2.5 江苏省太湖水污染防治办公室

江苏省太湖水污染防治办公室（以下简称太湖办）不同于大部分从水利管理角度成立的流域管理机构，而是从水污染防治角度成立的机构。2007年，太湖蓝藻危机举国震惊，在排查原因时发现存在九龙治水、条块分割的问题。为了加强太湖水污染防治监管工作，中央编办批复成立了江苏省太湖水污染防治办公室，作为江苏省派出机构，正厅级建制，经省政府授权，统一履行全省范围内太湖水污染防治工作综合监管职责。同时，江苏省成立了一个非常设机构——太湖水污染防治委员会，由省长担任委员会主任，委员会成员包括省组织部、宣传部、编办、水利、环保、农业、科技、林业、发展改革委、财政、卫生、气象等部门以及地方政府，委员会办公室设置在太湖办。沿湖市、县也相应成立了太湖水污染防治委员会和太湖水污染防治办公室。

1. 法律法规

太湖水污染防治工作的主要依据《江苏省太湖水污染防治条例》最早于1996年颁布，历经几次修订，2018年1月江苏省人大常务委员会再次对条例进行了修订，于2018年5月开始实施。条例中规定了太湖流域各级人民政府和太湖水污染防治委员会的职责，并详细规定了监督管理、污染防治、饮用水水源保护等方面内容。但条例没有规定太湖办的职责，太湖办行使监督管理职能主要依靠省政府行政授权而非法律授权。

2. 机构编制

太湖办为省政府派出正厅级机构，最初设定行政编制 20 名，现有行政在编人员 29 人，另有 10 余名聘用人员。太湖办内设 3 个处室，综合处、规划处和督察应急处。

3. 管理职能

太湖办并没有直接取代各业务部门的职能，而是负责任务制定、组织协调、督察考核工作，主要是对国家太湖治理方案和江苏省太湖治理实施方案进行组织实施，对太湖流域的水污染防治工作进行综合监管，并协调太湖流域水污染防治工作。具体职能包括：①参与拟订太湖水污染防治地方性法规、政府规章草案、标准和政策、中长期规划，组织制订太湖水污染防治的年度工作计划。②组织实施国家和江苏省太湖流域水环境综合治理方案；分解省各有关部门和各市太湖水污染防治工作的责任和任务，开展太湖水污染防治工作。③根据省政府授权，对省各有关部门和各市实施太湖水环境保护和治理工作进行监督检查、考核和通报。④协调太湖流域重大水污染事故的应急处置和查处工作。⑤参与制订、审核省级太湖水污染防治专项资金分配计划；监督太湖水污染防治项目的落实。⑥组织制订太湖水污染防治与蓝藻治理专家委员会年度工作计划，协调其开展工作；会同省有关部门，提出太湖水污染防治的重点科研计划。⑦督促地方政府落实河长制工作，组织地方政府编制 15 条主要入湖河流规划和方案，并监督实施。

4. 管理机制与经验

督政是太湖办的核心职能。太湖办对太湖流域的水污染防治工作的综合监管有别于环保厅对具体环境污染事件和企业的统一监管，而是对有关部门和下级地方政府落实水污染防治主体责任的情况进行监督，定期进行考核和通报。

1.3 江西省概况

1.3.1 地理位置

江西省位于长江中下游南岸，地理位置在东经 113°34′～118°28′，北纬 24°29′～30°04′，东临浙江、福建，南接广东，西连湖南，北毗湖北、安徽，境内地势南高北低，边缘群山环绕，中部丘陵起伏，北部平原坦荡，四周渐次向鄱阳湖倾斜，形成南窄北宽、以鄱阳湖为底部的盆状地形，区域南北长 620km，东西宽 490km，全省土地总面积 $16.69\times10^4\mathrm{km}^2$。江西省共辖 11 个设区市，100 个县（市、区）。

1.3.2 地形地貌

江西省地貌以山地丘陵为主，山地丘陵面积约占全省总面积的 78%，是江南丘陵的重要组成部分。境边缘群山环绕，峰岭交错；中南部丘陵起伏，红岩遍布；北部为鄱阳湖及其滨湖平原，整个地势，由外及里自南而北，渐次向鄱阳湖倾斜，构成个向北开口的巨大盆地，由于山地丘陵面积大，分布广，因此山洪灾害的分布面积也较广。地形地质条件复杂，地面坡度小于 10°的面积占全省面积的 61.55%，10°～25°的面积占全省面积的 36.52%，大于 25°的面积占全省面积的 1.93%。

全省岩土体大致以浙赣铁路为界，地层分赣北、赣中南两大区；北区前震旦浅变质岩系及下古生界发育齐全、出露广泛，上古生、中生界发育出露均较差；南区广泛出露前泥盆系浅变质岩系、上古生、中生界发育良好。省内岩浆岩（侵入、喷发）期次繁多、以燕山期花岗岩最为发育，主要分布于九岭、武夷、雩山及赣南等地。基岩上覆残坡积层2～20m，为本省山洪灾害发育主体。江西省土壤与植被红壤和黄壤是江西最有代表性的地带性土壤。以红壤分布最广，面积约占江西总面积的56%，黄壤面积约占江西总面积的10%，常与黄红壤和棕红壤交错分布，主要分布于山地中上部海拔700～1200m。

1.3.3 水文气象

江西省地处东亚季风气候区，各地多年平均降水量为1400～1900mm。由于受季风影响及地形的差异和距海远近的不同，全省形成四个降雨高值区和两个低值区。四个高值区分别为：①怀玉山山区高值区，位于婺源、乐平虎山、贵溪、铅山、玉山一线以北地区，年降水量1800mm，中心区最大值为上饶茗洋关站1954mm；②武夷山山区高值区，位于位江中上游南岸、资溪以东的武夷山区，和福建省北部边境形成一个多雨区，年降水量1800mm，中心区最大值为铅山西坑站2146mm；③九岭山山区高值区，位于铜鼓以东、宜丰以北、靖安以西的九岭山南麓区，年降水量大于1700mm，中心区最大值为宜丰找桥站2022mm；④罗霄山山区高值区，位于井冈山和遂川、崇义西部山区，年降水量大于1700mm，中心区最大值为遂川高塘站2137mm。两个低值区为赣中南盆地低值区和赣北滨湖低值区，年降水量小于1500mm。降水量在年际间的变化很大、且年内分配也极不均匀。全省降水量在年内的分配为：1—3月平均降水量占全年降水量的16%～21%，4—6月为降雨集中期，降雨量占全年的45%。短时强降雨是造成江西省山洪灾害的主要诱发因素，7—9月占18%～27%，10—12月占10%～15%。全省多年平均降水日数在150～170d，日降水量10mm的天数全省大部分地区都在45～55d。

1.3.4 河湖水系

江西省河流众多，境内流域面积$10km^2$以上的河流3771条，总长1.84×10^4km，绝大部分河流汇入鄱阳湖流域，形成鄱阳湖水系。鄱阳湖水系以赣江、抚河、信江、饶河、修水五大河流为主体；此外，还有直接入湖的清丰山溪、博阳河、漳田河、潼津河等河流，鄱阳湖流域汇水面积$1.62\times10^5km^2$，其中在江西境内的面积有$1.57\times10^5km^2$，占全省国土面积的94%。全省境内不属于鄱阳湖水系的主要河流主要有：直接汇入长江的南阳河、长河、太平河、襄溪水；汇入富水的双港河、洪港河；汇入洞庭湖水系的渌水、栗水、汨水；汇入珠江流域东江的寻乌水、定南水；汇入北江的浈水；汇入韩江的大柘水、富石河、差干河等。直接入江或流向省外河流的面积约占全省面积的6%。全省多年平均河川年径流量$1.54\times1011m^3$，平均年径流深为925.7mm。

全省湖泊众多，主要分布于五河下游尾闾地区、鄱阳湖湖滨地区及沿长江沿岸低洼地区。境内有我国第一大淡水湖——鄱阳湖，鄱阳湖接纳赣江、抚河、信江、饶河、修水五大河来水，经湖区调蓄后过湖口汇入长江。鄱阳湖为吞吐型、季节性湖泊，由众多的小湖泊组成，包括军山湖、青岚湖、蚌湖、珠湖、新妙湖等较大湖体。此外，湖面面积较大的湖泊主要还有：赤湖（$80.4km^2$）、太白湖（$20.7km^2$）、赛城湖（$38.4km^2$）、瑶湖（$17.7km^2$）、八里湖（$16.2km^2$）、洋坊湖（$15km^2$）等。

1.3.5 社会经济

2022 年，江西省全年地区生产总值（GDP）32074.7 亿元，人均生产总值 70923 元，其中，第一产业增加值 2451.5 亿元，增长 3.9%；第二产业增加值 14359.6 亿元，增长 5.4%；第三产业增加值 15263.7 亿元，增长 4.2%。三次产业结构为 7.6∶44.8∶47.6。2022 年全省一般公共预算收入为 2948.3 亿元。

2022 年年末全省常住人口 4527.98 万人。其中，城镇常住人口 2810.52 万人，占总人口的比重（常住人口城镇化率）为 62.07%。全年全省农林牧渔业总产值 4223.8 亿元，粮食种植面积 3776.4 千 hm^2，2018 年全省粮食总产量 2151.9 万 t。

1.4 江西省河湖长制体系研究必要性

尽管江西省河湖长制工作取得了一定的成绩，但经济社会发展与河湖保护的矛盾仍然突出，河湖保护管理工作复杂，还存在一些短板需要弥补，与群众对美好河湖的向往还有差距。

1.4.1 提升河湖长履职能力的需要

信息共享不畅，统筹协调制度欠缺。在整个河湖全巡查过程中，卫星、无人机、手机等信息设备的使用，导致河湖管理产生了大量空间地理、环境质量及其他关联的信息数据，这些信息数据的整合度还不够，未充分应用于流域管理，未能有效降低管理成本。不同涉水管理事务之间存在许多固有的矛盾，例如航运、防洪、采砂、捕捞、排污、水质与水生生态保护等，彼此之间虽然存在时间、空间上的联系，但是缺乏有效的数据整合。此前部门之间、河湖长之间也采取过联合开展专项整治行动来加强信息共享和统筹协调，这些专项整治行动体现了对河湖管理保护工作的高度重视，但存在“头痛医头脚痛医脚”的问题，依赖偶然的部门协同联动，河长共同巡河等难以日常化。另外，曾经出现过的非法采砂集中整治扣押的非法采砂船只由于缺乏后续的措施，最终仍然由各管辖区领回。

此外，行政区域之间协调难度比部门之间协调难度大；在河湖管理方面，各同级河长之间综合协调还有不足，各地尺度也不同。特别是缺少流域层面的技术手段、上级河湖长还未介入时，下游地区往往要承受更多的管理压力。因此，水资源的保护与利用以及流域的空间管控问题、生态系统和社会经济系统之间的矛盾等，都需要借助技术手段来协助河湖长统筹解决。

1.4.2 全流域保护提升的需要

流域综合管理缺乏抓手，长期规划难以落地。在水污染问题加剧、湿地生物多样性下降、生态功能衰退等形势下，编制全流域保护治理规划，让综合开发、利用流域资源的同时保护生态环境，维持社会经济和生态环境协调可持续发展成为共识。江西省曾在山江湖工程时期就树立了流域系统治理的理念，制定了流域长期发展战略和规划，试点探索了多种生态经济建设模式。但是山江湖工程并没有转化为全流域的综合管理制度，缺乏有效的手段来保证长期发展战略和规划的实现，其影响力随着时间推移而逐渐衰弱，其管理模式无法统筹流域内自然、社会和经济发展，难以落实流域综合管理理念。

河湖长制是我国流域管理的创新制度成果，破解了河流治污的困局。但是河湖长制不能局限于水环境问题整治，要从根本上解决流域社会经济发展与生态环境保护之间的矛盾，而且依赖行政手段强力推动的部门联合整治行动难以常态化。因此，须以流域综合治理为抓手打造河长制升级版，对治水思路进行了升级，强化生态增值导向，推进幸福河湖建设和水生态文明建设以改善人们的生活环境。通过对河湖的治理和保护，提高城市的整体环境质量，拉近河湖保护与人民群众之间的距离，让人们享受到更加美好生活的同时，促进经济发展，提高水资源的利用效率，促进水运交通的发展。

1.4.3 河湖长制体系成效评定的需要

由于涉水管理主体之间存在大量职权重叠和交叉的情况，导致管理乏力、效率不高等问题。涉水问题的权责部门并不一定是该行业的主管部门，因而可能导致管理工作落不到实处。单一部门对涉及多部门综合性问题的管理力度非常有限。水利部门是涉河湖类问题的主管部门，但是许多行业出现的实际问题却必须依靠该行业的业务主管部门才好解决。例如，畜禽养殖污染的问题，接到投诉后协调至畜禽养殖业务主管部门农业局处理，但农业局并不具有处理环境污染问题的权责，同时不一定熟悉相关环保标准。再如，水利部门是河道采砂的主管部门，但对采砂船只的管理是港航部门负责，在此情况下，水利部门单独对非法采砂行为的管理能力就显得很薄弱。因此，分析各行业河湖保护工作权重、动态制定河湖保护指标体系、探索成效评定方法等，显得尤其重要。

河湖长制建立之初，更多精力放在河湖长制制度的创新性研究；但是，随着河湖长制工作的不断深入，河湖长制体系的成效如何评定变成了需要直面的问题。有必要查摆清楚影响河湖健康的突出问题，总结河湖长制实施中存在的问题及其发展趋势，为河湖长制工作从“有名”“有实”向“有能”“有效”转变。

1.4.4 河湖长制工作法制化、规范化的需要

河湖长制作为一种创新制度，需要诸多法律法规与制度支撑，以构建长效的法律保障机制，构建与现行水资源、水环境、水生态相关体制之间的协调机制，建立河湖长制成效评定之后相应的问责机制等，避免出现机构定位不准确、部门职责不清晰、协调联动机制不健全、力量配备不充足等问题，减少工作中相互推诿和扯皮现象。

河湖长制的建立健全，需要与现行水治理体制和管理制度有机衔接，针对河湖长制提出的目标要求，构建制度框架，出台相应的技术标准、管理制度和政策文件，健全河湖长制日常运行机制，确保有人管、有钱管。

1.5 技术路线

本书选取省级河湖长制实施为研究对象，围绕着河湖生态治理过程中管理机制、协调瓶颈、监测手段和技术手段存在滞后、单一性等问题，河湖治理效果不佳、监督考核不健全、制度法规体系不全等瓶颈难题，遵循生态文明和生态系统管理理论，通过有效的管理与保护措施，促进河湖的生态恢复与可持续发展，创新并发展了“天-空-地”立体化河湖长协同巡查方法，提出了“点-线-面”水陆共治模式，创建了全流域跨部门多层级矩阵式考评体系，形成了一批技术标准、管理制度和地方标准和法规，从巡查、治理、考核、体系建设、集成应用的闭环事件流程，全面系统提升河湖长制工作的水平和质量，为提升我

国河湖生态治理应用技术水平提供示范和借鉴，并结合河湖长制治理项目，采用“理论研究-技术体系构建-省级统管-市县全覆盖-全面推广”的模式推广应用技术路线。如图1-6所示。

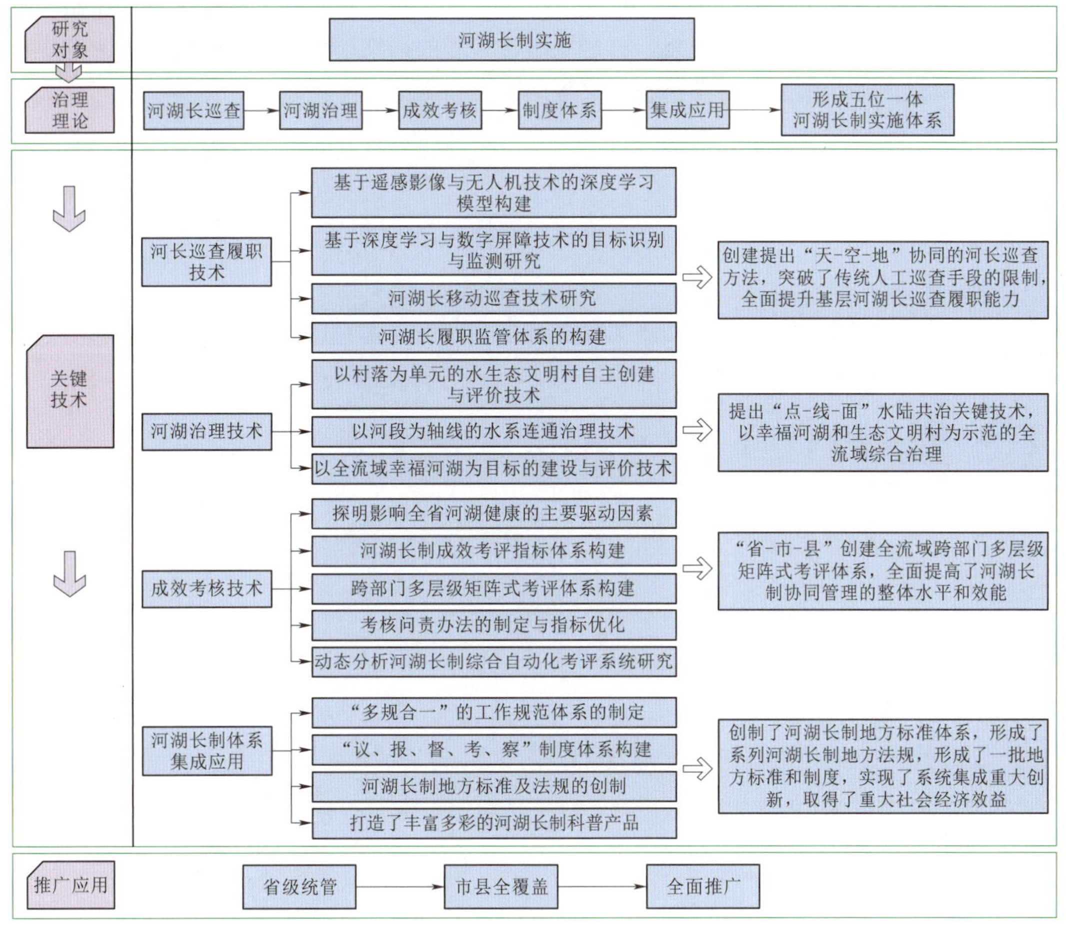

图1-6　技术路线图

本书主要创新内容如下：

（1）创新并发展了“天-空-地”立体化河湖长协同巡查技术，构建了基于遥感影像和视频图像的深度学习模型，突破了河湖监管数字屏障技术，实现了河湖管理范围的高效识别，为全面提高基层河湖长巡查履职能力提供了技术基础。

（2）创新性提出了“点-线-面”水陆共治模式。针对水资源、水生态、水环境和水灾害等涉河湖问题，以水生态文明村落创建为节点，以河段为轴线，以流域为辐射的河湖治理与评价技术，进一步丰富了河湖长制的具体内容，为改善河湖面貌和提升生态功能提供了新的技术治理思路。

（3）创新构建了“省-市-县”多层级矩阵式考评体系，明确了影响全省河湖健康的主要驱动因素，提出了河湖长制工作考核细则指标体系，厘清了与省、市、县三级和25个责任部门的关系；通过专项行动和首次研发的“成效考评—动态分析—过程核算”河湖长制综合考评系统，完善了河湖长制管理平台，提升了河湖长制协同管理水平，为生态环境可持续改善奠定基础。

（4）首次构建了“制度-标准-科普”为一体的省级河湖长制综合性支撑体系。率先制定了“多规合一”的工作规范体系，构建了“议、报、督、考、察”制度体系，编制了系列地方标准，形成了多部地方法规，打造了丰富多彩的河湖长科普产品，实现了系统集成重大创新，全面提升了支撑河湖长科学决策的能力和水平。

第 2 章

河湖长巡查与履职技术

2.1 技术路线

2.1.1 总体介绍

创新并发展了“天-空-地”立体化河湖长协同巡查技术。构建了基于遥感影像和视频图像的深度学习模型，突破了河湖监管数字屏障技术，实现了涉河湖问题的高效识别和巡查系统研发，构建了河湖长履职体系，全面提高河湖长巡查履职能力。

“天-空-地”立体化协同巡查技术路线如图 2-1 所示。

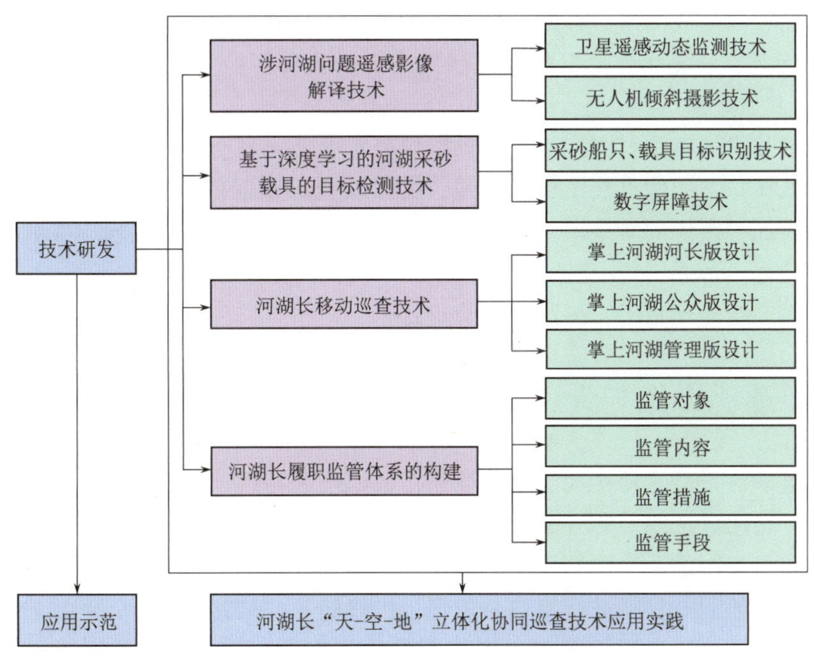

图 2-1 “天-空-地”立体化协同巡查技术路线图

2.1.2 “天-空-地”立体化协同智能巡查

基于河湖监管范围内卫星遥感影像，创新构建了标签栅格训练深度学习模型，结合岸线规划、涉水工程审批等信息进行“乱建”行为的智能分析，高效实现了河湖管理范围内违法建筑物的高效识别，并采用无人机航拍现场取证，突破性实现了“乱建”行为的及时排查、精准识别、现场复核；采用 GIS 和 GPS 数字屏障技术，确定采砂工作面积和范围，动态监控运砂船运行轨迹；创新研发了基于深度学习的采砂船只、采砂载具的目标检测算法，构建了采砂船只、采砂载具图像库，首次引入机器学习方法进行滤波去噪、边界检测、特征提取，实现了特征量与图像库所有模板的智能匹配，有效解决了采砂船只、采砂载具智能识别难题，为河湖管理范围内“乱采”监管提供了新型技术支撑。构建了“区域流域制、四级督查制、履职评价制、过程考核制”的河湖长监管新模式，从而实现更加全面、高效、透明的河湖管理与监督。

（1）利用卫星遥感技术对重要水域的水事活动开展动态监测，勾绘水域变化图斑，填写相关属性信息，经现场核查、下发确认，确定非法占用水域行为，为水管理部门的水利强监管提供依据。

（2）采用无人机技术对已批复涉河涉堤项目的水域使用、非法占用等情况进行现场调查取证，获取使用水域、非法占用水域的数字高清影像（DOM）、照片及视频资料并跟踪复核，精准计算水域占用面积。还通过无人机技术获取河湖的视频资料，根据视频资料对岸线侵占、河湖“乱建、乱采”等问题进行整理并跟踪复核。

（3）GIS 和 GPS 数字屏障技术是在采砂船中安装的卫星定位和通信的模块，采砂船在作业中利用卫星定位上传地理位置。首先在地理信息技术地图上虚拟画一个工作的位置，这个围栏可以画成圆形、椭圆形、多边形等，船只必须在划定的区域内作业，一旦超越这个围栏范围，系统就会发出信息提示然后自动报警，监管人员收到信息后进行警告处理。

卫星遥感技术的监测范围广，但遥感影像分辨率低、易受天气影响、获取时间不确定性较大。无人机技术的优点在于机动性强、操作便捷、获取的数据分辨率高、时效性强，缺点是获取大面积影像的效率不高，而且会受空域影响。融合卫星遥感、无人机以及数字屏障等关键技术，形成“天-空-地”立体化协同智能巡查方法，充分利用各项技术的优势，进一步提升智能化水平，提高河湖管理效率。

2.2 基于遥感影像与无人机技术巡查

针对河道非法采砂流动性大、隐蔽性强、取证难等特点，基于深度学习的图像识别技术，研发目标检测算法与目标跟踪算法，通过学习大量的采砂船只、采砂载具的样本素材，逐步提取目标图像从浅层到深层的特征，准确快速地检测出采砂船只与采砂载具，并关联不同画面中的同一目标进行跟踪与识别。构建船舶、载具图像库，利用机器学习进行图像特征提取，评价特征图像与库中模板图像的相似度，创建图像特征索引提高对比速度，通过“以图搜图”与取证复核相结合（图 2-2），结合采用 GIS 和 GPS 数字屏障技术，确定采砂工作面积和范围，动态监控运砂船运行轨迹，实现对非法采砂行为的及时发现和预警，并形成足够的证据链来证实“乱采”事实，对提高河道采砂监管效能具有重要意义。

利用卫星影像、无人机影像和遥感技术获取的空间数据可以提供河湖乱建区域的空间

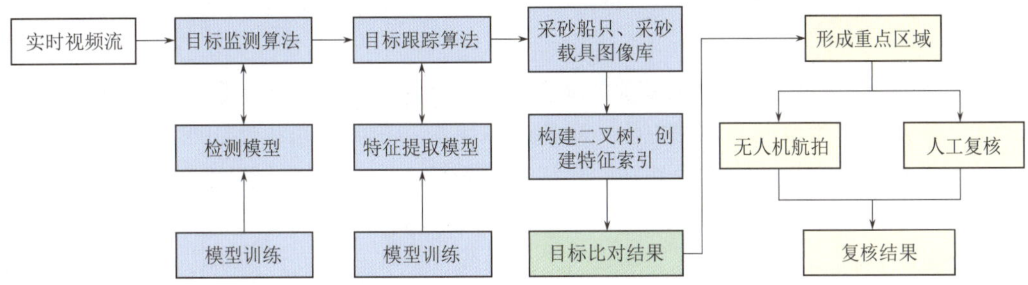

图 2-2 基于深度学习的“乱采”目标识别与复核流程

信息，为河湖乱建的监测和识别提供了基础数据支撑；本书提出的河湖“乱建”现象遥感监测新模式突破了人工巡查方式的限制，提高了监管效率。该技术在河湖围堤管理范围内建筑物排查工作中进行了应用。应用项目为 50km^2 以上流域面积的河流水域岸线，为监管提供数据支持，通过排查违法建筑等问题，实现了河湖“清四乱”工作进行动态监控与追踪，准确率达到 93.4%以上，为推进河湖治理、强化河湖治理效果提供坚实支撑。勾画绘制建筑物区域、识别建筑物图斑如图 2-3 所示，湖泊管理范围内违章建筑物监测如图 2-4 所示。

图 2-3 勾画绘制建筑物区域、识别建筑物图斑

图 2-4 湖泊管理范围内违章建筑物监测

2.2.1 卫星遥感动态监测技术

2.2.1.1 技术内容

卫星遥感动态监测技术是利用高空遥感数据开展河湖水域动态变化监测，快速、准确获取大范围水域占用情况的监测方法。其原理主要为：在可见光和近红外波段内，水体识别主要基于水体、植被、土壤等地物的光谱反射差异。水对近红外和中红外波段的能量吸收最多，该波段内的能量很少被反射，而植被和土壤对可见光波段反射极低，但对近红外反射却很高。因此，用遥感数据中的近红外和可见光波段可以方便地解决地表水域定位和边界确定等问题。

采用卫星遥感技术对重要水域的水事活动开展动态监测时，基于遥感影像对水域进行综合分析和判读，提取水域范围。

1. 遥感影像数据处理

遥感影像数据处理包括几何校正、正射校正、坐标投影转换、数据格式转换、图像增强、影像融合、影像镶嵌和裁切等处理，将处理后的高分影像同地形图上同名点进行比对，验证几何精度。参照测绘有关标准及技术规定要求，抽查一定数量点数进行验证，以满足影像处理的要求，保证精度。

验证工作主要包括：①增强问题图斑影像特征，确保与其他地物差异明显；②影像的清晰度、层次感、色彩饱和度、信息丰富度均比较好，整体效果美观；③影像纹理清晰、色彩层次丰富；④不同数据源的遥感影像信息增强处理后，影像色彩、整体效果与上年度同一区域的影像一致；⑤两景影像镶嵌接边处位置偏差不超过一个像元，且无明显接边痕迹。

2. 监测工作底图制作

收集河湖水域岸线边界范围等相关信息，包括河湖名称、河湖代码、位置、划界时间等属性信息，建立河湖水域岸线管理边界图层；收集岸线范围内合法项目的相关信息，包括工程名称、代码、位置、建设时间等属性信息，建立合法项目信息图层；收集岸线范围内“乱建”问题的相关信息，包括项目名称、所属河湖名称、代码、位置等属性信息，建立“乱建”信息图层。在此基础上，对叠加处理好的遥感影像数据进行图层分析与预处理，对监测工作底图显示进行方案编制与符号设计，制作河湖水域岸线遥感监测底图，最后检查监测工作底图成果质量，并进行成果整理汇总。

3. 解译标志建立

根据影像特征差异可以识别区分不同的地物，这些典型的影像特征称为影像解译标志。“乱建”主要包括河湖水域岸线长期占而不用、多占少用、滥占滥用，违法违规建设涉河项目，河道管理范围内修建阻碍行洪的建筑物、构筑物。

分析河湖管理范围内“乱建”现象特点，从影像纹理、色彩等方面，并结合居民点、道路、水系、区界、乡镇界矢量图层等背景信息分析不同要素对地表影响的影像特征，初步建立“乱建”要素遥感解译标志。在遥感监测过程中选择不同类型“乱建”要素，现场拍摄照片，与“乱建”遥感影像建立对应关系，修正初期建立的解译标志，最终确立“乱建”遥感影像特征。

4. “乱建”信息提取

根据处理后的遥感影像，参考解译标志，采用人工目视解译、自动识别解译和人机交互等方法，开展“乱建”要素图斑提取工作，生成要素图斑。人工目视解译方法可采用直接判读、逻辑推理或综合景观分析等多种方法，相互配合使用；自动识别解译方法可采用基于地物光谱分析自动识别、模型自动识别、采用面向对象提取方法和基于卷积神经网络的深度学习方法。人机交互方法采用无人机航拍方式实现行为的现场取证，配备高清摄像头和 AI 识别技术，及时排查、精准识别。提取的图斑要求能够完整地描述要素点的外轮廓线，精度不低于 2m。对每个图斑分别赋予行政区划、河段信息、河长信息、面积、周长等信息。

5. 图斑合规性筛查

将遥感监测提取的“乱建”信息图斑与河湖水域岸线管理范围、现有合法项目、合法建筑物图层进行叠加分析，结合人工经验，初步确定“乱建”信息图斑的准确性，为图斑“合规性”属性字段赋值。对于不能判定的图斑可进行无人机或人工现场复核。

6. 图斑跟踪

根据监测需要，采用多期高分遥感影像对比分析方式，对“乱建”问题点进行持续跟踪，记录图斑的发现时间、生命周期、销号时间，判别图斑状态变化，并对其状态信息进行持续更新，直至其消失。

2.2.1.2 技术应用

卫星遥感动态监测技术应用于河湖圩堤管理范围内违章建筑自动化监测，依托遥感和地理信息技术，以卫星遥感数据源为主，利用人工智能深度学习和目视解译相结合的方法对江西省境内河湖圩堤管理范围内违章建筑进行监测。主要包括：识别管理范围区所有建筑物信息，剔除合法建筑物，得到违章建筑物的分布情况；违章建筑物的变化分析，结合前后两时期遥感影像，监测已知违章建筑物的拆除情况和识别新增建筑物的疑似违建情况，为有关部门掌握和查处违法违规行为提供及时有效的监测手段。

（1）识别范围内所有建筑物分布：利用深度学习训练部分建筑样本后进行影像上所有建筑物的初步识别，共识别 58978 个图斑，得到建筑物的分布结果，并在此基础上进行人工标绘建筑点，如图 2-5 所示。

（2）剔除合法建筑：叠加已有产权的房屋数据，人工标绘河道管理范围内的违章建筑点，排除已有产权的合法建筑，保留未办理产权的疑似违章建筑，标绘疑似违建房屋如图 2-6 所示。

图 2-5 深度学习识别建筑物结果图

图 2-6 标绘疑似违建房屋图

(3) 生成违章建筑点矢量：最终保留的所有疑似违章建筑可下发给核查人员进行实地核查，得到确定的第一时期违章建筑点矢量信息。疑似违建房屋点矢量信息图如图 2-7 所示。

(4) 深度学习识别精度验证：违法建筑点叠加在深度学习识别结果上进行精度验证，如图 2-8 所示。随机选取某段河流范围进行统计，统计区域内所有违法建筑个数和被深度学习正确识别出的违法建筑个数，范围内总共有违法建筑点 1113 个。因影像与下发的违建点时间不匹配，部分点位下实际并无建筑或无法辨认有建筑存在，删除这些点后实际有违法建筑 985 个。其中被模型正确识别出的违法建筑点为 920 个，准确率为 93.4%。违章建筑数量与分布如图 2-9 所示。

图 2-7　疑似违建房屋点矢量信息图

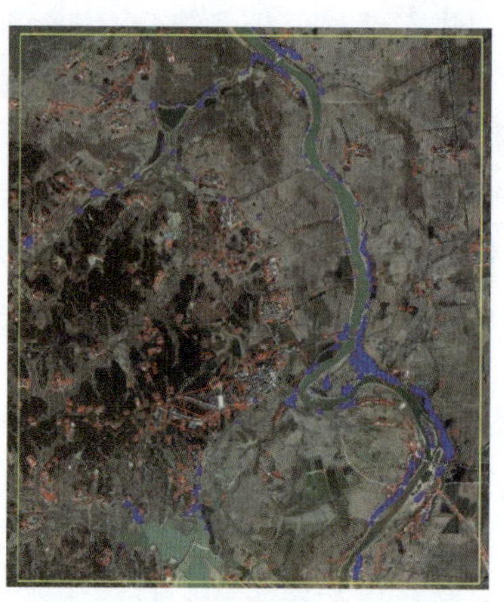

图 2-8　深度学习识别精度验证

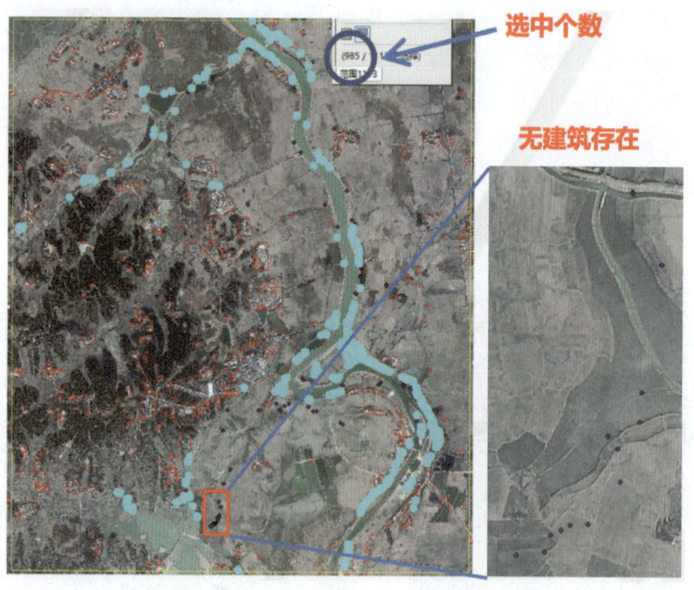

图 2-9　违章建筑数量与分布图

通过分析，漏识别的房屋大部分位于识别区域范围附近，极少有单独漏识别的房屋存在，可将在附近的违法建筑点视为已被正确识别。统计附近的违法建筑点共有 56 个，结果优化后计算识别准确率为 99.1%，漏识率为 0.9%，见表 2-1。

表 2-1　违章建筑识别统计表

统计指标	总建筑数	正确识别数	漏识数	准确率/%	漏识率/%
结果优化前	985	920	65	93.4	6.6
结果优化后	985	976	9	99.1	0.9

（5）建筑物的变化识别：基于同一区域的两时期影像部分建筑物的变化作为样本进行深度学习模型训练，利用模型可自动识别出所有建筑物变化结果。深度学习识别两时期建筑物的变化结果如图 2-10 所示。

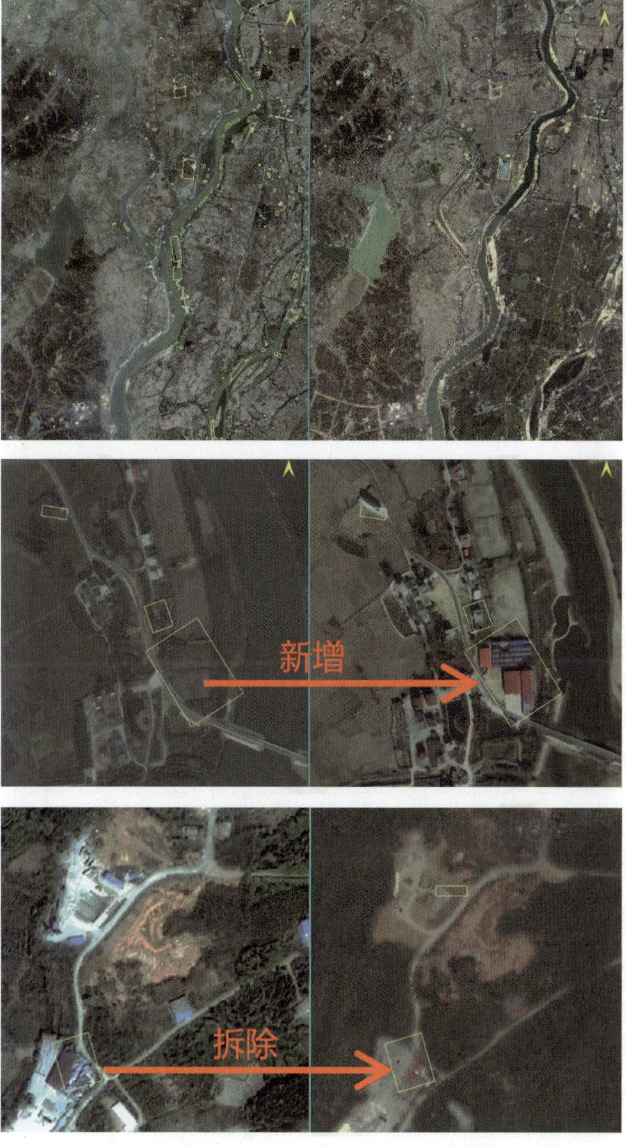

图 2-10　深度学习识别两时期建筑物的变化结果图

(6) 新增及拆除建筑的判别：依据深度学习提取的结果，叠加第一时期已发现并核查确认的违章建筑点矢量，人工目视判别变化的建筑类型为新增还是拆除，并在属性表中记录。新增及拆除建筑的判别示意如图 2-11 所示。

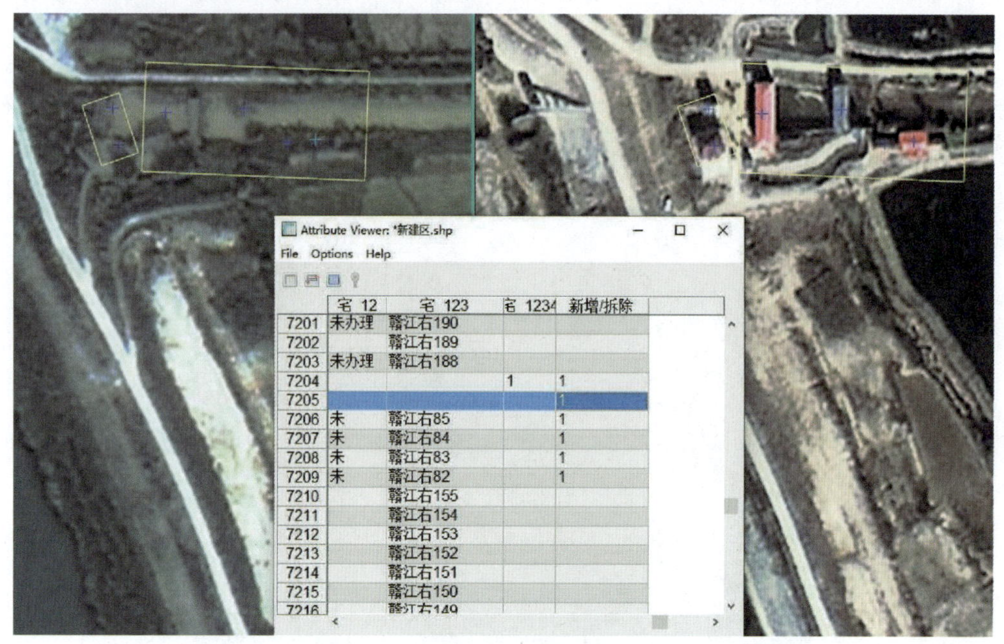

	宅 12	宅 123	宅 1234	新增/拆除
7201	未办理	赣江右190		
7202		赣江右189		
7203	未办理	赣江右188		
7204			1	1
7205				1
7206	未	赣江右85		1
7207	未	赣江右84		1
7208	未	赣江右83		1
7209	未	赣江右82		1
7210		赣江右155		
7211		赣江右154		
7212		赣江右153		
7213		赣江右152		
7214		赣江右151		
7215		赣江右150		
7216		赣江右149		

图 2-11　新增及拆除建筑的判别示意图

2.2.2　无人机倾斜摄影技术

2.2.2.1　技术内容

无人机倾斜摄影技术是低空航空摄影测量领域的新兴技术，通过无人机搭载相机，从不同角度全方位拍摄地表真实情况，获取多个角度的地面数据。无人机倾斜摄影建模技术可以在获取传统正射影像的基础上，进一步生成具有三维坐标的地物地貌真实模型，将物理世界转换为数字世界。相较传统的航测及野外测量工作，无人机倾斜摄影技术正逐步地优化测绘作业程序，有效缩减任务艰巨的外业测绘作业时间，提高测绘的数据更新效率。

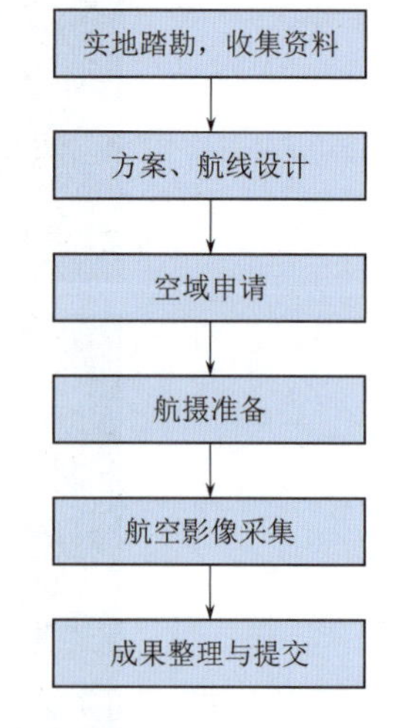

图 2-12　无人机倾斜摄影作业流程图

无人机倾斜摄影作业流程如图 2-12 所示，无人机倾斜摄影数据处理流程如图 2-13 所示。

无人机倾斜摄影航线设计中最重要的是航高设计，需根据使用的相机参数及要求的地面分辨率来确定航高，相对航高＝地面分辨率×焦距/像元大小（其中地面分辨率最好优于 2cm）。以黑卡版双鱼倾斜相机为例，航高与地面分辨率对应关系见表 2-2。

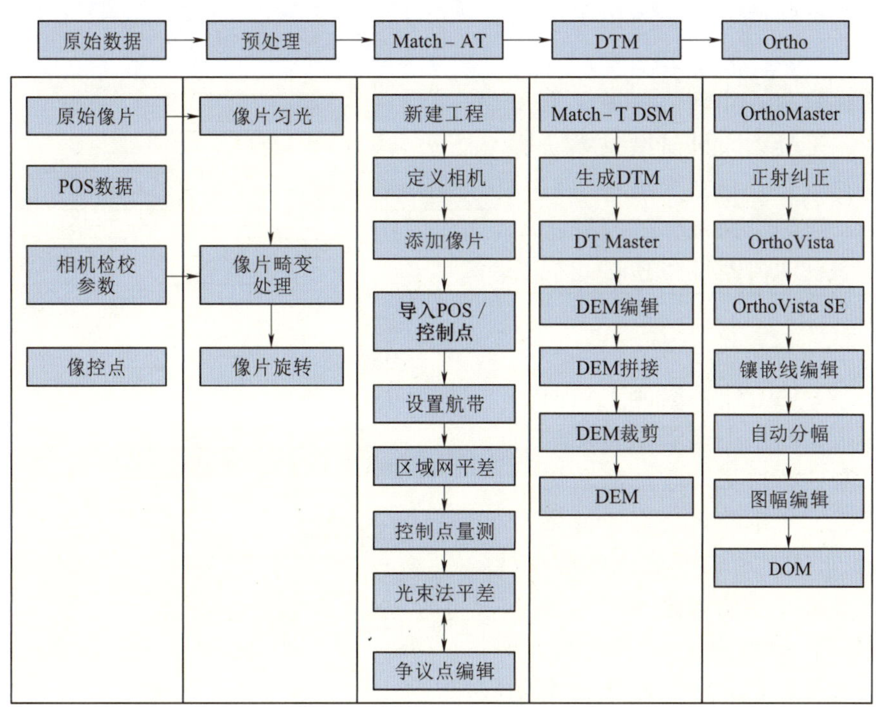

图 2-13 无人机倾斜摄影数据处理流程图

表 2-2 航高与地面分辨率对应关系表

传感器尺寸 /(mm×mm)	像元大小 /μm	焦距 /mm	地面分辨率(倾斜) /cm	相对航高 /m
36×24	4.527	35	1.0	55
			1.5	82
			2.0	110

通过对原始像片、POS数据、相机检校参数、像控点等原始数据进行像片匀光、像片畸变处理、像片旋转等预处理后，导入Inpho建模软件进行空三加密、DEM生成以及正射纠正、镶嵌、分幅形成DOM数据。在Match-AT模块实现完全自动化的高效空三处理，对所有加密点坐标和每张航片外方位元素进行解析；在Match-T DSM模块应用先进的多影像匹配技术，自动获取并生成各像对范围内的DTM；利用DT Master对DTM进行编辑、拼接、剪裁，与实际地形一致，生成DEM并达到精度要求；在Ortho-Master中结合生成的DEM进行单张像片正射纠正，在OrthoVista中利用纠正后的像片智能镶嵌出整个测区的初始DOM，检查、编辑DOM及其镶嵌线，自动分幅后完成DOM制作。DOM生产流程如图2-14所示。

在DOM生产中，一般采集高分辨率的影像进行处理，然后利用ArcGIS软件在DOM数据上勾绘出测区内的施工范围线，并与项目审批范围比较，检查施工范围与审批范围是否一致，计算两者的面积差。

在河湖水域监管中，利用无人机获取相关视频、照片等水事活动的相关佐证材料。在重要河道无人机巡查中，通过无人机航摄技术获取河道视频资料，根据视频资料对岸线侵占、河湖“四乱”等问题进行排查，形成“河湖疑似违法违规问题信息成果表”。

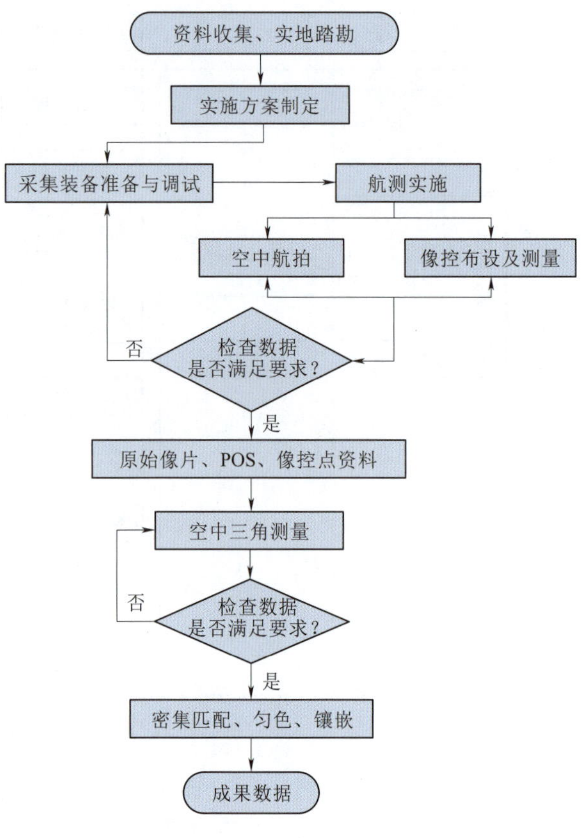

图2-14 DOM生产流程图

2.2.2.2 技术应用

传统人工巡查中，巡河人员只能沿着岸边、在桥上或者是坐船进行巡查、取证、拍摄，但是河流附近环境复杂、树木茂密，巡河效率低下、行走不便，还容易发生危险，大部分的河流并不能通过坐船的方式进行巡河，导致巡查成本较高。近年来，无人机相关的智能化技术与设备的提升使得无人机在各行各业的应用逐渐成熟，其凭借机动灵活、操作简单、拍摄视野全面、全过程记录等功能特点，在亟需高效作业中已经逐渐取代人工，实现了人机结合新的工作模式。

无人机倾斜摄影技术在江西省宜春市河湖监管中得到应用。此次锦江正射数据采集采用大疆经纬M300RTK无人机进行数据采集，选取了锦江万载县段、宜丰县段、上高县段连续的100km^{2}区域，锦江万载县段34km的河段途经高城乡、马步乡、康乐街道、三兴镇，锦江宜丰县25km的河段途经芳溪镇、石市镇，锦江上高县段45km的河段途经镇渡乡、徐家渡镇、锦江镇、敖阳街道、塔下乡、新界埠乡；锦江正射影像采集工作完成后，由专业的数据处理人员对无人机采集数据进行处理。万载县、宜丰县、上高县正射影像图如图2-15～图2-17所示。

对已生成的正射影像数据通过人工目视的方式进行乱占、乱采、乱堆、乱建、乱排、黑臭水体等问题的识别。锦江、万载县、宜丰县、上高县识别问题如图2-18～图2-21所示。共核查问题263处，其中万载县134处，宜丰县72处，上高县57处。经确认，其中72处属于河湖管理范围的问题，巡检人员实地核实后40处问题属实，32处问题不属实，其中属实问题万载县21个、上高县9个、宜丰县8个。其中，锦江万载县段问题发现清单如图2-22所示。

通过已生成的锦江河道正射影像数据，结合历史锦江空间数据，使用人工目视解译识别方法得到新的锦江河道空间数据，如图2-23、图2-24所示。

图 2-15　万载县正射影像图

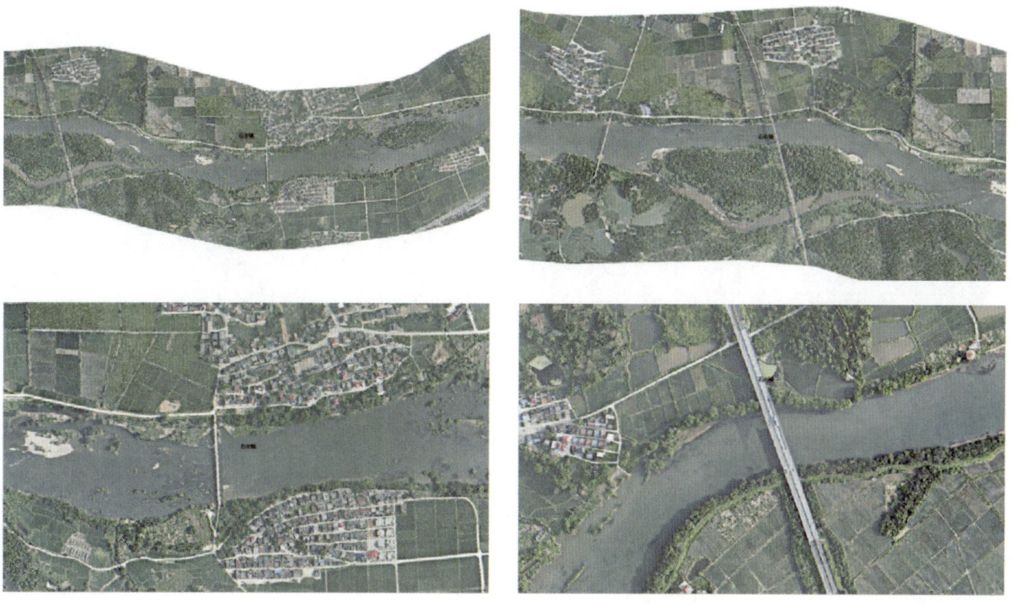

图 2-16　宜丰县正射影像图

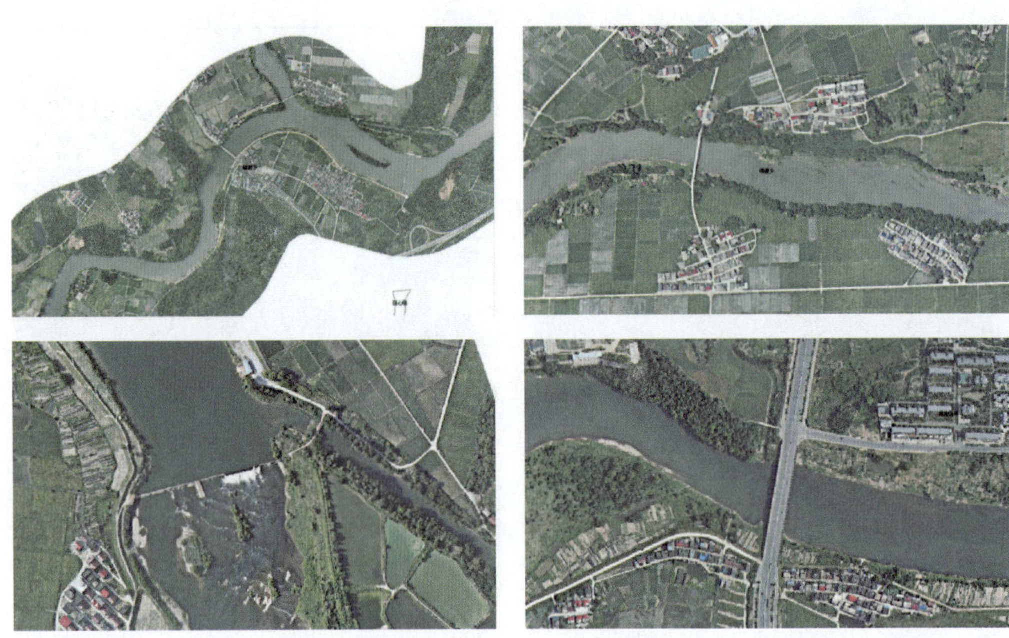

图 2-17 上高县正射影像图

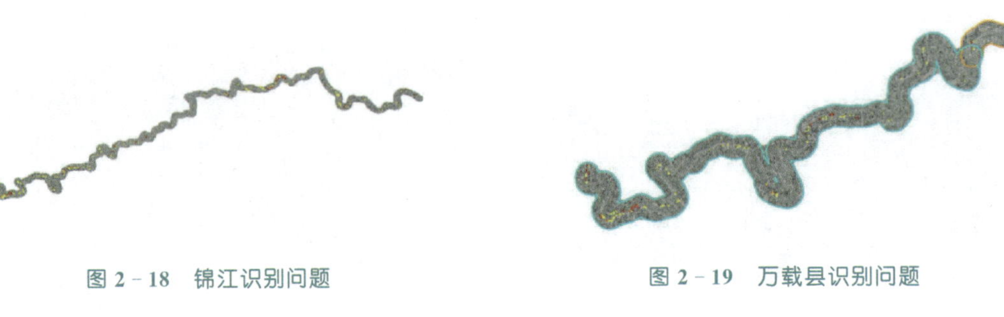

图 2-18 锦江识别问题

图 2-19 万载县识别问题

图 2-20 宜丰县识别问题

图 2-21 上高县识别问题

序号	所属河段	问题类型	问题描述	事发地点	县级核实情况	县级河长	经度	纬度	发生时间	问题来源	详情		现场照片
1	锦江万载县段	乱堆-乱堆垃圾	周围有少量白色垃圾	宜春市万载县高城乡曾家园	少量垃圾已被清理	刘学军	114.3417489	28.12763677	2022年7月17日	无人机巡查发现问题			
2	锦江万载县段	乱堆-乱堆垃圾	周围有少量白色垃圾	宜春市万载县高城乡同大村排水沟边上	有几个塑料瓶子，垃圾袋，树枝，已经当场被清理	刘学军	114.3417086	28.12522711	2022年7月17日	无人机巡查发现问题			
3	锦江万载县段	乱占-非法占用水域滩地	河岸边有菜地	宜春市万载县高城乡蒋家渡	还耕，未种菜	刘学军	114.3426469	28.12407812	2022年7月17日	无人机巡查发现问题			
4	锦江万载县段	乱占-非法占用水域滩地	河岸边有菜地	宜春市万载县高城乡庙山里	未种菜、杂草	刘学军	114.3409489	28.12176527	2022年7月17日	无人机巡查发现问题			
5	锦江万载县段	乱堆-固体废物倾倒、填埋等	河道附近堆放大量沙石	宜春市万载县高城乡高城镇政府	在河道管理范围外，距河堤20米以外	刘学军	114.3482726	28.10651049	2022年7月17日	无人机巡查发现问题			

图 2-22　锦江万载县段问题发现清单

图 2-23　锦江河流空间矢量图 & 锦江河流空间矢量图叠加锦江正射影像图

图 2-24　锦江河流空间矢量图

2.3 基于深度学习与数字屏障技术的目标识别

针对河道非法采砂流动性大、隐蔽性强、取证难等特点，基于深度学习的图像识别技术，研发目标检测算法与目标跟踪算法，通过学习大量的采砂船只、采砂载具的样本素材，逐步提取目标图像从浅层到深层的特征，准确快速地检测出采砂船只与采砂载具，并关联不同画面中的同一目标进行跟踪与识别。构建船舶、载具图像库，利用机器学习进行图像特征提取，评价特征图像与库中模板图像的相似度，创建图像特征索引提高对比速度，通过“以图搜图”与取证复核相结合，结合采用 GIS 和 GPS 数字屏障技术，确定采砂工作面积和范围，动态监控运砂船运行轨迹，实现对非法采砂行为的及时发现和预警，并形成足够的证据链来证实“乱采”事实，对提高河道采砂监管效能具有重要意义。

基于深度学习的采砂船只、采砂载具目标识别算法的构建，极大提升了河道采砂非法行为的监管效果。在吉安 8 个区县应用中，构建了 78 艘采砂船样本库，识别准确度达到 80%，高效实现了非法采砂船只实时监测和智能识别；实现了 30 余处易盗采点采砂载具的智能识别，识别准确度达到 90%，有力增强了非法采砂行为的监管力度和范围（图 2 - 25）；为河湖“乱采”监管提供了新的思路，助力全省查处非法采砂船舶超 1500 艘，清理、整治关闭非法砂场 600 多处，加强河湖管理工作的开展，对保障河道防洪态势、河湖健康发展具有重要意义。

图 2 - 25 采砂船目标检测效果图

2.3.1 基于深度学习的采砂船只、采砂载具目标识别

深度学习是建立在计算机神经网络理论和机器学习理论上的系统科学，在处理相关任务时，会通过自我学习而不断完善，提高处理性能。为实现非法采砂智能监管，需将采砂

船只、采砂载具图像输入神经网络模型中，对图像的各种特征进行识别、提取、分类，并且不断训练学习。利用训练好的模型从实时视频中快速有效地提取采砂船只、采砂载具目标并跟踪目标，自动判别类型和身份，对异常行为进行告警，从而成为非法采砂监管上的一个有力的技术手段，缓解监管难题。

1. 目标检测技术

利用深度学习在大数据目标检测领域的优势，神经网络可以大量学习标注过的素材，逐渐提取图像从浅层到深层的特征，反复优化，最后得到效果较好的模型。对于给定的单张静态二维图像，模型能够对图片中感兴趣的目标进行识别，并输出目标在原图片中的位置坐标（一个矩形区域），通常以（left，top，width，height）的形式给出。推理优化后的目标检测模型可以准确快速地检测出图像中的所有船舶，包括密集目标、小目标和遮挡目标等。

深度网络的训练过程需要大量的数据进行参数拟合。训练样本是具有标注的图片，将大量带标注的训练样本放入网络中，网络根据设定好的优化函数，以标注作为监督信号，让网络学习图片的低层特征到高层语义特征，而后再在某个高维的特征空间，让网络拟合训练数据集的分布。具体流程包括：首先，将带标注样本做增广和归一化；接着将处理后的图片矩阵输入网络，网络通过设定好的运算路线预测出目标；然后，再计算预测位置和标注位置之间的损失，利用损失计算梯度，回传优化网络参数，而后再反复继续训练。最终的理想状态是损失最小化，也就是预测结果和真实结果趋于一致。

深度网络的测试过程相对训练过程而言相对简捷。测试过程就是一个真实的预测过程，将测试图片做归一化后直接输入网络中，让网络预测出船舶位置。如果想要计算网络的准确率，则需要测试图片也有标注，利用预测结果和真实结果进行比较，计算出深度网络的准确率。

2. 多目标跟踪技术

对于视频画面的多目标跟踪，就是在目标检测的基础上，将视频中不同帧内的同一运动目标关联起来，从而计算出目标的位置、速度、加速度以及运动轨迹等运动参数。

视频信息具有时序性，前后两帧画面中的目标具有关联性。对每帧画面进行检测，得到所有感兴趣的船舶目标，并且将第 N 帧和第 $N+1$ 帧中的同一目标关联起来，赋予同一个 ID。一个目标从进入视频检测范围到离开，该目标的 ID 不变，由此实现目标跟踪。

实际环境中，目标速度过快会导致第 $N+1$ 帧与第 N 帧的目标位置对比关联出现误差。为此，采用卡尔曼滤波算法来进行目标的轨迹预测，根据目标前几帧的轨迹来预测它下一帧的位置。优化后，对画面中的所有目标都能进行稳定的跟踪。

目标跟踪一方面关联了不同画面中的同一目标，为采砂船只、采砂载具图像拼接提供条件；另一方面，运动参数也是采砂船只、采砂载具行为分析的重要数据。此外，基于视频的目标跟踪，在一定程度上能够弥补雷达的盲区，保证每一个目标都能被跟踪、识别，不发生遗漏。

3. 构建重点目标信息库

采砂监管重点关注采砂船只、采砂载具，抓拍的图片经过分类识别后，自动为采砂船只、采砂载具建立图像库。图像库也收录从其他渠道收集到的重点采砂船只、采砂载具图片。

利用分割模型对图像进行目标背景分离，得到目标图像，去除江水及岸边背景的影响，然后利用机器学习的方法进行特征提取，形成采砂船只、采砂载具特征库。

4. 目标身份识别

当采砂船只或采砂载具目标被识别后，需要继续将该图片的特征与特征库进行匹配，以判定采砂船只、采砂载具身份。从图片中提取的图像特征在一定程度上可以当作图片的特定标识，通常用一个多维向量或者一串 128 位二进制数字表示。通过图像特征对比，可以评价图片相似度，从而通过一张图可以找出相似的其他图片，即所谓“以图搜图”。当两张图片所提取的特征点的匹配点超过一定数量时，则认为这两张图片相似。

从成千上万张图片源中查找与目标相似的图片，比对速度是十分关键的。用图像特征构建出一个二叉树，为这些特征创建索引，可以提高特征对比速度。采用多 GPU 并行运算的方式，可加速图像处理，处理速度大大提升。

当特征库里存在匹配结果时，可以得到目标采砂船只或采砂载具在数据库里登记的各种信息；当数据库里不存在匹配结果时，表示该采砂船只或采砂载具是未经登记的非法采砂船只或采砂载具，自动进行非法采砂标记，形成报警记录。

2.3.2 数字屏障技术

数字屏障是一种基于高精定位与移动通信技术的“虚拟围栏”。数字屏障技术以北斗定位终端为基础，以高精度、高分辨率的地图为数据源，以 GIS 技术为支撑，以软硬一体化为手段，通过网格化划分电子围栏区块，实现对车辆和人员的实时监控管理。

在实际工作中，采砂船只实时将高精度坐标回传到后台服务器，后台服务器会自动分析其是否越界，确认越界后，后台会以广播报警的方式进行语音通知警告，实现采砂船只的有序管理，并实时掌握其工作情况，从而提高安全保障和工作效率。虚拟电子围栏的工作原理为：①区块划分，管理员在服务器后台基于电子地图进行电子围栏网格区块划分，并设置好对应区块内的采砂船信息；②轨迹上传，车辆在实际工作过程中，实时给后台服务器上传最新的轨迹坐标；③分析判断，后台服务器接收到车辆和人员坐标后，与电子围栏区块进行比对，判断是否越界；④越界报警，确认车辆越界后，后台服务器将以广播的方式进行通知警告，督促其回到规定工作区域内。

数字屏障技术综合了电子围栏技术和网络信息技术，其终端控制机可通过网络（局域网 LAN、广域网 LAN 以及 5G 网络）传送信息到网络（本地）服务器。用户可通过浏览器或 App 直接查看 Web（本地）服务器中的报警信息，以实现采砂船只进出区域报告监管的需求，同时授权用户还可以通过自行设定实现个性化系统配置。数字屏障技术的总体技术架构体系可分为信息采集端、信息传输端、客户端三个部分。数字屏障技术的使用可以结合视频图像、GPS 定位、无线数据网络和图像视觉算法实现，形成一道重点区域“防护墙”，能实时、形象、真实地反映被监控区域的情况。当有目标入侵或想入侵时，将报警信号发送至监控终端，显示报警位置，还可联动手持终端设备进行现场监督检查，从而启动应急预案。

数字屏障入侵报警流程如图 2-26 所示，首先，采集监控视频区域图像数据，绘制限制区域多边形作为警戒范围；然后，运用图像视觉分析进行目标检测、目标追踪以及行为分析，以判断限制区域是否有目标入侵；当发现目标入侵时，会输出报警信息，让管理人员及时处理特殊情况；未发现目标时，系统一直处于检测状态。

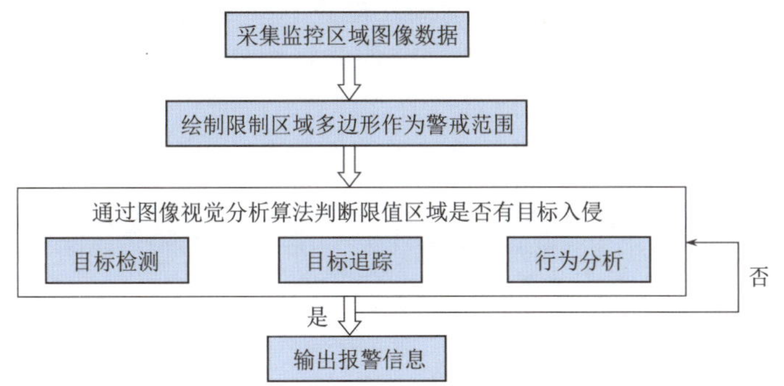

图 2-26　数字屏障入侵报警流程

数字屏障技术在吉安市河道砂石管理中得到应用，如图 2-27 所示。

图 2-27　吉安数字屏障应用示意图

2.4　河湖长移动巡查技术

2.4.1　河湖长移动巡察技术方案

河湖长巡查 App 以基层巡查员为巡查主体，基于 HTML5、GPS 定位技术，通过将河道巡查、巡河记录、问题上报、问题处理等河湖长巡查业务“掌上化”，实现了河湖巡查监管由粗放式管理向智能化管理方式的转变。针对基层巡查体系中存在巡查员移动业务执行能力不足、事件处置效率低等问题，采用 GPS 技术记录河长坐标位置，将坐标数组动态地展示在 GIS 地图上，形成河长的巡河轨迹，同时获取河湖问题地点、经纬度等位置信息，辅助处理人员精确定位、便于处理问题；采用多媒体数据采集技术，巡查人员通过手机拍摄照片、录制音视频等方式在河湖长巡查 App 中上报问题，监管人员通过河湖长巡查 App 进行处理和跟进，实现了涉水事件的高效处理和追踪。针对河湖四乱问题，基于河湖长巡查 App（图 2－28），通过巡查、详查、核查、复查“四查”手段，形成河湖管理问题巡查、问题详查、问题核查和整改复查的业务闭环流程。

图 2－28　河湖长巡查 App 界面

2.4.2　掌上河湖功能设计

2.4.2.1　掌上河湖河长版

对于河长，掌上河湖河长版作为各级河长参与进河长制建设的工作平台，支撑推进河长制工作的贯彻落实，其主界面中包括首页、工作台、地图、我的四个模块。掌上河湖长版功能框架如图 2－29 所示。

1. 巡河功能设计

巡河功能支持河长及工作人员快速选择河道河段，能立即开始巡河，巡河过程中可填写巡河日志、事件上报、拍摄图片/视频、记录巡河轨迹，巡河结束后形成巡河记录，巡河记录中可附加文字、图片、视频等，实现巡河全过程记录。

（1）河道巡查功能基于终端的 GPS 定位功能自动记录巡查轨迹和巡查时间。河道巡查功能包含排污口巡查，可实现对巡查范围内排污口进行巡查，巡查内容包含排污口、排出水体颜色、气味、排污口标示等。

（2）河道巡查功能支持巡河日志填报，可勾选预置的巡查内容，包含河道水体水岸、涉水活动、水工建筑物、河长公示牌等内容，并拍摄照片、视频，录制音频后进行巡查日志上报。

（3）河道巡查功能支持事件上报（包含图片、语音、视频等方式）和对河道现状视音频数据的上传。

（4）巡查日志、事件上报成功后可以在 Web 端平台内查看详细信息，包含照片、视频、音频等，巡查日志支持在 Web 端回放巡查轨迹。

（5）针对某些乡、村两级在河湖长制责任落实上存在薄弱环节，例如河道滩涂、河湖

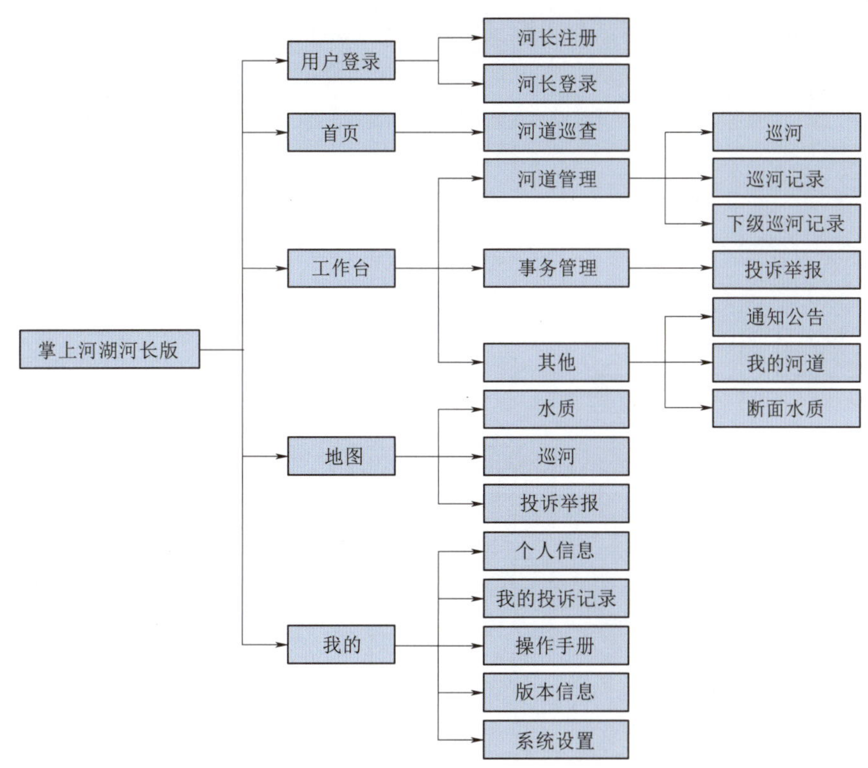

图 2-29 掌上河湖河长版功能架构图

水面保洁不彻底等相关情况，设置事件清理完毕后进行拍摄照片并上传的单独模块，对此类事件进行监督，提高各级河长的监督效应。

2. 巡河记录功能设计

（1）巡河记录功能支持河长及工作人员查看自己巡河记录，通过选择时间、河段可快速在所有巡河记录中筛选出想要查看的巡河记录。

（2）巡河记录信息支持河长及工作人员进行巡河日志的查看和修改、上报事件的查看和新增、巡河轨迹的查看。

3. 下级巡河记录功能设计

（1）下级巡河记录功能支持河长及工作人员查看下级巡河记录，通过选择时间、河段可快速在所有巡河记录中筛选出想要查看的巡河记录，巡河记录按照河段、时间进行排序。

（2）可查看下级同步上传的巡河轨迹、巡河日志、巡河过程中拍摄的图片、视频等资料。

4. 地图服务设计

地图功能展示河段空间位置、水质分布及信息，支持快速巡河、投诉举报。

（1）基于地图展示河长下辖河道河段的空间位置。

（2）基于地图展示水质监测点空间分布情况，水质监测点点击后能查看水质断面详情。

（3）点击巡河可快速切换到巡河界面，后续操作方式参照“巡河”功能。

（4）点击投诉举报可快速切换到投诉举报界面，后续操作方式参照“投诉举报”功能。

2.4.2.2 掌上河湖公众版

对于公众，掌上河湖公众版则作为全面治水的展示、参与平台，满足接受公众建议和监督、污染投诉举报以及投诉结果跟踪反馈，满足群防群治的切实需求。主界面中包括新闻、河道、投诉、我的四个模块，掌上河湖公众版功能框架如图 2－30 所示。

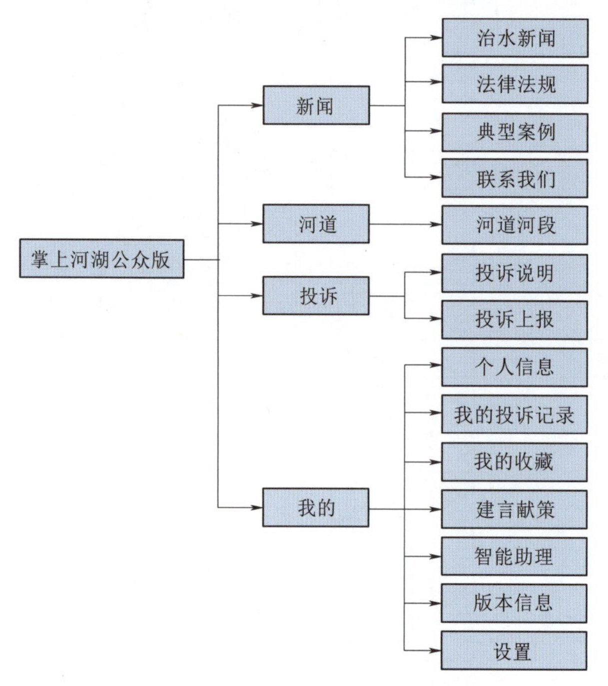

图 2－30　掌上河湖公众版功能框架图

1. 新闻功能设计

新闻功能可查看河长制平台治水新闻、法律法规、典型案例和联系我们的方式。

（1）治水新闻、法律法规、典型案例和联系我们以平铺的方式进行展示。

（2）各类型仅展示最新的四条记录，支持点击“查看更多”查看更多类型的新闻。

2. 河道功能设计

河道功能查看可以对外公示的河道河段列表及河道详情信息。

（1）辖区河道河段以列表形式展示，河段名称支持关键字查询。

（2）选中单条河道河段信息展示河道河段的详情，包括河段基于地图展示空间位置和河段的河道名称、河道起点、河道长度、河长职责、治理措施、治理目标、投诉电话等。

3. 投诉功能设计

投诉功能支持投诉举报事件，事件支持文字、图片、视频等方式投诉上报事件。

（1）投诉举报功能支持用户匿名进行。

（2）支持用户选择事发地区、事发河道、事发类型、实发事件、详细地址、事件描述及附加多媒体资料，多媒体资料包含图片、视频两种，可现场拍摄或本地选择。

（3）河段所属及上级机构对投诉举报事件进行处理，可在我的投诉记录中查看投诉举报事件的信息，可跟踪查看投诉举报事件处理进展。

2.4.2.3　掌上河湖管理版

掌上河湖管理版具有河长办管理所需所有业务应用功能，主要满足河长办以实现在手机端的日常工作需要，其主界面包括首页、工作台、地图、我的四大模块。掌上河湖管理版功能框架如图 2－31 所示。

1. 工作台功能设计

工作台展示河长办的管理事务及信息查询，包括事务管理及其他两大模块。

事务管理包括待签收事宜、办理中事宜、已结案事宜、综合查询、投诉举报功能，其他包括通知公告、我的河道、断面水质功能。

2. 事务管理功能设计

综合查询功能为河长办管理提供所有事件列表展示和事件处理流转信息。

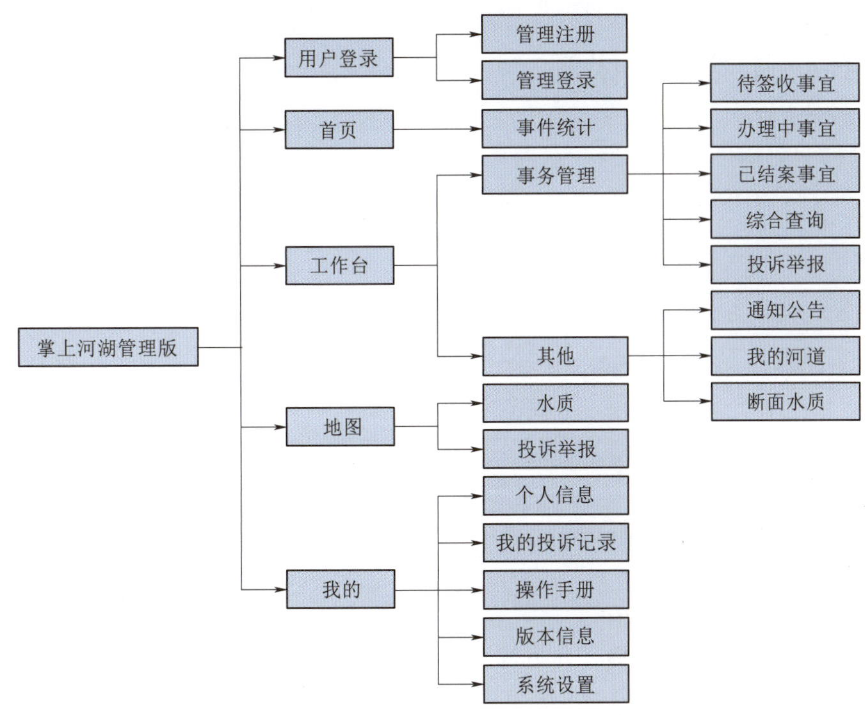

图 2-31 掌上河湖管理版功能架构图

3. 河长制微信公众号设计

河长制微信公众号则作为全面治水的沟通平台，满足接受公众建议和监督、污染投诉举报以及投诉结果跟踪反馈，满足群防群治的切实需求。主界面中包括新闻、河道、投诉、我的四个模块，河长制微信公众号功能框架如图 2-32 所示。

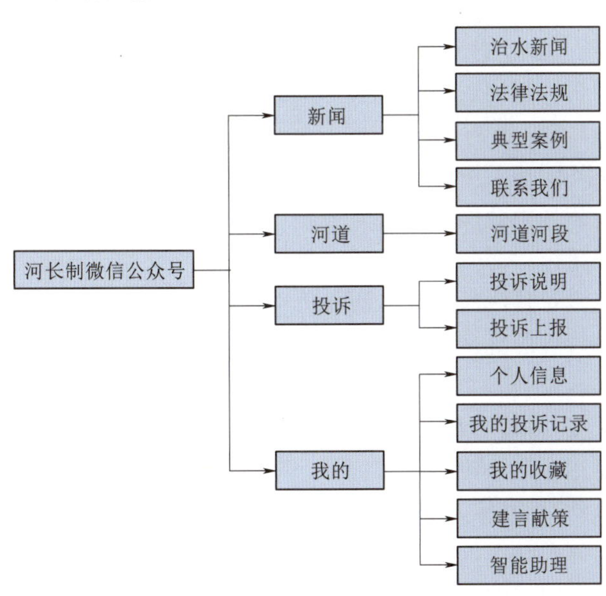

图 2-32 河长制微信公众号功能框架图

2.5 河湖长履职监管体系

2.5.1 河湖长组织体系

2016 年年底中央出台《关于全面推行河长制的意见》，江西省先行于 2015 年年底全面启动河长制工作，率先在全国成立规格高、覆盖面广、组织体系完善的河长制体系；率先出台省级工作方案《江西省全面推行河长制工作方案（修订）》在已有工作基础上，进一步完善制度体系；坚持党政同责，建立区域和流域相结合，省、市、县、乡、村五级的河长湖长组织体系，在全省范围纵向形成省、市、县、乡、村五级“河长责任链”，如图 2－33 所示。

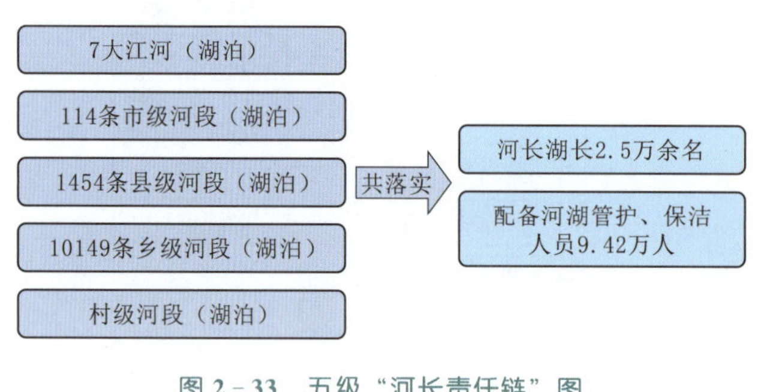

图 2－33 五级“河长责任链”图

2.5.1.1 省、市、县、乡四级工作方案

2017 年 3 月，按照中共中央办公室、国务院办公厅发布的《关于全面推行河长制的意见》，江西省修订完善省级工作方案，并于 2017 年 5 月 4 日由省委办公厅、省政府办公厅印发《江西省全面推行河长制工作方案（修订）》。在抓好省级方案修订出台的同时，通过每周一调度、每周一通报和对滞后地方现场督导的方式，压茬推进市、县、乡三级工作方案。2017 年 6 月底，全省 11 个设区市，118 个县（市、区，含非建制区），1655 个乡镇（街办）河长制工作方案全部修订印发，提前半年在全国率先完成省、市、县、乡四级工作方案的修订出台。

2.5.1.2 省、市、县、乡、村五级河长制组织体系

（1）坚持党政同责构建河长制组织体系。按流域，全省 7 大江河（湖泊）、114 条市级河段（湖泊）、1454 条县级河段（湖泊）、10149 条乡级河段（湖泊）均明确河长。按区域，省、市、县、乡均明确了由党委、政府主要领导担任总河长、副总河长，党委、政府、人大、政协相关领导为分段河长的河长组织体系，另外，省委组织部等 23 家省级单位为河长制省级责任单位。

（2）明确工作职责，总河长、副总河长负责领导本行政区域内河长制工作，各级河长是所辖河流湖泊保护管理的直接责任人。省直有关部门各司其职，各负其责，协同配合，保障河长制实施。

（3）制定分步实施目标。到 2015 年年底，建立县级以上河长制组织体系；到 2016 年 1 月底前 20％水质不达标河湖建立覆盖到乡、村的河长制组织体系；到 2017 年年底，全省全面实施河长制；到 2020 年，基本建成河湖健康保障体系和管理机制。截至 2023 年年底，全省共设立省级河长 9 人，市级河长 99 人、县级河长 892 人、乡级河长 5389 人、村级河长 17287 人，配备河湖管护、保洁人员 9.42 万人。在此基础上，通过以河带湖（库、渠）或以湖带河的形式，建立了湖长制、库长制、渠长制，实现了河长制工作水域全覆

盖。2017 年 2 月，在全国率先经省委同意、省编办批准，批复并设立河长办副厅级专职副主任。2017 年 7 月，省编办又批复在省水利厅设立“省河长制工作处”，明确编制 5 名(其中处级领导职数 2 名)。全省 11 个设区市、100 个县（市、区）均已成立河长办，且都设在水利部门。其中，10 个市级河长办、73 个县级河长办经编办同意设置专职副主任。

2.5.1.3 河湖长职责

县级以上总河长、副总河长、总湖长、副总湖长负责本行政区域内河长制湖长制工作的总督导、总调度，组织研究本行政区域内河长制湖长制的重大决策部署、重要规划和重要制度，协调解决河湖管理、保护和治理的重大问题，统筹推进河湖流域生态综合治理，督促河长、湖长、政府有关部门履行河湖管理、保护和治理职责。乡级总河长、副总河长、总湖长、副总湖长履行本行政区域内河长制湖长制工作的督导、调度职责，督促实施河湖管理工作任务，协调解决河湖管理、保护和治理相关问题。市、县、乡级总河长、副总河长、总湖长、副总湖长兼任责任水域河长、湖长的，还应当履行河长、湖长的相关职责。

(1) 省级河长、湖长履行主要职。组织领导责任水域的管理保护工作；协调和督促下级人民政府和相关部门解决责任水域管理、保护和治理的重大问题；组织开展巡河巡湖工作；推动建立区域间协调联动机制，协调上下游、左右岸实行联防联控。

(2) 市、县级河长、湖长履行主要职责。协调解决责任水域管理、保护和治理的重大问题；部署开展责任水域的专项治理工作；组织开展巡河巡湖工作；推动建立部门联动机制，督促下级人民政府和相关部门处理和解决责任水域出现的问题，依法查处相关违法行为；完成上级河长、湖长交办的工作事项。

(3) 乡级河长、湖长履行主要职责。协调和督促责任水域管理、保护和治理具体工作任务的实施，对责任水域进行巡查，及时处理发现的问题；对超出职责范围无权处理的问题，履行报告职责；对村级河长、湖长工作进行监督指导；完成上级河长、湖长交办的工作事项。

(4) 村级河长、湖长履行下列职责。开展责任水域的巡查，劝阻相关违法行为，对劝阻无效的，履行报告职责；督促落实责任水域日常保洁和堤岸日常维养等工作任务；完成上级河长、湖长交办的工作事项。

2.5.2 河湖长履职监管体系的构建

根据河长制会议制度、信息工作制度、工作督办制度、工作考核办法、工作督察制度、验收评估办法、表彰奖励办法等相关法律制度，结合江西省河湖长制工作全面实施取得现有经验和成效，以河长制湖长制为抓手，强化河长湖长履职尽责，构建基于河长制湖长制的河湖监管体系，是改变人的不当行为、解决河湖突出问题、维护河湖健康生命的关键举措。

2.5.2.1 监管体系构建

按照全面推行河长制湖长制制度设计，江西省已经建立了省、市、县、乡、村五级河长湖长体系，由地方各级党政负责同志担任河长、湖长，作为河湖治理第一责任人。基于当前河长制湖长制制度体系，各级河长湖长作为责任主体，纵向上构建省、市、县、乡、村五级监管体系，形成工作传导机制，横向上构建总河长、河长、部门三级监管体系，形成工作协同机制。基于河长制湖长制纵向与横向网格化监管框架，按照《江西省人民政府办公厅关于印发江西省河长制省级会议制度等五项制度的通知》规定，分析梳理监管对象、监管内容、监管措施、监管手段等，形成基于河长制湖长制的河湖监管体系，其示意如图 2－34 所示。

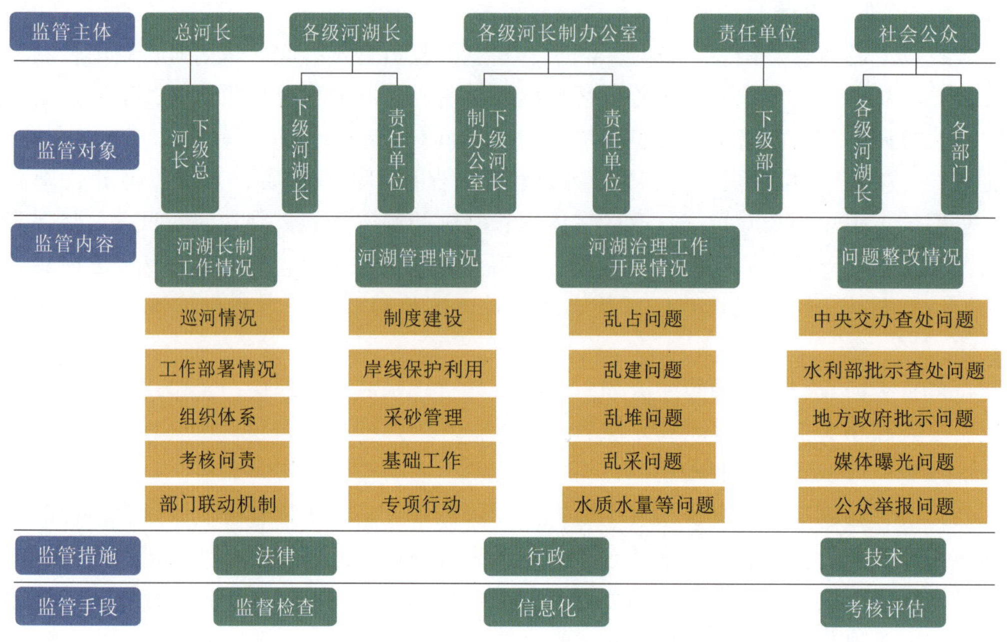

图 2－34　基于河长制湖长制的河湖监管体系示意图

1. 监管对象

按照五项制度所规定内容，确定监管主体所对应的监管对象。监管主体分别由总河长、各级河湖长、各级河长制办公室、责任单位、社会公众。对应受监管对象分别为下级总河长、下级河长制办公室、下级河湖长以及责任单位、各级河长和各级部门。

2. 监管内容

监管主要包括两个方面：一方面是河长制湖长制工作推进情况，如组织体系建设、制度建设、河长湖长履职情况、监督考核情况等；另一方面是河湖治理工作开展情况，如水域岸线保护利用情况、河道采砂管理情况、河湖管理规划及信息系统建设情况、河湖管理保护相关专项行动开展情况、涉河湖违法违规行为执法情况、河湖管理维护及监督检查经费保障情况、各类监督检查发现的问题整改情况等。

3. 监管措施

（1）完善法律法规，健全监管制度。出台了河长制会议制度、信息工作制度、工作督办制度、工作考核办法、工作督察制度、验收评估办法、表彰奖励办法等 7 项制度，并将制度落实在具体工作中。《江西省水资源条例》《江西省湖泊保护条例》将河长制湖长制写入地方性法规，2018 年制订出台《江西省实施河长制湖长制条例》，使河湖长制工作有法可依。建立了约束机制，2019 年制定并发布全国首个河湖制工作省级地方标准《河长制湖长制工作规范》（DB36/T 1219—2019），为各级党委政府持续推进河湖长制提供了有力的制度保障，起到了对河湖管理的指导和约束作用。健全了考核问责与激励机制，河长制实施以来，年初印发河长制考核方案或细则，对各级河湖长制工作结果进行考核加强河长湖长考核，促进各级河长湖长履职尽责。健全了部门联动机制，进一步明确各部门分工，健全联席会议制度、联络员会议制度。建立联合执法机制，形成对河湖违法行为的强力震慑与打击。完善了河湖监管技术标准体系，进一步分类制定或修订相关的标准规范如《河长制湖长制工作规范》（DB36/T 1219—2019）、《江西省水生态文明村评价准则》（DB36/T 1183—2019）、《河湖（水库）健康评价导则》（DB36/T 1404—2021）等。

（2）强化制度执行，确保监管实效。强化河湖行政执法，严格查处涉河湖违法违规行为，坚决清理整治非法排污、设障、捕捞、养殖、采砂、采矿、围垦、侵占水域岸线等活动。严格执行水工程建设规划同意书、涉河建设项目审查、河道采砂许可、洪水影响评价、入河排污口审批等制度，建立健全涉河建设项目审批公示制度，加强涉河建设项目全过程监管。强化河湖管理日常巡查和监督检查，对涉河湖违法违规行为和工程隐患早发现、早处理。开展河湖管理绩效评估，对各地评估情况向社会发布鼓励先进，正向传导压力。

（3）应用先进技术，提升监管效能。明确河湖监管信息化工作要求，制定河湖监管信息化应用标准，建成横向协同、纵向贯通的河湖监管信息化体系。充分利用卫星遥感和GIS等技术，通过对不同时段遥感影像进行比对，得到年度水域变化的相关信息，实现河湖管理的数字化、信息化。通过河湖水域动态监测，实现河湖监管的实时性、准确性。完善社会公众参与河湖监管的信息化应用，通过江西省河长制工作信息平台App、微信公众号等手机端应用，为公众提供信息公开、反馈及投诉举报等服务功能。

4. 监管手段

根据现行法规政策规定的河湖管理体制机制，河湖监管的主要手段主要有以三个方面：

（1）监督检查及日常巡查省级对地方、地方上级对下级定期开展河湖治理监督检查。通过实地查看河湖面貌、拨打监督电话、问询河长湖长和相关工作人员、走访群众，及时发现并确认河湖存在的问题。对确认为违法违规的问题要按照整改标准和时限要求，及时组织整改。有关地方依法依规对违法违规单位和个人给予处罚，对相关责任单位和责任人进行责任追究。各地通过建立河湖日常巡查制度，明确河湖巡查内容，加大巡河巡湖密度和力度，对涉河湖违法违规行为和工程隐患早发现、早处理。

（2）应用信息化技术监管在河长制湖长制管理信息系统和有关信息系统的基础上，充分利用遥感、空间定位、卫星航片、视频监控、自动监测、无人机等信息化技术，实现中央与省级、地方河湖管理及河长制湖长制相关信息系统的数据共享和互联互通，建立监管内容和监管层级全覆盖的河湖监管信息化应用体系。通过强化顶层设计，做到一级部署、多级应用，实现“查、认、改、罚”河湖管理监督检查工作各环节的闭合。

（3）开展河长制湖长制及河湖治理的考核评估，2017 年年底，水利部河长办牵头组织开展了全面建立河长制工作中期评估，2018 年年底又对各省份全面推行河长制湖长制工作情况进行了总结评估。江西省在全面推行河长制湖长制“有实”阶段，进一步做好各地区全面推行河长制湖长制工作以及河湖管理工作考核评估，是加强河湖监管的必要手段。每年年初制定并印发河长制考核方案或细则，年底对各级河湖长制工作结果进行考核。根据每年的不同重点工作及任务进一步健全地方各级河长湖长的考核制度，细化年度考核指标与标准，切实发挥考核指挥棒的作用，推进河湖治理各项任务落实落地。

2.5.2.2 监管指标体系实践

乐平市属于江西省景德镇市下辖县级市，该市在 2022 年对暗访发现的涉河湖问题进行了有效整改。本书以此为例，对河长制监管体系进行分析。

1. 背景介绍

乐平市位于江西省东北部，地处鄱阳湖盆地边缘与赣北丘陵接界处，跨乐安河中游，介于东经 116°53′～117°32′，北纬 28°42′～29°13′，总面积 1980km^2。辖 2 个街道、15 个镇、1 个乡，另辖 2 个乡级单位，总人口 94.66 万人。

2. 案例分析

（1）督办下达。2021 年 1 月，景德镇市河长办收到江西省河长办发来《关于水利部暗访发现的河湖“四乱”问题进行整改的督办函》（赣河办督字〔2021〕1 号），随即转发各县（市、区），经各县开展整改后，景德镇市河长办汇总后报江西省河长办销号。但是水利部核查后认为，乐平市鸣山码头无证经营整改不够彻底。景德镇市河长办运用《江西省河长制湖长制工作督办制度》，并随即启动“河长＋检察长”机制，与景德镇市人民检察院向乐平市人民政府联合下发《关于对 2021 年水利部发现的河湖“四乱”问题继续整改的督办函》，要求乐平市人民政府加大整改力度，在此前整改的基础上，拆除遗留的码头附属设备、作业设备及房屋。并于收到督办函后一个月内依法履职，书面回复整改情况。相关责任部门履职不力的、失职渎职的将依法严肃处理。

（2）问题整改。乐平市人民政府接到督办函后，市长、市副总河湖长吴艳对照《江西省实施河长制湖长制条例》依法履职，根据《乐平市全面推行河长制工作方案》（乐办字〔2017〕70 号）中的责任单位分工，立即组织乐平市河长制有关责任单位和鸣山码头所属乡镇，对整改任务进行了分工。市河长办负责按照《江西省河长制湖长制信息工作制度》有关程序，将该问题上传江西省河长制地理信息平台，列入清河行动问题清单；乐平市水利局负责码头通过圩堤道路非法运输进行管理；乐平市自然资源和规划局负责整治鸣山码头区域内擅自开挖、拓宽码头货场及“两违”建房；乐平市生态环境局负责鸣山码头沿线乐安河水质检测和货场扬尘监管；乐平市交通运输局负责拆除鸣山码头吊机吊臂、抓斗、吊绳、传送带等非法经营设备，对码头非法经营进行依法处理打击。

（3）问题销号。2022 年 3 月 27 日—4 月 2 日，该码头非法经营设备全部拆除，货场清场，全面整改到位。乐平市人民政府以《乐平市人民政府关于对 2021 年水利部暗访发现的河湖“四乱”问题继续整改的回复函》报景德镇市河长办，报告了整改情况，并承诺将举一反三，加大对乐平全市河道范围内的巡查，建立工作台账，发现问题及时整改。景德镇市将整改情况上报江西省河长办，并在江西省河湖长制地理信息平台申请销号，省河长办核实后完成销号。至此该问题完成全流程闭环。

3. 案例启示

（1）机制有效。景德镇市河长办在乐平市首轮整改不够彻底的情况下，运用《江西省河长制湖长制工作督办制度》，启动“河长＋检察长”机制，与景德镇市人民检察院向乐平市人民政府联合向下级人民政府下发督办函，保证了督办函的效力。

（2）协调高效。乐平市政府接到督办函后，副总河湖长对照《江西省实施河长制湖长制条例》依法履职，按照《乐平市全面推行河长制工作方案》中的责任单位分工，组织乐平市河长制有关责任单位和鸣山码头所属乡镇，按照职责分工协作，高效完成整改。

（3）流程完整。问题整改到位后，乐平市人民政府向景德镇市河长办报告了整改情况。景德镇市将整改情况上报江西省河长办，并在江西省河湖长制地理信息平台申请销号，省河长办核实后完成销号，流程完整。

2.6 小结

（1）以“法制化”促进体系构建更加科学。从法制层面进一步明确组织体系构架、各级河湖长职责等。继续探索河湖管理保护综合执法模式，健全河湖管理法规制度，完善行政执法与刑事司法衔接机制，依法强化河湖管理保护监管，提高执法效率。

（2）以“信息化”促进管理手段更加高效。加快推进各级河长制河湖保护管理地理信息系统平台建设，推动河长制信息化管理水平。特别是加快推进省级河长制河湖保护管理地理信息系统平台建设，充分运用系统平台实现河湖基础数据、涉河工程、水域岸线管理、水质监测等信息化和系统化，为各级河长高效决策提供科学依据。

（3）以“常态化”促进河湖管护更加长效。建立和完善职责清晰、权责明确的河湖管护体制，进一步落实河湖管护主体、责任和经费，建立以政府投入为主导的稳定的河湖管护资金渠道。完善村级巡河员、保洁员设置，结合实际设立民间河长、企业河长、志愿者等。加快培育市场化、专业化、社会化河湖管护市场主体，落实管护人员、设备和经费。

（4）以“标准化”促进能力建设更加规范。制定河湖长制标准，实现工作标准化，从机构设置、人员配备、配套资金及基础工作等方面，进一步规范和加强基层河长办的能力建设。

第 3 章

“点-线-面”水陆共治技术

3.1 技术路线

“点-线-面”水陆共治技术路线如图 3－1 所示。

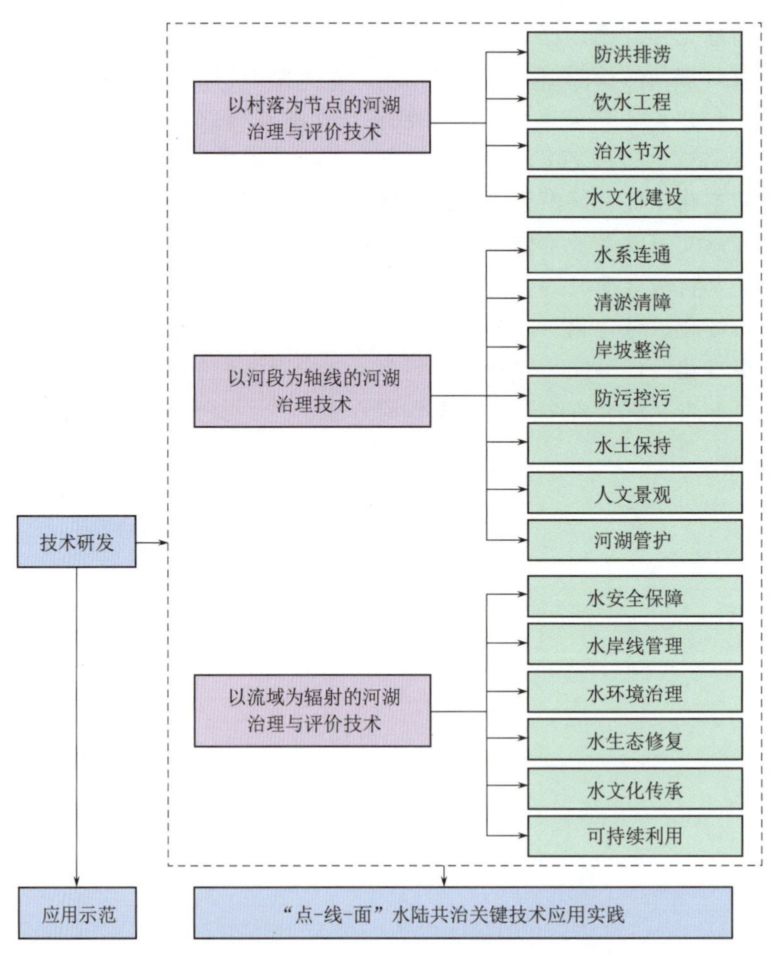

图 3－1 “点-线-面”水陆共治技术路线图

3.2 以村落为节点的河湖治理与评价技术

3.2.1 水生态文明村概念的提出

2012年，党的十八大把生态文明建设与经济建设、政治建设、文化建设、社会建设放在同一高度，提出“五位一体”建设布局。水是生命之源、生产之要、生态之基，水生态文明建设是生态文明建设的前提和重要组成部分。为贯彻落实党的十八大精神，2013年1月，水利部印发《关于加快推进水生态文明建设工作的意见》（水资源〔2013〕1号），大力推进水生态文明建设。同年3月，水利部下发《关于加快开展全国水生态文明城市建设试点工作的通知》（水资源函〔2013〕233号），要求加快全国水生态文明试点创建。在此基础上，选择105个基础条件较好、代表性和典型性较强的城市开展水生态文明建设试点工作，为推进全国水生态文明建设提供示范。

在国家和水利部加快进行水生态文明建设的背景下，江西省稳步推进省内水生态文明建设工作。2014年4月，江西省水利厅印发《推进水生态文明建设工作方案的通知》赣水资源字〔2014〕22号，要求至2020年全省水生态文明建设覆盖一半以上的县、乡（镇）、村。2014年6月，江西省水利厅在积极开展南昌市、新余市和萍乡市第一批和第二批国家级试点建设的基础上，印发了《关于开展全省水生态文明县、乡（镇）、村试点建设和自主创建工作的通知》赣水资源字〔2014〕28号，落实江西省水利厅提出的着力构建市、县、乡（镇）、村四级联动水生态文明建设思路。至此，水生态文明村的概念首次提出。2016年印发《江西省水利厅关于印发江西省水生态文明建设五年（2016—2020年）行动计划的通知》（赣水发〔2016〕1号），将水生态文明村建设作为未来江西省各级水生态文明建设的重点，大力推进水生态文明村示范创建。

根据《水生态文明村建设规范》（DB36/T 1184—2019），江西省将遵循人、自然、社会和谐发展的客观规律、以“水安全、水环境、水生态、水管理、水文化”为水生态文明建设宗旨的生态宜居自然村定义为水生态文明村。

3.2.2 水生态文明村自主创建技术

村落是河湖治理的最小行政单元，治水技术薄弱，本书以水生态文明村示范创建为依托，根据水生态文明概念和内涵，开展了以村落为单元的河湖治理技术研究，系统构建了江西省水生态文明村防洪排涝、饮水工程、治水节水、水文化建设技术体系，编制《水生态文明村建设规范》（DB36/T 1184—2019）指导水生态文明村示范创建。

3.2.2.1 防洪排涝

1. 一般规定

防洪坚持工程措施与非工程措施相结合；山丘区防洪还应预防山洪、泥石流，坚持防治并重。

易形成洪涝的村庄应完善排涝系统，选择适宜的排涝措施。

建立防洪应急预案，且能发挥防灾减灾作用。

2. 基本要求

防洪工程的防护等级和防洪标准可参照《防洪标准》（GB 50201）相关规定执行，村庄防洪标准应达到所处河流的防洪标准。

排涝工程应充分利用村庄现有河道、沟渠将洪水排入承泄区。利用现有水面、洼地滞蓄洪水，统筹建设截、排、蓄等工程综合治理。

防洪排涝工程的措施设计要求可参照《堤防工程设计规范》（GB 50286）、《水土保持工程设计规范》（GB 51018）、《水土保持综合治理　技术规范　小型蓄排引水工程》（GB/T 16453.4）等相关标准规定执行。

3. 应急预案

应建立村级洪涝灾害应急预案，明确“三区”（危险区、警戒区、安全区）划分、制定安全转移方案、抢险救灾流程以及相应机构职责，宜做好宣传警示工作。

应根据洪水特性和防洪保护区实际需求进行防洪预警系统设计。

防洪预警系统应包括江河洪水、内涝、雨水排水、山洪预警等。

3.2.2.2 饮水工程

1. 一般规定

应以村庄发展规划为依据，与水资源规划相协调，合理开发利用水资源；协调生活用水与农业用水、工业用水的关系，确保优先供应生活用水。

饮用水源地应划定水源保护区，设置保护措施。

供水工程应具有应对自然灾害、公共卫生事件、社会安全事件等突发事件的能力。

2. 水源工程

水源地应确保取水量、水质可靠、便于防护。当选用地下水源时，取水量必须低于允许开采的水量；当选用地表水源时，设计枯水流量保证率和枯水位保证率不应低于 90%。

水源地应划定保护区，保护区划定可参照《饮用水水源保护区划分技术规范》（HJ 338）执行，并采取相应的水质安全保障措施。

生活饮用水水源采用地表水应符合《地表水环境质量标准》（GB 3838）要求，采用地下水应符合《地下水质量标准》（GB/T 14848）要求。

3. 供水工程

供水工程可选择集中式供水工程或分散式供水工程。集中式供水系统适用于水源集中、水量充沛，居民点集中、距城镇较近区域；分散式供水系统适用于水源分散、水量较小，居民点分散、距城镇较远区域。

供水水质应按照《生活饮用水卫生标准》（GB 5749）要求执行。

3.2.2.3 治水节水

1. 生活污水处理

（1）一般规定。

应根据村庄所处区位、人口规模、集聚程度、地形地貌、排放要求、经济承受能力，选择适宜的污水收集和处理模式。

污水治理应采用工程措施与生态措施相结合、污染治理与资源利用相结合。

采用雨污分流方式，建设和完善雨污收集系统，排水水质应达到国家规定的排放标准。

（2）污水处理。

集中式污水处理包括污水处理厂（站）、大型人工湿地等，人工湿地须充分利用现有沟渠、水塘，并铺设防渗系统。适用于村庄布局相对密集、人口规模较大、经济条件较好的联村或单村。

分散式污水处理包括小型人工湿地、氧化塘、净化槽等，可与化粪池、沼气池等配套建设。适用于村庄布局分散、人口规模较小、生活污水为主的单户或多户。

污水处理工艺可参照《农村生活污水处理导则》（GB/T 37071—2018）、《污水自然处理工程技术规程》（CJJ/T 54—2017）、《农村生活污染控制技术规范》（HJ 574—2010）、《人工湿地污水处理工程技术规范》（HJ 2005—2010）、《农村环境连片整治技术指南》（HJ 2031—2013）等相关标准。

集约化畜禽养殖废水处理按照《畜禽养殖业污染治理工程技术规范》（HJ 497—2009）附录 A 执行。

（3）污水排放。

生活污水排放应符合江西省《农村生活污水处理设施水污染物排放标准》（DB36/1102—2019）的有关规定，用于农田灌溉应符合《农田灌溉水质标准》（GB 5084—2021）的有关规定。

集约化畜禽养殖业废水排放应符合《畜禽养殖业污染物排放标准》（GB 18596—2001）等有关规定。

2. 面源污染防控

（1）一般规定。

应纳入农业开发利用方案，进行系统设计与建设。

应从源头至末端实施全过程控制，减少进入受纳水体的污染物。

应集成农业面源污染治理、水土保持、节水灌溉等技术进行优化组合，提升治理效果。

（2）源头控制。

合理布设整地（前埂后沟＋梯壁植草＋梯田/反坡台地、水平竹节沟等）、耕作（套种、轮作、覆盖/敷盖等）等水土保持措施，具体设计可参照《水土保持综合治理 技术规范 坡耕地治理技术》（GB/T 16453.1—2008）、《南方红壤丘陵区水土流失综合治理技术标准》（SL 657—2014）、《南方丘陵地区果园面源污染防治技术指南》（DB36/T 1047—2018）以及环境保护部办公厅发布的《关于印发江河湖泊生态环境保护系列技术指南的通知》（环办〔2014〕111 号）附件 6 相关标准执行。

应推进化肥农药减施增效技术，采用测土配方施肥，推广新型高效缓释肥料、水溶肥料、生物 肥料和高效低毒农药、生物农药、病虫绿色防控产品。农药使用原则可参照《农药合理使用准则》（GB/T 8321）、《农药使用环境安全技术导则》（HJ 556—2010）相关标准执行。

应发展节水灌溉，推行水肥一体化，提高灌溉水利用效率，可参照《节水灌溉工程技术规范》（GB 50363）以及环办〔2014〕111 号附件 6 相关标准执行。

应加强农田废弃物利用，比如加大秸秆还田力度、合理利用地膜等技术，可参照环办〔2014〕111 号附件 6 相关标准执行。

(3) 过程阻控。

合理布设坡面水系（排灌沟渠、沉沙池、蓄水池等）、植生工程（植物篱、植物缓冲带、生态、路沟等）等水土保持措施，具体设计可参照《水土保持工程设计规范》(GB 51018—2014)、《南方红壤丘陵区水土流失综合治理技术标准》(SL 657—2014)、《南方丘陵地区果园面源污染防治技术指南》(DB36/T 1047—2018)、《坡耕地侵蚀治理技术规范　第 1 部分：生态路沟》(DB36/T 1067.1—2018)、《坡耕地侵蚀治理技术规范　第 2 部分：黄花菜植物篱》(DB36/T 1067.2—2018) 以及《关于印发江河湖泊生态环境保护条例技术指南的通知》环办〔2014〕111 号附件 6 等执行。

水土保持雨水集蓄工程技术（集雨异地灌溉模式和集雨自灌模式）是坡地农业利用植生工程、坡面水系、节水灌溉等拦截面源污染的有力措施。具体技术措施及要点主要包括以下内容：

1) 技术措施：集雨系统的乔灌草植物优化配置、前埂后沟＋梯壁植草＋梯田/反坡台地等措施；引水系统的生态路沟、草沟、草路、坎下沟、水平竹节沟等措施；蓄水系统的埋入式蓄水池、沉沙池和山塘等措施；灌排系统的排灌沟渠、节水灌溉等措施。

2) 技术要点：集水系统一般选择海拔相对较高的乔灌草植物优化配置区为异地灌溉模式的集雨面，海拔相对较低的梯田/反坡台地为自灌模式的集雨面；引水系统选择生态路沟、草路、草沟作为集雨异地灌溉模式的引水沟，梯田/反坡台地的坎下沟/水平竹节沟作为集雨自灌模式的引水沟。

(4) 末端净化。

农业面源污染物经源头、过程阻控拦截后进入河道、山塘湖库前，还可采用前置库技术、生态排水系统滞留拦截技术、人工湿地技术等进行末端强化净化与资源化处理。相关设计可参照《人工湿地仿水处理工程技术规范》(HJ 2005—2010)、《江西省坡耕地水土流失综合治理技术规范》(DB36/T 1047)、《关于印发江河湖泊生态环境保护系列技术指南的通知》(环办〔2014〕111 号) 附件 6 等相关标准执行。

3. 农村水系门塘沟渠治理

(1) 一般规定。

应保障使用功能，满足村庄生产、生活及防洪排涝灌溉的需要，严禁填埋侵占。

应根据自然条件、环境要求、产业状况及现有水体容量、水质现状等调整和优化使用功能。

应从人与自然和谐共生的理念出发，在满足工程安全的前提下，结合村庄绿化，采用乡土树草种，绿化美化彩化岸线，净化水体水质。

(2) 清淤扩容。

清淤扩容补水可参照《村庄整治技术标准》(GB 50445—2019) 相关标准执行，确保水系连通，改善水质和提高防洪排涝灌溉能力。

(3) 生态护岸。

防护型式有种草（草皮）防护、格宾网生态防护、植生混凝土预制砌块防护、生态袋防护、木桩护岸、山石护岸、块石挡墙护岸、石笼护岸、植物纤维毯护岸、土工格室护岸等，可参照《堤防工程设计规范》(GB 50286—2013)、《关于印发江河湖泊生态环境保护系列技术指南的通知》（环办〔2014〕111 号）附件 5、《江西省高标准农田面源污染防控工程技术指南（试行）》（赣高标准农田组字〔2017〕5 号）及相关成功案例设计执行。

(4) 水体净化。

净化技术有原位净化技术、异位净化技术，相关设计可参照《关于印发江河湖泊生态环境保护系列技术指南的通知》（环办〔2014〕111 号）附件 5 相关标准执行。

(5) 景观绿化。

绿化品种选择以体现地域性植被景观的乡土树草种为主，观花、观叶、观果植物相结合。

河岸绿化选择耐水湿、固岸（堤）护坡的树草种；村旁绿化选择生长快、干形好、冠幅浓密的珍贵树种；道路绿化以乔木为主、冠大浓密、树干通直、养护便利的树种；农田防护林选择防护性强、树干通直、树冠窄、少威胁地的树种；山地绿化采用乡土珍贵、优良经济的树草种；生产绿化选择对环境改善和村民生活有益的树草种。设计可参照《造林技术规程》（GB/T 15776）和《乡村绿化技术规程》（LY/T 2645）相关标准执行。

古树名木采取设置维护栏和砌石等方法进行保护，并设标志牌。

3.2.2.4 水文化建设

1. 一般规定

遵循经济、适用、安全和环保的原则，整治村庄公共环境。

制定相关村规民约，提升村民节水护水爱水意识。

结合地域、民风、民俗营造村庄水文化，保存历史文化风貌，彰显地域特色。

2. 基本要求

(1) 水文化设施。

新建民生水利文化。新建水利工程在满足水利需求的基础上，应将当地文化元素融入水利规划和工程设计中，以反映当地自然环境、人文景观及民俗风情。

现有水利增设文化配套设施。应挖掘现有水利建筑的时代背景、人文历史及地方民风民俗，增加文化配套设施，以丰富现有水利工程的文化环境和艺术美感。

(2) 水文化宣传。

制定水文化宣传机制，配备水文化宣传员。

设置水文化宣传栏，定期更新宣传内容，增加媒体报道，凝练宣传标语。

(3) 水文化活动。

可利用基层各类水利设施，大力开展水文化知识普及与教育。

结合水周、水法宣贯、传统佳节等开展水文化主题活动，定期评选“节水、护水、爱水”方面的模范家庭或标兵、能手等。

3. 人居环境整治

(1) 村庄管理。

加强村容村貌和环境卫生管理，健全村民自治机制，保障村民参与建设与日常监督管理。

结合实际情况，制定村容村貌和卫生管理公约，并进行监督与处罚。

(2) 村容整治。

垃圾分类收集、及时清运、无害化处理，房前屋后整齐有序无搭建，庭院禽畜圈养卫生无异味，门塘沟渠清洁无垃圾无异味，道路平整顺畅户户通，宣传设施规范整洁内容健康。

(3) 公共活动场所整治。

根据村民需要，选择位置合理，靠近水体周边的开阔地带，保留现有场地周边的高大乔木及景观良好的成片树林，结合水文化主题建设村民集中的活动场所，可与晒场、小型运动场地及避灾疏散场地等合并设置，提高综合使用功能。

3.2.3 水生态文明村自主创建成效评价与指标优化

2014—2021 年，江西省通过 711 个水生态文明村的创建，打造了一批人水和谐的水生态文明村落，这些村落通过多年建设，水生态、水环境、村容村貌显著提升。走访调查村民是否接收到关于水资源保护的宣传信息、村民是否对水环境和生活环境满意等，满意度达到 100%。已创建达标的水生态文明村生活污水的集中收集与处理实现了全覆盖，实现雨污分流的村落比例达到 60%以上；固体垃圾集中收集与转运实现了全覆盖，实现厨余垃圾与其他垃圾分类比例的村落达到 30%以上；水产养殖实现了人放天养、农业化肥用量得到了有效控制，减少了水体污染；有通行要求的土地以及一些基于景观建设需求的土地进行了固化处理，其他土地无裸露现象，实现了绿化全覆盖，提高了植被覆盖率和水土保持率。其中已达标的水生态文明村在进行生态建设的同时，还可以发展附属产业，通过旅游、农副产品等产业发展。水生态文明村自主创建的社会、生态、经济等方面的效益逐渐凸显，各地基层乡镇、村组创建的积极性越来越高，但是少数地方也出现了一些条件差、标准较低、创建工作不扎实、急于求成的村庄，导致近些年的首轮审查淘汰率逐年升高。通过对淘汰村庄资料的整理分析以及现场调研，短板主要体现在水元素有而不优，有较大提升空间；评价体系部分指标和赋分办法可操作性不强，有待改进和完善；推动市、县、乡级水生态文明建设的水生态文明村共建、共治、共享机制不明确，需进一步完善。项目组在深入分析水生态文明内涵的基础上，结合江西省水生态文明村自主创建的工作基础和成效，开展了指标体系、综合评选标准、评选方法等研究，在地方标准的基础上，提出了管理性指导文件《江西省水生态文明村自主创建暂行管理办法》，对评价指标体系、指标权重、指标赋分、指标基准、指标标准和评选方法等方面进行了规范和优化，以指导水生态文明村自主创建工作开展。

水生态文明村建设评价体系包括水生态文明村建设的评价原则、评价指标、评价方法和评价程序等，为水生态文明村创建的认定提供了科学评价的体系。评价体系规定了自然村的防洪排涝、饮水工程、治水节水、水文化等相关治理目标，形成了相对完整的指标体系架构，为水生态文明村自主创建提供了技术指导。

3.2.3.1 构建评价指标体系

构建的江西省水生态文明村建设评价指标体系是根据江西省实际，参考生态城市和美丽乡村建设经验，着重从水安全、水生态、水环境、水文化、用水行为、监督管理等方面选择能够反映实际情况，并且可以量化水生态文明村建设现状的指标作为评价指标，确定江西省水生态文明村评价方法。

评价指标的选取是根据水体自然属性，同时兼顾社会属性，大致遵循系统性与全面性、客观性与可操作性、独立性与可量化等原则，通过借鉴有关水生态文明建设资料、规范性文件和专家建议，结合江西省农村实际，初步筛选水生态文明村评价指标，初步确立51个评价指标，见表3-1。

表3-1　水生态文明村建设评价指标收集情况

编号	名　称	编号	名　称
1	防洪标准达标率	27	生活污水无害化处理率
2	除涝标准达标率	28	水生植物覆盖率
3	村庄路网的通达性	29	水系连通性
4	村庄绿地率	30	岸线的层次感和连通性
5	古木名树保有量	31	岸线稳定性
6	乡土树草种使用率	32	人工设施和谐性
7	生活垃圾定点存放清运率	33	安全度
8	农作物秸秆综合利用率	34	观赏游憩价值
9	卫生厕所普及率	35	公众满意度
10	生活垃圾无害化处理率	36	人文特色及整体景观效果
11	排水设施管沟化率	37	水利遗产发掘与保护程度
12	管沟坑塘淤积率	38	水文化产业状况
13	自来水普及率	39	水文化宣传效果
14	供水保证率	40	工程标准达标率
15	万元农业产值用水量	41	水工程设施质量
16	灌溉水利用系数	42	水利设施设备的运行状况
17	节水灌溉率	43	工程及设备的完好率
18	生态需水量满足程度	44	规划编制情况
19	水体富营养化比例	45	规划项目实施率
20	水域面积	46	村民参与度
21	地表水环境质量	47	建立制度和村规民约
22	水土流失面积比率	48	人员职责的明确
23	山林封育保护率	49	群众参与的程度
24	化肥使用强度、农药使用强度	50	群众参与的途径
25	无公害、绿色、有机农产品基地比率	51	村民培训机制及内容
26	农膜回收率		

通过全省性广泛调研和座谈，征求基层干部群众意见，初步框定指标范围，并以专家咨询的方式进行指标初选和分类，删除代表性、实用性和可操作性较差的部分指标，

增加一些必要指标，对一些指标进行细化，并对部分指标名称进行了更替。根据指标的关联性并结合专家意见，采用 A、B、C 三级评价体系，将指标进行归类，指标权重和指标筛选过程如图 3－2 所示。基于层次分析法的指标权重和指标筛选方法选出具有代表性的 22 个指标，采用多指标法计算权重建立构建江西省水生态文明村评价指标体系，具体见表 3－2。

表 3－2　水生态文明村建设评价指标体系

A 层	B 层	C 层
水生态文明村建设综合评价 a	防洪安全 b1	防洪减灾措施 c1
		防洪标准 c2
	饮水安全 b2	饮用水源水质符合要求 c3
		饮用水卫生标准 c4
		自来水普及率 c5
	生活污水处理 b3	生活污水收集 c6
		污水处理设施 c7
	面源污染控制 b4	化肥农药施用量 c8
		“双控”措施 c9
		农业灌溉 c10
	农村水系门塘沟渠治理 b5	村内水系、门塘沟塘整治 c11
		水景观 c12
		水库山塘符合要求 c13
		排水沟渠 c14
	水土保持 b6	水土流失面积比率 c15
		农业开发水土保持措施 c16
		林草植被恢复率 c17
	制度建设 b7	建立制度和村规民约 c18
	水利遗产发掘与文化宣传 b8	水利遗产发掘与保护 c19
		水文化宣传 c20
	特色创新 b9	新机制、新方法、新技术 c21
		示范工程 c22

3.2.3.2　确立评价方法

江西省水生态文明评价方法主要有层次分析法、物元可拓分析法、模糊综合评价法、定量化评价法、单指标量化-多指标综合-多准则集成（SMI－P）法等。根据操作简单、结果观等原则，分析指标的关联性，并结合专家意见，将指标进行归类。基于层次分析法对 A、B、C 三层次，共 51 个指标进行指标权重与指标筛选。具体步骤为：

1. 建立层次结构

建立 A、B、C 三级评价体系（初始层级结构见图 3－2），记 Sa、Sb_i、Sc_j 为各级指标评分上限，Sb 和 Sc_i 为相应的评分上限向量，a、b_i、c_j 为各级指标权重，b 和 c_i 为相应的权重向量。则有如下关系：

$$a=\sum_{i=1}^{M}b_i=1 \tag{3-1}$$

$$b_i=\sum_{c_j\in c_i}c_j \tag{3-2}$$

将水生态文明村建设综合评价总分设定为100分，则有如下关系：

$$Sa=\sum_{i=1}^{M}Sb_i=100 \tag{3-3}$$

$$Sb_i=\sum_{c_j\in c_i}Sc_j \tag{3-4}$$

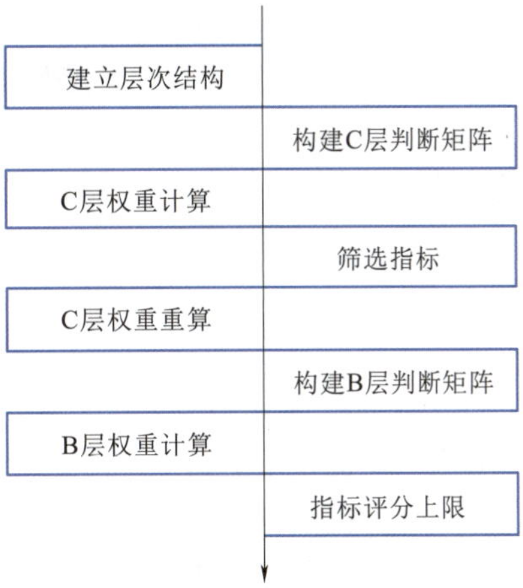

建立层次结构
构建C层判断矩阵
C层权重计算
筛选指标
C层权重重算
构建B层判断矩阵
B层权重计算
指标评分上限

图3-2　指标权重和指标筛选过程

2. 构造判断矩阵

判断矩阵为不同因素之间两两比较其重要程度的矩阵 $\boldsymbol{D}$，矩阵元素 d_{ij} 为标度，记为元素 i 与元素 j 重要性之比，标度取值与含义见表3-3。$\boldsymbol{D}$ 为正定互反矩阵，因此其最大特征根 λ_{max} 存在且唯一。

表3-3　标度取值与含义

标度 d_{ij}	含　　义	标度 d_{ij}	含　　义
1	2个因素具有相同重要性	7	前者比后者强烈重要
3	前者比后者稍重要	9	前者比后者极端重要
5	前者比后者明显重要		

注：标度为2、4、6、8分别表示上述两相邻标准值判断的中值；$d_{ij}=1/d_{ji}$。

判断矩阵由专家讨论确定，为使判断结果更好地符合实际情况，须要进行一致性检验，对于未通过一致性检验的判断矩阵，须由专家再次讨论确定判断矩阵，直到通过一致性检验。

3. 权重计算与指标筛选

对于判断矩阵 $\boldsymbol{D}$，求得唯一最大特征根 λ_{max}，则对应的特征向量 $\boldsymbol{W}_0$ 满足 $\boldsymbol{DW}_0=\lambda_{max}\boldsymbol{W}_0$。将该特征向量规范化，可得到权重向量 $\boldsymbol{W}_1$：

$$\boldsymbol{W}_1=\frac{\boldsymbol{W}_0}{\sum_{i=0}^{a}W_{0,i}} \tag{3-5}$$

大多数人对不同事物在相同属性上的分辨能力在0～9级之间，因此，准则下的指标个数不宜超过9个，取舍权数 ξ 取小于0.1的数。当 $\boldsymbol{W}_1$ 中某一元素 $W_{1,i}<\xi$ 时，则可以舍弃第 i 个指标。本书 ξ 取0.1。

4. 权重重算

当 $\boldsymbol{W}_1$ 中某一指标被舍弃时，须要对新的指标集 $\boldsymbol{W}_2$ 进行权重重算：

$$\boldsymbol{W}=\frac{\boldsymbol{W}_2}{\sum_{i=1}^{m}W_{2,i}} \tag{3-6}$$

式中：m 为指标集 $\boldsymbol{W}_2$ 元素的个数。

5. 指标评分上限的确定

为了指标评分在实际中易于操作，指标评分上限须取整数值。参考国内标准、发展规划、水生态文明相关文件、研究成果及专家咨询结果，确定各评价指标评分细则；通过现状分析，对水生态文明现状进行赋分评价。对于已经确定的权重向量 b 和 c_i，评分上限向量 S_b 和 Sc_i 的计算分别如下：

$$S_b = round(100b) \tag{3-7}$$

$$Sc_i = round(Sb_i \cdot c_i) \tag{3-8}$$

式中：$round$ 表示四舍五入取整函数。

3.2.3.3 评价技术更新

为深入贯彻落实党的二十大精神和习近平生态文明思想，高标准打造美丽中国“江西样板”，优化水生态文明建设格局，助力全面推进乡村振兴，根据《水利部关于加快推进水生态文明建设工作的意见》（水资源〔2013〕1号）、《关于印发江西省生态文明先行示范区建设实施方案的通知》《江西省推进新时代水生态文明建设五年行动计划（2021—2025年）》，规范江西省水生态文明村创建管理，作者团队对水生态文明村评价体系进行了修订，并于2022年基于研究成果推动制定了《江西省水生态文明村自主创建暂行管理办法》，办法主要内容包括：

1. 明确水生态文明村自主创建内涵

“水生态”是基础，即基本条件，主要是自然禀赋；“文明”是灵魂，具体是文化底蕴、村容村貌以及村民素养；“村”是单元，即具体的范围、界限；“自主创建”是手段，是按《水生态文明村建设规范》要求主动作为的过程。

2. 精确确定评选范围

江西省水生态文明村以自然村为单位申报，应同时满足以下条件：

（1）水安全。具有完善的防洪减灾措施，达到饮水安全标准并普及自来水，水利工程设施完好，防溺水设施齐全。

（2）水生态。水土保持良好，无土地裸露；水域岸线管理良好，水环境优美；有一定的水域面积，水元素丰富；水体流动、清澈。

（3）水环境。实现了污水收集和处理，公共水域面源污染得到有效控制。

（4）水文化。当地水文化遗产和其他文化遗产得到挖掘和保护，开展了水文化与法制宣传。

（5）管理水平。核心居住区域房屋集中连片，建筑风格整齐、有特色，具有公共活动场所；交通便利，道路铺装完善，建成亲水、近水配套设施；水面整洁，无漂浮垃圾；村容村貌整洁，有完整垃圾收集处理体系；落实了水管理人员和相关制度。

3. 建立三级联动机制

建立了村级申报、县级初核与市级复核、省级认定三级联动机制，认定程序为：江西省水利厅根据年度创建计划及上年度各地创建情况确定各设区市申报名额；各设区市按分配的申报名额自主分配至县级，由所在乡镇向县级水行政主管部门申报；县级水行政主管部门受理江西省水生态文明村自主创建申报后，对照有关文件、规范开展初核工作，初核合格后报市级水行政主管部门；市级水行政主管部门受理申报后，应组织开展现场复核，根据分配的申报名额，按优良排序提出推荐名单上报省水利厅；省级完成认定，认定流程包括资料审查与受理、省级现场复核、综合评审和批准认定等阶段，其中省级现场复核，主要内容包括：

（1）实地查看自然村创建现状。

（2）对照申报资料复核和质询。

（3）对照评审指标赋分和评价。

（4）完成专家现场评分表，给出复核意见。

（5）组织召开专家组全体会议，对现场复核结果进行确认，提出优先推荐、一般推荐或不予推荐三类意见。

4. 修订评选评审要点指标及赋分标准

结合江西省水生态文明村自主创建工作要点，构建江西省水生态文明村评选评省要点指标体系，指标体系由类别、指标名称、评价内容和赋分标准四级体系组成。其中类别为水安全、水生态、水环境、水文化、水管理。指标名称为防洪安全、饮水安全、水域安全、水土保持、水域岸线、水元素丰富、水系连通性、污水收集、污水处理、公共水域水质、水文化遗产、文化遗产、水文化与法治宣传、亲水空间、水面整洁性、交通便捷性、道路规整性、建筑规模与风格、村容村貌管理、制度建设、附属设施、特色创新、示范表彰等 23 项指标，共计 104 分，详见附件 1。根据构建的指标体系，对指标的评价内容和赋分标准进行规范，参照《水生态文明村评价准则》（DB36/T 1183—2019）的评价指标内容和赋分标准做了以下调整：

（1）完善水安全类别指标内容。增加水域安全指标，评价内容为：水利工程管理规范、设施完好，落水、溺水防护设施完好。

（2）完善水生态类别指标内容。增加水域岸线、水元素两项指标，评价内容对村内水体形式和岸线环境管护做了明确的赋分要求。对水土保持及水系连通性两项指标的评价内容和赋分标准进行了精简。

（3）修订水生态类别指标内容。公共水域水质指标的评价内容面源污染有效控制，删减其赋分标准，只针对水质状况进行赋分评价。进一步细化了污水处理指标内容和赋分标准。

（4）完善水文化类别指标内容。增加了文化遗产指标，其他文化遗产发掘与保护评价内容，调整部分水文化与法治宣传的赋分标准。

（5）完善水管理类别指标内容。评价指标调整为：亲水空间、水面整洁性、交通便捷性、道路规整性、建筑规模与风格、村容村貌管理、制度建设、附属设施。评价内容从水景观建设管护、村庄交通规划、村容村貌建设管护、制度建设等方面进行赋分评价。

（6）修订创新示范类别指标内容。评价指标修订为特色创新、示范表彰两项指标。评价内容修订为生态文明探索创新和示范表彰，赋分标准修订为获得省级以上正面宣传报道或市厅级以上表彰的为有效得分项。

5. 创新亮点及实施预期的效益

针对上述研究成果，决策部门制定了《江西省水生态文明村自主创建暂行管理办法》，该制度符合江西省优化水生态文明建设格局和全面推进乡村振兴的需要，是规范建设水生态文明村的有益补充和完善，为创建运维工作提供技术依据和管理规范。有效提升水安全、水生态、水环境、水文化、水管理等方面的建设标准和社会效益。在原有准则的基础上，结合多年的实际操作经验，增加缺项赋分标准，部分评价难实施的指标和评价内容进行了简化，修订使赋分标准更加具体可操作。提升了水文化、水管理类别的指标丰富度，增加了水文化建设和村庄规划及面貌等指标的赋分权重。

本办法建立了村级申报、县级初核与市级复核、省级认定三级联动机制，鼓励引导公众积极参与；奖惩机制的设立，压实县市两级质量把控责任和长效管护监管，提升区域水生态文明意识，为高标准打造水生态文明村提供更有力的支撑和保障。

3.3 以河段为轴线的河湖治理技术

农村水系是指位于农村地区的河流、湖泊、塘坝等水体组成的水网系统，承担着行洪、排涝、灌溉、供水、养殖及景观等功能，是农村水环境的重要载体，也是与农村发展和人居环境改善密不可分的关键要素，与农村经济社会发展及农民生活相互依存、息息相关，在乡村振兴战略中发挥着重要的作用。

为贯彻落实党的十九大关于生态文件建设的总体部署，根据《国民经济和社会发展第十三个五年规划纲要》《中共中央国务院关于实施乡村振兴战略的意见》等有关要求，2019 年 10 月，水利部、财政部联合印发《关于开展水系连通及农村水系综合整治试点工作的通知》（水规计〔2019〕277 号）（以下简称《通知》），对水系连通及农村水系综合整治试点工作进行了部署。为指导江西省水系连通及农村水系综合整治试点工作开展，作者团队开展了水系连通及水美乡村建设技术研究，出台《江西省水系连通及水美乡村建设试点项目技术导则》（试行），为江西省水系连通及水美乡村试点建设工作开展提供技术支撑。

3.3.1 水系连通工程

1. 一般要求

通过堰坝改造和水系连通工程实施，沟通水系，引水入村，增强水体流动性，改善农村水环境。以水秀之美还村庄以灵气，展现宜居、宜业、宜游的美丽乡镇。项目区内水系连通设计采用生态友好型和绿色低碳型的技术手段和施工措施，利用已有的渠道和暗涵，重建河渠坑塘关系，增强水体的流动性，加强水力联系，达到良好的连通效果，提升水环境质量，实现清水长流。

重点处理存在对行洪排涝及水质有影响的水体淤滞、引排水河道卡口段等问题的河段，河道周边有条件与河道相连的村塘、山塘、湖汊及沟渠。水系连通工程应明确采取水系连通工程的位置（包括河流、所属乡镇、桩号）、范围、断面型式、工程量等，并附典型设计断面图。

水系连通设计原则：

（1）通过扩挖或新开河道进行水系连通，扩挖或新开河道河底高程应与相沟通的河道衔接。

（2）利用堰、坝等工程进行水系连通的，应统筹兼顾上下游、左右岸，合理确定堰、坝高程以及运行调度原则。

（3）经济、合理性原则。连通工程方案要进行占地、政策处理难度、工程投资、运行成本等方面比选，选取最优方案。

2. 河道开挖

（1）对有条件开挖成明渠的断头河道，应优先开挖成明渠。

（2）开挖后的河道应符合水利规划，满足河道行洪、排涝等要求。

（3）开挖河道采用生态护岸，除局部险工险段外，禁止使用硬质护岸。

3. 小型引排水配套设施

（1）对没有条件直接连通的断头河，可采取新建引排水设备，连通河道水系。

（2）新建的小型引排水设备应尽量采用绿色节能设备，高效运行。

（3）新建的小型引排水设备应尽量采用简便、易维护的设备，减少后期运维投资。

3.3.2 清淤清障

1. 一般要求

清淤疏浚主要对河道内阻水的淤泥、砂石、垃圾等进行清查，疏通河道，恢复河道功能，提高行洪能力，增加水体流动性，改善水质。

应综合考虑河流特性、地形地质条件、功能任务等，按照相应的规程规范要求，采取科学合理的清淤疏浚措施。

2. 清淤疏浚设计原则

（1）有助于恢复提升河道的过水能力、生态功能、景观功能。

（2）集中连片原则。

（3）疏浚后河底高程要与上级骨干河道河底高程相衔接，并结合过水能力、航运、护岸或堤防结构安全等因素确定。

对于淤泥疏浚应侧重于水质改善、水流畅通；要确保环保施工，尽量做好淤泥的后期处理或综合利用，防止发生二次污染。

对于砂石疏浚应侧重于疏浚与滩地保护相结合，不影响行洪的河床砂石原则上不清理。尽量避免断面单一化、尺寸几何化，在河床相对较宽的河段，尽量保留甚至营造一些滩地，将滩地开发成为人们娱乐、休闲的场所。处理好河道整治和采砂的关系，将恢复和提升河道功能放在第一位，即使整治河段为原采砂规划确定的河段，宜以本整治疏浚设计对原采砂规划进行调整，确保发挥河道综合功能的发挥。

3. 清障工程设计原则

（1）根据河道主要功能，对河道及两岸违章阻水搭建物和垃圾进行彻底清除，恢复河道原状。

（2）对河道内为满足主要功能要求而修建的各类交叉建筑物（如堰、闸、坝、桥梁等），根据存在的问题归类分析，对失去功能的建筑物进行拆除，对严重阻水的建筑物提出拆除重建或加固处理措施。

4. 河道清淤

清淤疏浚主要是为了增加过流断面、增强河道的行洪能力，降低河道洪水水面线，减少沿岸洪涝灾害损失。河道清淤主要从门塘清淤、河道扩卡以及河道疏浚三个方面进行，以达到恢复农村水系基本功能，修复河道空间形态，提升湖塘水环境质量的目的。

（1）门塘清淤。门塘淤泥主要是养殖动物的排泄物，未摄食完的残饵，各种生物死亡留下的有机物等，远远超过了水体自身的自净能力，这些有机物难以及时充分有效分解，积累在池塘底部，形成淤泥。淤泥增加耗氧量易使底部造成缺氧，淤泥中的含氮、含硫有机物，在缺氧条件下，被细菌分解（无机化），产生一些有毒害的还原型中间产物（氨、硫化氢等），抑制水产品的生长。通过干挖清淤的方式对门塘内的淤泥进行清理，分类用于农业堆肥、填埋及制砖等。

（2）河道扩卡。房屋密集现状道路侵占河道，影响河道行洪安全，或河道较狭窄、水流不顺畅，在汛期阻水严重的地方，应清除卡口，增大河道行洪能力。

（3）河道疏浚。

1）对存在明显淤积的河道，根据河道输水和防洪排涝要求，结合灌溉、水质改善、生态保护的要求，确定疏浚范围和规模。

2）河道清淤应考虑区分主河槽及滩地，尽量避免全断面清淤，对于河道天然形成的浅滩、沙洲等，在满足行洪断面要求的前提下应尽量保留，河道清淤不宜改变现状河道天然河势。

3）应根据清淤河段的重要性和上下游治理情况，通过技术经济比较，确定清淤范围、措施、治理标准和设计治导线。

4）清淤前应分析河道清淤疏浚对河道建筑物的影响，清淤时应保证现有建筑物的稳定安全。

5）河道清淤工程应根据不同地区河道特点，统筹考虑河道宽度、河水深度、淤泥深度等因素后选择合适的清淤方案，对于鄱阳湖河网地区河道可采用长臂挖掘机或者吸泥船进行清淤，对于山区河道可采用长臂挖掘机或普通挖掘机下河清淤。

6）清淤工程弃土处理方式的选取既要根据工程整体要求因地制宜，又要作经济合理性比较。应根据当地地形、地质和环境条件等合理选择弃渣场地，并尽量采用环保型清淤方式，同时结合地勘资料和工程实际，考虑就地利用清挖料，适当对堤岸进行生态加固。

7）河道清淤应结合黑臭水体治理、水污染治理及河长制要求，规范污染堆积物的处置，污染严重河道的清淤料不得随意堆放、处置。

5. 河道清障

根据问题清单提供，治理水系沿线村庄，人口居住密集，生活垃圾侵占河道严重。按照《水利部办公厅关于开展全国河湖“清四乱”专项行动的通知》（办建管〔2018〕130号）相关标准和有关要求，逐步退还河湖水域生态空间。

阻水构筑物清除采用人工配合挖掘机施工，部分拆除后的块石、混凝土块可用于河道抛石固脚，其他拆除料需运至弃渣场；岸坡废弃物清除采用挖掘机和装载汽车配合施工，其清除料无可用之料，全部运至指定弃渣场堆放。

河道垃圾清理方式采用水陆相结合，人工机械打捞并行。在打捞过程中配备专门的船只，对一些漂浮垃圾、白色垃圾、水草树叶等采用人工岸上打捞，清理后的垃圾运到垃圾填埋场进行卫生填埋。

(1) 河道清违、清障的实施主体应依据《中华人民共和国水法》《中华人民共和国防洪法》《中华人民共和国河道管理条例》《中华人民共和国行政许可法》等法律法规，对河道内影响行洪的违建物、障碍物依法进行清理。对于人为设置的河障，按照“谁设障，谁清除”的原则实施，但对于不同历史时期形成的河障，应本着尊重历史、客观公正的立场，对照相应的法律规定，有理有节地进行处理。

(2) 清障工作应落实水生态文明的理念，不随意砍伐滩地及河岸的树木以及其他植物群落，注意保持河道原有的亲水性、景观性、生态性；对体现景观、生态功能的标志性树木应标记并给予保留。

(3) 河道管理范围内违建物、清障应依法实施清理。违建物一般应清除，个别体现地方文化特色的特定建筑物，不会对行洪产生较大影响的可予保留或除险加固。

(4) 对河岸边界控制性较强的以及有利于保护河道险段的天然河障不能随意切除，避免对河势稳定和局部河床演变产生重大影响。

(5) 人为侵占河道、缩窄过水断面、严重影响行洪的河障应依法清除，并根据上下游稳定的优良河段形态和断面进行拓宽。

3.3.3 岸坡整治

1. 一般要求

(1) 根据河流和地形的自然特点以及生态要求，合理确定河道岸线的走向，尽量维护河流的自然形态，避免裁弯取直、侵占河道。

(2) 因地制宜选择岸坡形式。可根据整治河道所在区域划分为生活区护岸与生产区护岸，并提出适宜的护岸形式，在保证河岸具有一定抗冲刷能力的前提下，尽量考虑保留原有岸坡或采用生态型护坡。

(3) 对崩岸、塌岸、迎流顶冲、淘刷严重河段的堤岸，可采用硬质护岸措施；对水土流失严重、有预留用地的堤岸，采取生态护岸措施；对人口聚居区域，应考虑护岸工程的亲水和便民。

(4) 护岸断面型式应与水景观要求协调，护岸材料应尽量采取当地的生态材料。

2. 河道断面设计

1) 一般要求。

a. 河道断面型式除满足河道综合功能外，要突出生态护岸的比选，保持河道形态的多样性和周边环境的协调性，提供生物种群与其环境之间的相互适应条件。

b. 河道断面应结合流域总体规划，根据不同需求，确定断面型式，山区性小流域宜以保护为主，生态修复为辅。

c. 河道断面宜保持主槽、浅滩、缓坡的自然河道断面形态，避免断面规则化，以利于创造多样的河道形态。

d. 除自然断面外，其余断面形式宜按以下顺序选取：多槽型自然型断面、梯形断面、矩形断面。

e. 采用人工河道断面或对天然河道断面进行调整时，应在满足河道主导功能前提下，结合土地利用和其他需要，确定断面设计的基本参数，包括主槽河底高程、滩地高程、不同设计水位对应的河宽、水深和过水断面面积等。

f. 不同型式断面应平顺过渡，避免突变，过渡段宜取 0.5～1.5 倍河宽。

g. 河道断面应统筹考虑河道两侧交通需求，结合防汛道路、慢行绿道系统等设施建设，可适当布置亲水栈道。

h. 河道断面设计应注重保护历史文化和体现当地的特色风貌，因地制宜，结合城乡统筹，乡镇（街道）建设，实现休闲、娱乐、亲水相融合。

i. 河道断面设计应适当考虑周围居民生产、生活用水的需求，若条件允许的岸段应增设埠头、踏步和安全防护等工程措施。

2）河道断面形式。

河道断面分为墙式护岸和坡式护岸，以及多槽型自然型河道。

a. 矩形河道空间塑造。矩形河道主要体现在建成区段，河道周边居民区，建筑密度较高，河道空间尺度较小，因此，河道断面形态为矩形断面形态。矩形河道空间营造结合河道行洪、水质等要求，对河道护脚进行改造，削减直立墙高度，减少河道空间压抑感；通过设置壅水构筑物壅水，形成水体，沿河设置步道等其他措施结合。矩形河段断面改造图如图 3－3 所示。

图 3－3　矩形河段断面改造图

b. 梯形河道空间塑造。梯形河道主要用河道周边用地较多、原住民村庄为主。河道经过驳岸的改造及河道两岸绿化的设计，河道空间尺度相对较宽，重塑两岸绿化空间，强化植物层次在。现在现状河道断面的基础上，拓宽河道，将现状的步行道改为亲水步道，并改变现状硬质的驳岸为绿坡，打造生态型河流。梯形自然河段断面营造图如图 3－4 所示。

图 3－4　梯形自然河段断面营造图

c. 多河槽自然型河道塑造。多河槽自然型河道主要体现在新区段，这些地段河道控制宽度相对较多，生境良好。虽然河道尺度较窄，河道断面形式采用多河槽自然绿坡，体现自然生态的河流，打造时宽时窄、时弯时直，水流时缓时急、时而溪流时而水面的多自然型生态河流。多河槽自然型河道断面营造图如图 3-5 所示。

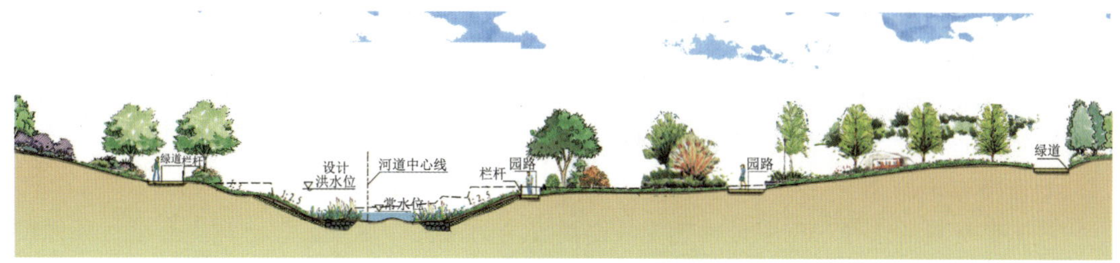

图 3-5　多河槽自然型河道断面营造图

3. *护岸设计要求*

(1) 堤防与护岸顶高程应根据相关规范、标准确定，护岸顶高程不宜超过内侧地面高程。堤防防汛抢险通道应贯通，顶宽度不宜小于 3.0m，顶宽 5.0m 以下应每隔 300～500m 设置会车平台。

(2) 河道断面宜优先采用自然非规则断面，人工断面宜按人工非规则断面、复式断面、梯形断面、矩形断面顺序选取。

(3) 山区小河道宜以现有堤防、护岸加固为主，不宜大拆大建，加固以护脚、固床、局部修复为宜。

(4) 堤防与护岸材料宜优先选用当地材料和新型生态护岸材料，宜优先采用土堤和土石混合堤。

(5) 堤防与护岸填筑料宜优先采用土料或土石混合料，边坡陡于 1∶1.5 宜采用块石料，护坡材料除考虑防冲固坡功能以外，还需考虑为河道水生动植物、两栖动物的生长、栖息和繁衍创造适宜的条件。

(6) 护坡材料宜优先选用植物措施，植物宜选用本土植物，分层配置，底部宜配置草本及水生植物。

(7) 河道护岸宜选用块石、卵石、松木桩、粗卵砾料等天然材料，应采用坚硬和未风化的块石、卵石等石料，在保证结构安全的前提下，宜优先考虑干砌，浆砌挡墙宜采用卵石贴面，松木桩露面高度不宜超过 30cm。

(8) 河道护岸可选用生态土工袋、生态格网（雷诺护垫、格宾挡墙、装配式生态框等）、仿（松）木桩、生态混凝土块、自嵌式挡墙（荣勋、蜂巢生态砌块挡墙等）、土工织物（加筋麦克垫、植物纤维毯等）等人工材料；生态格网内填充物应密实，表层填充物不易取出，混凝土块强度等级应大于 C20，土工袋、土工织物应选用无毒、无污染型。

(9) 无防渗要求河道护岸宜优先采用多孔、透水材料，如干砌石、生态格网等。如需采用混凝土、浆砌石等作为护坡（岸）材料时，应考虑其对河道生态系统的影响，设置河道与河岸物质交换的通道，并采取有利于水生动物繁衍生息的巢穴等措施。

(10) 河道顶冲段应采取必要的防护措施，尽量避免选用硬化封闭材料，宜选用生态格网等多孔、砌筑性材料。

(11) 山区性河道护岸结构选择宜充分利用卵石、块石等当地材料，提高防洪堤的透气、透水性，要重视保留河岸或滩地原生树木，植物措施尽量配种本土植物。

(12) 平原性河流流速较大时宜采用干砌石、堆石、混凝土生态预制块、生态格网等硬质材料；当水流相对较小，相对抗冲要求较低，宜采用植物措施、松（仿）木桩、土工材料等柔性材料。

(13) 应尽量保留河岸或滩地原生树木，对掩埋较深的树木宜采用树池等保护措施，对无法保留的胸径20cm以上树木应移植。

4. 护岸材料介绍

对护岸材料的选择，以保证河道岸坡防洪安全为前提，尽可能地选择生态型、环保型材料。在选择材料时主要考虑以下几点：①在河道狭窄且不能扩卡的断面，为了减少水面线抬高，所选护坡材料糙率应较小；②考虑抗冲刷因素；③考虑水生态建设需要；④考虑景观要求；⑤考虑材料当地化。为此，介绍以下几种护砌材料：

(1) 植物纤维毯。植物纤维毯节能、环保，铺设植物纤维毯能有效防止边坡水土流失，保护坡面地被，防止坍塌侵蚀，并防风固土，如图3-6所示。植物纤维毯施工作业简便、快捷，可以完全、直接地铺设于地表，迅速提高植被建植能力，加快绿化速度，改善绿化水平，且不受土质及堤防高度的影响。植物纤维毯能抑制土壤水分蒸发，铺设植物纤维毯能保持有效的土壤温度和湿度；吸附细沙尘土，秸秆腐烂后又可增加土壤有机质和养分含量，植物纤维毯为植物生长提供良好的成长环境。纤维毯4～5年可降解，十天左右时间可长出草，一般南方种植百喜草、狗牙根等，草种可根据需求选择相应的品种，也可后期播种；纤维毯分抗冲型和普通两种。可以使用U形钉、T形钉，或者就地取材使用木楔固定植被毯。

图3-6 植物纤维毯典型图

1) 植被选择广泛，植被毯产品可以在加工过程中将草种直接植入植被毯中。

2) 结构稳定，植被毯之间较易形成一个整体，减少滑坡和水土流失的可能性；植被毯固定用钉U形钉：(材料：8号铅丝)，T形钉：(材料：Φ6mm钢筋)。

(2) 松木桩(或仿木桩)。亲水植物的种植是为了固岸，随着植物的生长，植物的根能起到固堤作用，同时结合自然护堤的方法，用松木桩或仿木桩固岸，如图 3-7 所示。松木桩高强度且密度小，具有轻质高强的优点，弹性韧性好，能承受冲击和振动作用，在适当的保养条件下，有较好的耐久性，联结构造简单，易于加工。

图 3-7 松木桩典型图

(3) 石笼护坡。石笼护坡既可防止河岸遭水流、风浪侵袭而破坏，又实现了水体与坡下土体间的自然对流交换功能，达到生态平衡，且坡上植绿可增添景观、绿化效果。特点是施工方便、可有效防止石头垮塌、增加结构的抗冲刷能力等，适用于不陡于 1∶1.5 的岸坡。石笼护坡典型如图 3-8 所示，石笼网箱典型如图 3-9 所示。

图 3-8 石笼护坡典型图

图 3-9 石笼网箱典型图

网箱、网垫因为施工方便、适应各种地形，近几年在河道岸墙防冲、护基、护坡工程中使用最多。利用网箱材料，一是可以防冲，二是不改变土壤与地下水的交换功能，是恢复河道生态环境的好材料。

(4) 联锁式混凝土块护坡。联锁式混凝土块是专门为明渠和受低中型波浪作用的边坡提供有效、耐久的防止冲刷、护坡的，如图 3-10 所示。联锁式混凝土块护坡独特的连锁性设计使每一个联锁块被相邻的四个联锁块锁住，这样保证每一块的位置准确并避免发生侧向移动。联锁式混凝土块为岸坡提供一个稳定、柔性和透水性的坡面保护层。联锁式混凝土块按照国际通用的生态混凝土设计，在混凝土中添加了醋酸纤维等高分子物质，使联锁式混凝土块在强度不变的情况下更有利于水生植物生根和水生动物繁衍。联锁式混凝土块的形状与大小都适合人工铺设，施工简单方便。

(5) 自嵌式挡墙（荣勋挡墙）。自嵌式挡土墙是在干垒挡土墙的基础上开发的一种新型的拟重力式结构，它主要依靠挡土块块体、填土通过加筋带连接构成的复合体自重来抵抗动静荷载，达到稳定的作用，如图 3-11 所示。

图 3-10　联锁式混凝土块护坡典型图

图 3-11　自嵌式挡墙护岸典型图

(6) 块石坐浆。块石坐浆是埋石混凝土结构，景观优化中常见的加固措施，适用于生态景观驳岸区域，结合堆石等措施能打造较好的景观效果，如图 3-12 所示。在满足河段设计功能的情况下，块石坐浆相比其他措施具有安全、生态、经济等综合比较优势。需要注意的是，该措施应设置排水设施以提高水体交换，但同时要做好土层的保护措施。

图 3-12　块石坐浆典型图

(7) 生态袋。生态袋的主要构件有生态袋、联结扣、塑料排水带和高强度加筋格栅等材料等构成，生态袋内填充砂性土或除去草等杂质后表层土，掺和蘑菇肥和草种以利植被生长，蘑菇肥加入量按 3kg/m^2。生态袋要求：以聚丙烯为主要原料，采用无纺针刺工艺经单面烧结制成，具有抗紫外线辐射、抗酸碱盐、抗微生物侵蚀等功能。生态袋铺设如图 3-13 所示，绿化后效果如图 3-14 所示。

(8) 蜂巢生态砌块挡土墙。蜂巢生态砌块挡土墙可根据支挡结构高度灵活选择经济的支挡截面，开挖截面小，减少对老堤的破坏，施工方便，质量容易得到保证。同时，在构

图 3-13 生态袋铺设

图 3-14 绿化后效果图

建城市河流硬质护岸工程景观时，可根据岸线形态曲折多样、蜂巢护岸材料的孔隙多样性，适当加入灌木等植物群落的营造，把水体与堤岸植被连成一体，构成一个完整的河流生态系统，为水生、两栖类及陆生动物创造丰富多样的栖息、繁殖场所。蜂巢生态砌块如图 3-15 所示，绿化后效果如图 3-16 所示。

图 3-15 蜂巢生态砌块

图 3-16 绿化后效果图

（9）装配式生态框护坡，如图 3-17、图 3-18 所示。装配式生态框护坡是采用工厂预制混凝土（或复合材料）框架构件，现场拼装形成多孔网状结构体系，孔隙填充种植土并植生，实现岩土加固、水土保持与生物栖息协同的柔性护坡系统。具有以下特点：

1）坚固耐久性。产品经高压自动生产成型，大小、形状、重量一致，具有密实度高、强度可达 3000psi、低吸水性，高抗腐蚀性、耐水性、抗冻性，经久耐用。

2）抗震陷能力强。柔性结构较刚性结构具有更好的抗震性能，能承受动态的荷载和地震情况，而且在软弱基础上抗不均匀沉陷的表现也很好，具有高度阻尼，应力分布均匀，能很好地吸收地震震陷时的张力、剪力，最大允许沉陷 30cm。

图3-17 立式生态铺设

图3-18 平铺式生态铺设

3）生态环保。产品原材料以低碱水泥为主料，施工时无需砂浆；设有鱼巢、植栽等功能，有利于水生动植物的存活及景观绿化；透水性良好，墙体后有碎石排水层，保证了整个墙体排水的通畅性，使水能透过墙体与土壤进行自由交换，通过水体不断的循环交流，使水体达到自身净化的目的，改善水质环境。

4）施工简易快速。搭积木式、傻瓜式干砌，对地基、基础要求低，无需重制机具，无需砂浆，无需很大的施工空间（不方便开挖处也可以实施），无需特别专业技术，一般劳工即可施工，简易快速，降低劳动强度，缩短工期，且完全改变传统墙所需大量耗材的问题（砂浆、石材、模板等）。

5）性价比优异。施工便捷，方便拆卸和重复使用，无需耗材，无须维护，结构性能优良，耐久性好，占地少，可以设计多层挡墙。与传统挡土墙相比，性价比优异（施工速度提高2/3倍，节省材料达70%，节省造化30%，节约土地70%，植被存活率提高10倍，使用年限可达100年以上），具有良好的社会效益与经济效益（挡墙越高、地基越差，节投资越多，尤显突出优势）。

（10）雷诺护垫。雷诺护垫也叫石笼护垫，格宾护垫，是指由机编双绞合六边形金属网面构成的厚度远小于长度和宽度的垫形工程构件，如图3-19所示。雷诺护垫是厚度在

图3-19 雷诺护垫

0.17～0.3m 的网箱结构，在现场装入块石等填充料后连接成一体，成为主要用于水利堤防、岸坡、海漫等的防冲刷结构，具有柔性、对地基适应性的优点。既可防止河岸遭水流、风浪侵袭而破坏，又实现了水体与坡下土体间的自然对流交换功能，达到生态平衡。坡上植绿可增添景观、绿化效果。

雷诺护垫与格宾网箱、石笼网箱的区别在于，护垫的高度较低，结构形式扁平而大；镀层钢丝直径较格宾细，一般有双隔板（钢丝直径 2.0mm）、单隔板（2.2mm）两种。常用的为双隔板雷诺护垫，其优点为施工方便、做护坡可有效防止石头垮塌、增加结构的抗冲刷能力等。

5. 堤防加固

（1）充分利用老堤，尽量按原有堤防堤线走向，在老堤上加高培厚，堤线力求平顺、平缓连接，避免出现折线、急弯和突变堤段。

（2）保持原河道中心线基本不做大的变动，维持原河势，使水流顺畅。

（3）堤路结合，尽量留有河滩地，绿化美化河岸环境，维持生态。

（4）合理利用两侧的高地和山地，选择合适堤段形成防洪封闭圈，减少对堤防的投资。

（5）堤防型式应与周边整体景观及道路设施等相协调。

（6）堤防加固材料应尽量选用当地的生态材料。

3.3.4 防污控污

1. 一般要求

结合农村人居环境整治，因地制宜开展水污染防治。

（1）农村生活污染严重的人口聚集区，加强废污水集中收集处理。

（2）农村生活污水处理宜以县级行政区域为单元，实行统一规划、统一建设、统一运行、统一管理。

（3）直排入河湖的工业、生活排污口，采取截污整治、取缔封堵等措施，确保污水达标排放。

（4）畜禽养殖、农业种植污染严重地区，采取有效措施，加强面源污染防控。对于人口稀少地区，可结合实际情况建设人工湿地、氧化塘等分散式污水处理设施。

2. 点源污染防控

（1）农村生活污水处理。

1）排水体制选择。新建污水收集系统应采用雨、污分流制；已建成合流制收集系统的地方，应尽量创造条件进行改造；近期确实无法改造的，宜采用截流式合流制，中远期应逐步改造为分流制。

2）污水进出水水质。

a. 进水水质。农村污水主要指由化粪池上清液、厨房废水和洗涤废水混合而成的生活污水，不含养殖业废水。农村生活污水设计进水水质应根据实际测定的调查资料确定。无调查资料时，可根据人均污染物排放指标及参照类似农村生活污水水质确定。

b. 出水水质。农村生活污水处理出水水质应符合国家及地方现行标准的有关规定。目前，可根据江西省《农村生活污水处理设施水污染物排放标准》（DB36/ 1102—2019）

和排入地表水域环境功能要求及保护目标制定污染物排放浓度控制标准。

3）设计污水量确定。农村生活污水设计水量应根据实际调查数据确定。当缺乏实际调查数据时，可根据项目的实施范围、污水收集对象，针对性地采用国家《室外给水设计标准》（GB 50013—2018）、《室外排水设计规范》（GB 50014—2006）（2016 年版）、《村镇供水工程技术规范》（SL 310—2019）、《农村生活污水处理工程技术标准》（GB/T 51347—2019）、《江西省生活用水定额》（DB36/T 419—2017）等规范或标准中的相关规定，对区域内村镇居民生活污水量进行预测。

4）污水处理工艺选择。根据项目区域的人口分布特征、地形特点、经济条件、污水处理量、尾水排放标准、现状生活污水处理设施以及配套管渠等因素综合确定农村生活污水处理工艺技术方案：

a. 具备截污输送条件的，要加快截污管网建设，纳入邻近的乡镇或城市污水处理厂进行处理；不具备截污输送条件的城镇郊区、平原地区、经济发达且布局相对集中的村庄应建设集中式生活污水处理设施。

b. 山区、丘陵等地区村庄的生活污水，按照环境敏感程度（环境承载力）的要求，采用集中和分散相结合的污水处理方式。散户污水处理工艺可因地制宜地采用化粪池、厌氧生物膜技术、生物接触氧化技术和人工湿地系统等低成本、易管理的治理技术。三格化粪池及厌氧生物膜池结构示意如图 3-20 所示。

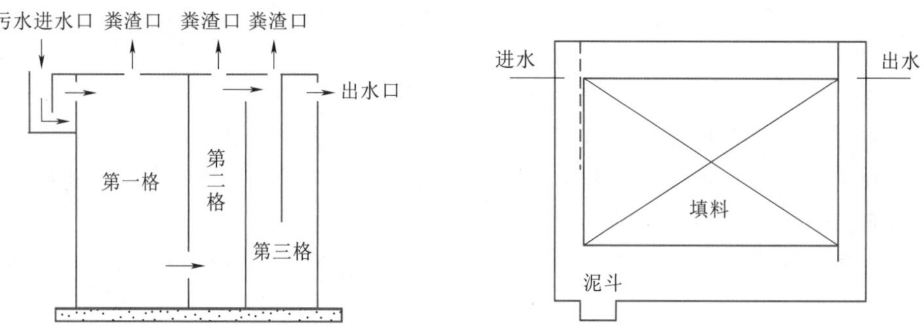

图 3-20　三格化粪池及厌氧生物膜池结构示意图

c. 对经济基础较好、位于集中式饮用水源保护区内和区域水环境富营养化比较严重的村庄应考虑采用处理工艺成熟、效果相对较好的污水处理技术，如膜生物反应器（MBR）、水解酸化＋高负荷地下渗滤、A^2O＋人工湿地污水处理技术等组合工艺。

考虑到农村生活污水水量、水质波动较大，建议在集中式生活污水处理设施之前设置调节池。根据江西省农村地区的特征，集中式生活污水处理设施可采取“预处理＋二级处理”系统。预处理技术一般为化粪池或厌氧生物膜技术；二级处理一般可因地制宜地采用生物接触氧化法、A^2O 反应池、氧化沟活性污泥法、人工湿地、氧化塘、土地渗滤和生物浮岛等技术。A^2O 反应池及氧化沟系统示意如图 3-21 所示。对于处理规模较小的村庄，建议优先采用一体化污水处理设备或人工湿地处理工艺。人工湿地及生态氧化塘示意如图 3-22 所示，生物接触氧化池及 MBR 反应池示意如图 3-23 所示，水解酸化＋高负荷地下渗滤工艺示意如图 3-24 所示。

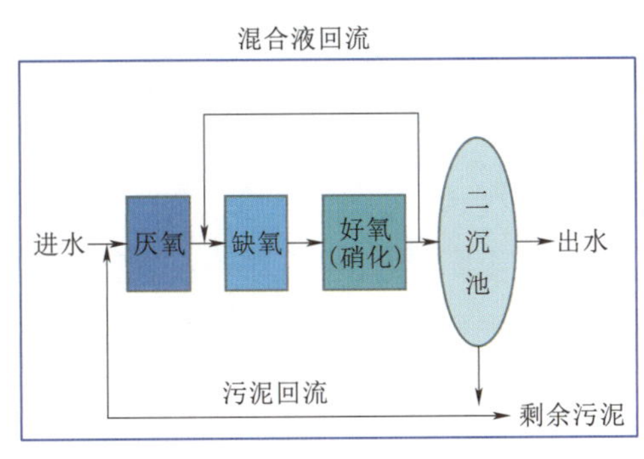

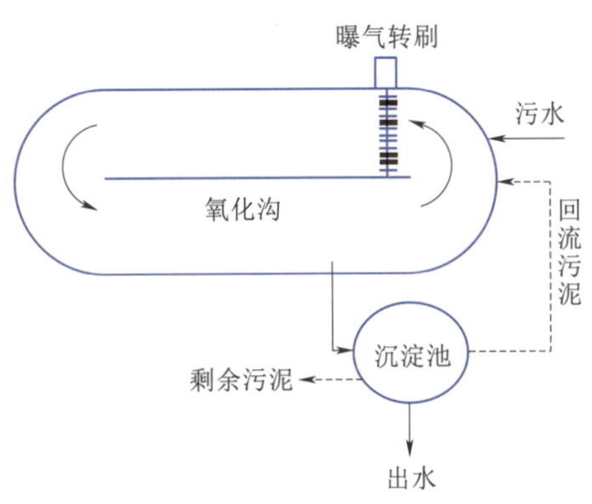

图 3-21　A^2O 反应池及氧化沟系统示意图

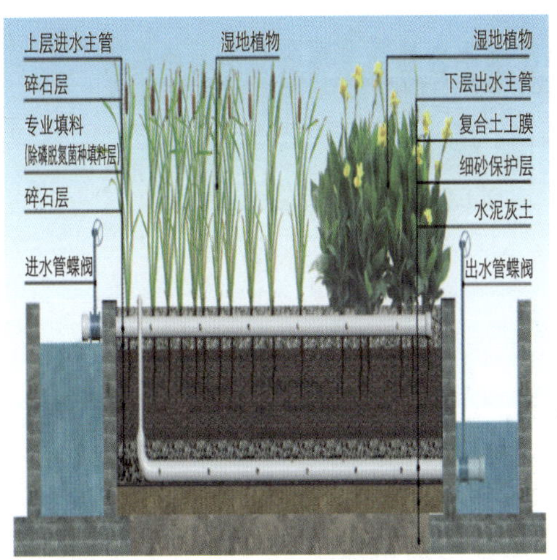

图 3-22　人工湿地及生态氧化塘示意图

5）污泥处理处置。根据农村生活污水处理设施类型和处理规模，对集中式污水处理设施产生的污泥采用优先就近土地利用与集中至城市污水处理厂统一处理处置相结合的方式。满足农用标准的污泥，优先就近土地利用；不能实现就近就地资源化利用的污泥，通过污泥收集车定期收集后运送至生活污水处理厂污泥处理设施进行统一处理处置。

（2）农村生活垃圾治理。

进一步提高农村村民思想认识，着力解决“资金缺口”的问题，深入开展垃圾分类试点工作，完善垃圾分类处置设施设备建设，做好第三方治理运营监管工作，使得农村垃圾得到有效处置，人居环境明显改善。

（3）面源污染防控。

1）加快推广科学施肥、安全用药、绿色防控、农田节水和农业清洁生产等技术与装备。推进互联网＋精准施肥技术，扩大测土配方施肥在农业园艺作物上的应用，基本

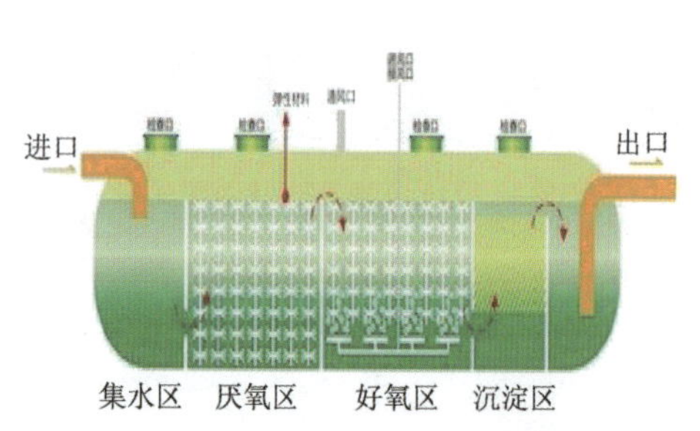

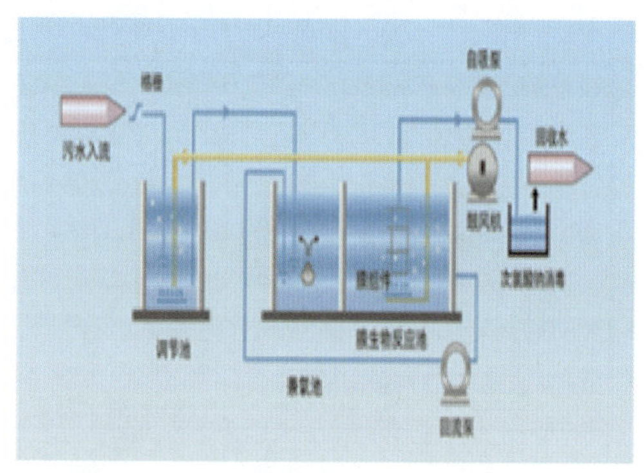

图 3-23　生物接触氧化池及 MBR 反应池示意图

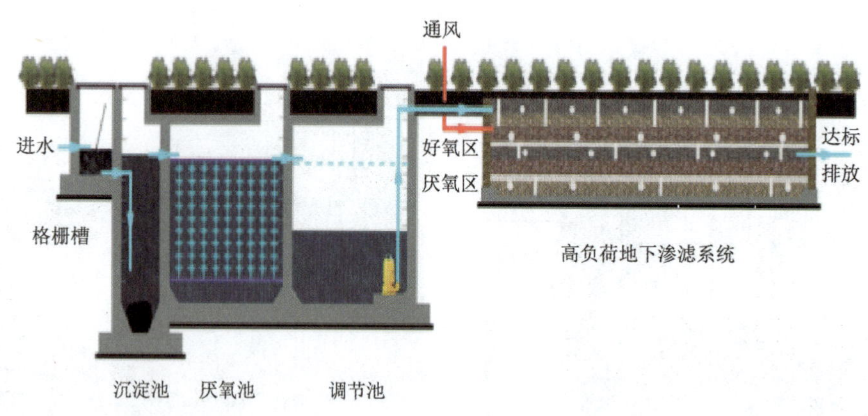

图 3-24　水解酸化＋高负荷地下渗滤工艺示意图

实现主要农作物测土配方施肥全覆盖，通过引导村民积极施用农家肥，增施商品有机肥，推动农业高质量绿色发展。加速生物农药、高效低毒低残留农药推广应用，加快绿色防控技术，大力推进专业化防治与绿色防控融合，有效提升病虫害组织程度和科学水平。改进种养模式，实现资源利用节约化、生产标准过程清洁、废物资源化，减少化肥农药用量。

2）加快完善农田水利基础设施建设，强化地表径流过滤净化功能，在敏感区域和灌区，可通过建设沟、塘、窖、生态沟渠、污水净化塘、地表径流集蓄池、自然湿地等设施，净化农田排水及地表径流。

3）结合水土保持和人文景观工程措施，减少流域泥沙产量及初期雨水污染物，减轻其对河流生态环境的影响。

(4) 内源污染防控。

1）对于污染严重的水体，为快速消除富营养化水体的内源污染，结合河道清障、河道清淤措施对水葫芦及其他过度繁殖的水生漂浮植物进行打捞、处置，清除河底黑臭淤泥，防止污染物向水体释放，引起水质恶化。

2）针对污染严重河段，因地制宜确定水质提升具体措施，使水质达到不黑不臭，水质清澈，基本满足景观用水需求。在控源截污的基础上，可通过以下生态修复措施恢复或重建长期稳定的河道生态系统，逐步调活水体，改善河流水质：①合理地布置曝气复氧机，实现人工增氧的同时，辅助提升水体流动性能，曝气复氧机及微生物强化技术示意如图 3－25 所示；②有针对性地配备高效微生物净化系统，通过微生物强化修复技术快速恢复河道内的生态系统和水体质量；③加强对水质有明显改善作用的水生植物的种植，在发挥其净水功能的同时，对河道进行绿化景观构建；④推进生态浮岛建设，强化河道自净功能的恢复重建，提高河流生态系统的生物多样性，沉水植物及生态浮岛示意如图 3－26 所示。

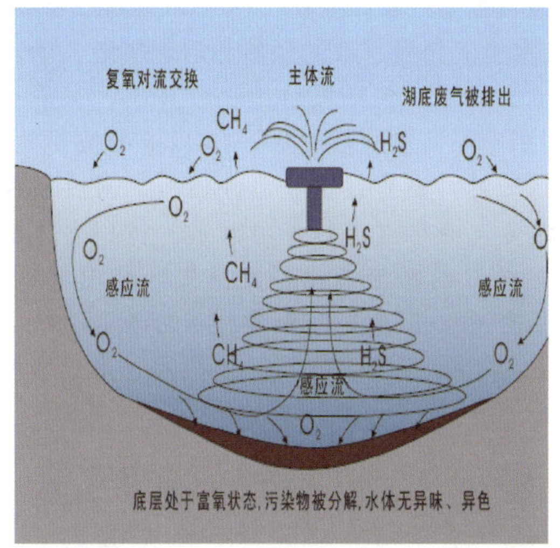

图 3－25　曝气复氧机及微生物强化技术示意图

图 3－26　沉水植物及生态浮岛示意图

3.3.5 水土保持

水源涵养林，是指以调节、改善、水源流量和水质的一种防护林。涵养水源、改善水文状况、调节区域水分循环、防止河流、湖泊、水库淤塞，以及保护可饮水水源为主要目的的森林、林木和灌木林。对于调节径流，防止水、旱灾害，合理开发、利用水资源具有重要意义。

水源涵养林主要布置在在河流源头，水库集水区域，以及河流经过区域集水区域小流域内，营造水源涵养林，涵养水源，水源涵养林，采取乔灌草立体配置，常绿和落叶树种结合，针阔混交。并对划入涵养区域范围实施封禁，封禁期限根据林地情况，实施3～5年的封禁期限，并沿涵养林边界设置必要的警示标识牌，每$1km^2$至少一处，管护人员按$1\sim3km^2$安排1名管护人员。在牲畜出没的区域设置围栏及界桩。

水土保持是指对自然因素和人为活动造成水土流失所采取的预防和治理措施，治理措施主要分布于河流两岸汇水区域内的水土流失区域，包括坡耕地、废弃矿区、采石场、裸露施工迹地，稀疏林草地地等等，主要措施采取实施坡改梯，25°以上的坡耕地，实施退耕还林还草，废弃采石场、矿区的生态修复，设置拦渣、沉沙措施，河流沿线的渣土进行清理或拦挡，施工迹地实施植被恢复，疏林地进行林分改造、林相立体配置，乔灌草结合，补植树等措施，控制水土流失，对河流两岸轻度流失区域山林地，可实施封禁治理，通过自然修复，恢复植被，控制水土流失，对水土流失严重的区域实施水平沟、鱼鳞坑、整地，种植水土保持林。坡耕地治理如图3-27所示，低丘缓坡治理如图3-28所示。

图3-27 坡耕地治理

图3-28 低丘缓坡治理

河流沿线的小流域，根据水土流失现状调查情况，可实施小流域综合治理，减少流域泥沙产量，减轻对河流的影响。

采用水保植物措施宜与生态修复及景观工程相结合。

对矿山治理，应按照治山、造林、净水、护田各域分治的治理模式，对废弃矿山综合治理与生态修复工程项目的生态系统完整性统筹考虑，形成山上山下同治、地上地下同治、流域上下游同治的“三同治”。废弃矿山治理前后对比如图3-29所示。

3.3.6 人文景观

1. 一般要求

依托项目所在地的国土空间规划、生态文明建设规划、土地利用规划、交通道路规划、旅游规划、乡村振兴示范区总体规划等相关规划，结合河流沿线不同水资源禀赋、水生态特点、水文化底蕴以及当地的自然资源、历史文化资源、新农村建设情况，在满足水安全、水环境、水生态等功能需求的同时，划分不同的功能片区和主题片区，丰富水系连通以及水系整治范围的水景观和水文化，进一步实现“岸绿、景美”的目标，同时带动区域产业发展，推动乡村振兴建设，勾勒清流入湖、碧波微澜、水幕映画、农田阡陌、鸟语花香、赣派建筑、小桥流水、古木成林、芳草竞绿的美好风光。

图 3-29 废弃矿山治理前后对比图

2. 设计原则

(1) 水绿耦合原则。以“水绿耦合”为基本原则，严格保证河道管理线范围、生态红线范围，再考虑景观建设的可行性，根据绿地在水文循环的作用机制以及两者之间的关联性，协调两者从要素到系统的关系和作用机制，实现绿地与雨水积存相结合，通过实现对地表径流的控制作用，进而对河流廊道的水生态起到积极的作用。实现从单一规模—组成架构—整体空间布局的多层级水绿交融和谐统一。

(2) 修复与共生原则。在党的十九大报告中明确指出，必须要坚持人与自然和谐共生。景观建设应重视对河流水系的修复作用，通过景观元素的添加来丰富环境的多样性，从而提升人与环境共生的可能性，通过共生关系，优化人—动植物—河流环境之间的关系，实现人与河流水生态良性协同发展。

(3) 因地制宜原则。河流景观的多样性和复杂性决定了在进行优化设计时必须要因地制宜，在对场地原有生态环境、文化特色深入了解的基础上，确定需要保护和再利用的景观要素，再根据当地水系的水文特点，强调设计耐水植物及当地抗逆性强的乡土树种，保障建设功能和效果。

(4) 以人为本原则。人文景观建设最终服务于人，水环境整治以提高自然环境质量为出发点，满足人们对于水与自然的亲水需求，依托现有资源与产业，丰富人们游赏体验，提高人居环境质量，推动产业链延伸，提升水岸生活幸福感，打造宜居、宜游、宜业的生态文明福祉，构建特色鲜明、文化多元、设施完备的亲水便民工程。

3. 设计内容

水系连通及水美乡村综合整治的人文景观节点建设主要包括滨水的河岸景观、居民聚集的水美乡村、重点整治的村塘、门塘以及结合乡村旅游建设的游园节点。

(1) 河岸景观。河岸景观在水安全保障的基础上，丰富滨水游憩设施（包括健步道、休闲驿站、亲水平台、河埠头等），完善沿线基础设施（如照明、卫生和服务等），根据水文特点，种植水生、湿生植物，修复水陆交际带的植物群落，构建舒适亲水性强的滨水景观。河岸景观效果如图 3-30 所示。

(a) 　　(b)

(c) 　　(d)

图 3-30　河岸景观效果图

(2) 水美乡村。选择水系边或者水系贯穿的村民集中居住的村庄，挖掘村庄的人文传说、特色产业，建设有亮点、有文化底蕴的水美乡村。通过建设文化小广场、健身活动设施、文化廊、洗衣埠头、休憩亭等景观，配置乡土观赏植物，服务当地居民的日常生活以及农业需求，改善村庄环境质量，重拾人们对质朴乡村的回忆。水美乡村效果图如图 3-31 所示。

(a)

(b)

图 3-31（一）　水美乡村效果图

(c)

(d)

图 3-31（二） 水美乡村效果图

(3) 村塘景观提升。对于村庄内存在淤积、水污染的村塘，通过渠道引水连通，同时进行清淤护岸，种植或补植水生以及湿生植物，丰富水岸景观绿化，适当增加安全护栏、亲水栈道、观景平台、滨水景观亭廊，还原淳朴的乡风水塘。村塘景观效果如图 3-32 所示。

(a) (b) (c) (d)

图 3-32 村塘景观效果图

(4) 游园节点。根据当地的旅游发展需求，融入文化展示与宣传，在可建设用地上建设小的游园节点，不仅可以丰富游憩空间，让人在亲水的同时感受水与景观带来的舒适缓压的效果；而且可以发挥健身娱乐、宣传教育的景观功能。游园效果图如图 3-33 所示。

(a)

(b)

(c)

(d)

图 3-33 游园效果图

3.3.7 湖塘、山塘等水景观、水环境改造工程

1. 一般要求

明确需要进行改造的湖塘、山塘位置及存在的主要问题，说明拟采取的改造措施，包含但不限于清淤、护岸改造、水景观营造等。

（1）确定清淤深度、范围，计算清淤工程量，说明拟采用的清淤技术、施工设备以及污泥处置方式。

（2）根据塘体自身特点选择合适的塘岸结构及水景观措施，以利于生产活动及提升滨水景观为重点；边坡绿化选择不同耐淹植物种类，以养护成本低、固坡能力强的水生乡土植物为主。

2. 湖塘、山塘的定义

本小节所称湖塘、山塘是指毗邻村庄修建的、非养殖用途的小微型蓄水工程。

3. 塘岸

（1）塘岸顶高程应不低于湖塘、山塘最高蓄水位 0.5m。

（2）村庄应使用自然生态塘岸。生态塘岸有利于水体的自我生态修复，并起到有效的固坡作用，防止水土流失。

4. 水体环境

（1）边坡绿化选择不同耐淹植物种类，以养护成本低、固坡能力强的水生乡土植物为主。

（2）适当布置浮水、沉水、浮叶植物的种植床、槽或生物浮岛等，避免植物自由扩散。

（3）种植特色水生植被，如芦竹、菖蒲、芦苇、荷花等，营造具有四季变化的水塘景观；近处水面可栽植菖蒲、鸢尾等观花植物，创造优美景色。

（4）水塘边坡可撒播草籽，形成整洁的空间界限，适当间植多年生花卉或者开花小灌木作为点缀，丰富色彩。

（5）有效控制水体富营养化，水质应基本满足景观用水需求。

湖塘、山塘改造示意如图 3-34 所示。

图 3-34　湖塘、山塘改造示意图

3.3.8 河道内水陂、渠系涵闸改造

1. 一般要求

(1) 对于灌溉用水陂，不宜降低其陂顶高程，以免影响灌溉引流，改造措施主要为满足水陂的安全。

(2) 对于景观用水陂，在满足河道防洪要求的前提下，可适当降低或抬高水陂顶高程，改造措施主要为满足水陂的景观效果。

(3) 新建水陂应考虑水陂上游河道的防洪要求，不宜降低上游河道现有防洪标准。

(4) 渠系涵闸改造应结合灌溉需求进行，不宜改变现有灌溉格局。

(5) 水陂、渠系涵闸改造应尽量选用当地的生态材料。

2. 新建水陂要求

(1) 新建堰坝宜布设在现状面较宽、河床岩基埋深较浅、对上游村庄等防洪影响较小河段。

(2) 堰顶高程应根据河道防洪要求确定，老堰加固不宜抬高堰顶高程，新建堰坝建前建后上游枯水期最大水位差不应大于20cm，固床堰坝高出河床不宜大于40cm。

(3) 堰体轴线应尽量采用曲线，堰顶高程宜两头高中间低，以减少主流对两岸冲刷。

(4) 高度低于1.0m的堰坝宜采用坦水堰或宽顶堰，高度高于2m的高堰宜用用多级跌水堰或滚水堰，高堰应结合景观要求，以营造丰富的水花效果为宜。应考虑当地特色文化、乡村规划整体风格，营造动态和静态效果。

(5) 筑堰材料应充分利用河道砂卵石、块石、卵石等当地材料，防冲护面不宜采用混凝土面板等白化材料，若确需采用混凝土面板防冲，宜在面板上采用块石或卵石贴面，贴面后混凝土外露面宜小于总面积的10%。

(6) 高度高于2.0m的堰应考虑放空设施，以利于堰体维修和堰前清淤。

(7) 有交通要求的景观堰宜设置汀步，汀步宜采用块石或大卵石，平面朝上，中心间距50～60cm，应考虑防滑措施，并与堰体连接紧密，宜埋入堰体深度不小于30cm。

3. 改造水陂方案

对需改造的水陂，应对改造后的建筑物型式进行研究，既保证防洪要求，又避免千篇一律，增加其景观功能。例如：

(1) 由于传统的混凝土或埋石混凝土较为不美观。可在混凝土表面贴砌卵石，增加建筑物的观赏性，提高人文气息。

(2) 可根据需要在陂体上修建过河汀步，与两岸的步级连通，既能方便两岸村民出行，又能避免建筑物的简单划一，与人的亲水活动相结合。

4. 涵闸改造方案

涵闸改造在满足水利基本功能需求的基础上，应该结合水景观要求进行设计，且应考虑与区域景观的协调统一，建筑物外观可因地制宜，反映地方建筑特色。

3.3.9 河湖管护

1. 一般要求

(1) 要坚持建管并重，结合实施河湖长制，围绕农村水系治理特点和管护任务，明确管护重点和长效管护对策，落实农村水系管理维护、清洁保洁、巡河护河、基础设施维护

等责任，做到建的好、护的精、用的久。

（2）要按照“共建、共享、共管”的理念，注重保留乡村风貌和乡土味道，注重挖掘、传承和开发传统文化、民族风情，发挥村民主体作用，充分尊重村民的知情权、决策权、监督权，探索河湖末端资源经营管理体制改革，激发群众智慧，引导百姓共同参与农村水系管护，营造村民爱水护水的良好氛围，建设宜居宜业的水美乡村。

2. 河湖管护设施设计

根据各地实际情况，针对存在的问题，设计增加河湖管护必要的设施。

（1）维护清理设施。在洪水过后，对河道进行垃圾清除、收集和泥沙清除，设置必要的垃圾清除设施和河岸临时堆放设施等。

（2）管理房。为便于河道日常维护管理，必要时设置管理房。

（3）巡河道路。为满足河道维修管理等要求，沿河要设置巡河道路。可结合游步道建设，采用沥青混凝土路面。

（4）交通工具。为加强工程管理，需购置必需的交通工具。

（5）其他管理设施。其他管理设施包括界牌、界桩、标志牌和警示牌等，沿河陡岸和直岸段设置护栏和明显的标示，以消除安全隐患；沿河人行步道及绿地，树立生态文明宣传广告牌，倡导正面宣传氛围，提高公民爱护环境自觉性。电力设施、水域周边树立安全警示牌。

（6）可根据需要建设信息化管理系统。

3. 河湖管护机制设计

1）优化岸线开发利用格局。

明确河湖管护边界，加强界桩的管理与维护，在河道管理范围调整或相关工程完成后，应及时更新界桩位置和内容。常态化开展河湖健康评价及“一河一策”滚动编制。

适时开展河流岸线保护和利用规划编制与评估工作，统筹社会经济发展、防洪及生态环境保护等方面的要求，科学划分河流域岸线功能分区，依法依规加强水域岸线保护和利用管理，维护岸线良好生态环境，规范岸线开发利用行为，促进岸线资源有效保护和合理利用。

2）建立一套河湖管护长效机制。

推进“清四乱”专项整治行动常态化，建立动态台账，实行问题销号管理，巩固清理成果，在已建立的河长体系、护河员和保洁员的基础上，进一步加大日常巡查监管和水行政执法力度，加强巡河督查与日常管护队伍建设，完善跨区域行政执法联动机制，建立河湖日常巡查检查制度并严格落实，巡河人员必须严格按照制度巡河，发现问题及时上报。明确对敷衍了事的巡河员作出处罚，实现“河面无漂浮废弃物、河中无障碍、河岸无垃圾”的“三无”目标。

加强联动机制执行力，需上下游、左右岸的多地共同参与，深化落实河湖长制，不断创新河湖管护机制，积极推动打破行政壁垒，充分发挥流域联席会议机制作用，用好涉河湖重大问题调查与处置机制，强化全链条跟踪问效，压实各级河湖长及相关部门责任。

通过多领域、多部门和多要素的协同管理确保水资源的合理利用和保护，形成流域整体效应，深化“河湖长＋警长”“河湖长＋检察长”协作，并加强探索建立生态补偿机制。

3.4 以流域为辐射的河湖治理技术

3.4.1 流域生态综合治理内涵

关于流域生态综合治理暂无统一定论，其提出在 2017 年中共江西省委办公厅文件《中共江西省委办公厅江西省人民政府办公厅印发〈关于以推进流域生态综合治理为抓手打造河长制升级版的指导意见〉的通知》中，从其提出的背景和目标来看，生态流域综合治理就是在河长制背景下将水作为生态系统的控制性要素，从系统的角度出发，解决水问题，提升流域总体调节性能，需要建设全流域的综合服务功能，保卫山水林田湖草生命共同体。当前，江西省流域水问题主要表现为水资源匮乏、水患频发、水污染严重、水生态系统退化和水管理能力不足，因此，流域生态综合治理规划的实质就是打造河长制升级版，解决流域水资源、水灾害、水环境、水生态"四水"问题的重要支撑性规划，建设内容具体包括统筹山水林田湖等系统要素，打造绿水青山（水安全、水资源、水环境、水生态、水景观、水文化、水管理），实现金山银山（水经济）。

3.4.2 江西省流域生态综合治理规划体系研究

3.4.2.1 陆域生态保障与污染防控规划

全面分析规划范围内水资源、水灾害、水环境、水生态问题，合理构建水问题陆域空间治理格局，做好陆域水资源保障、陆域水灾害防治、陆域污染防控和陆域生态建设工作。

1. 陆域水资源保障

针对流域内工程性供水能力不足、水资源利用效率不高、城乡供水工程存在短板等水资源问题，综合考虑经济社会发展和生态环境保护对水资源的要求，以水资源供需分析推荐方案为基础，结合用水总量控制要求，合理确定不同区域、不同水源、不同用水行业间的供用水量配置方案。坚持开源节流并重，增加供水、节约用水等方面内容，合理制订全流域水资源开发利用实施方案。从陆域出发，规划河湖水库备用水源工程，城乡水厂新建、改扩建及管网延伸工程，保障城乡供水安全；规划水库山塘新建、扩建、改扩建工程，保障灌溉用水水量；确定分期节水目标与节水考核体系，确定农业、工业及建筑业、生活及第三产业节水工程、非工程措施。

2. 陆域水灾害防治

针对流域内洪涝、干旱、地质灾害等水灾害问题，以"城乡统筹、蓄滞兼顾"为原则，加强陆域水灾害防治。加强山洪沟治理，洪患村镇综合治理，配备、完善流域山洪灾害监测、预警、预报系统，加强设备维护和管理，提升流域山洪灾害监测、预警和减灾能力；充分利用水库山塘等山区蓄水设施对可利用的雨洪资源进行收集或截留，开展病险水库除险加固，有效调节雨季洪峰流量，保证优质水资源得到充分利用；按照"高水高排、低水抽排"原则，完善陆域排涝体系，提升流域排涝能力。因地制宜规划蓄水、引水、提水工程建设，缓解干旱问题，提升流域应急抗旱能力。

3. 陆域污染防控

针对水环境问题，以削减污染物入河量为核心，通过水域纳污能力分析，强化水环境承载力刚性约束，促进流域发展布局优化和产业结构升级，综合采用工程和非工程措施，治理工业废水、城乡生活污水与垃圾、农业面源污染，加强饮用水水源地水质保护和标准化建设，实现污染物在入河前的减量化和达标排放。

4. 陆域生态建设

针对水生态问题，以生境保护与恢复、水土涵养能力提升为核心，规划陆域生态建设。通过林地建设，加强森林资源和生物多样性保护，提升森林质量；通过林分改造、封育保护、水土流失治理、矿山生态修复，严格执法管理，遏制人为破坏，提升流域水源涵养和水土保持能力。

3.4.2.2 岸线生态建设与美化优化规划

以解决流域水灾害和水生态问题为核心，以提高美好人居环境为目标，科学合理规划利用和保护岸线资源，实现岸线资源的有序开发和科学管理。

1. 岸线水灾害防治

针对雨洪等水灾害问题，以提升防洪能力为核心，以岸线堤防建设为抓手，进一步完善防洪工程体系，开展河段综合整治和景观提升工程，提升改造区域水环境；对圩堤进行除险加固，保障规模农田。

2. 岸线生态建设

针对侵占岸线、生境破坏、岸线景观风貌较差等水生态问题，以规范岸线开发利用管理、恢复野生动植物生境和提升河湖景观风貌为核心，依法开展岸线功能分区、河湖管理范围划定、入河排污口整治、非法侵占河湖岸线整治，严格岸线管理保护；加强功能退化岸线的生态修复、人工岸线的生态改造，维护生态功能；加强流域内湿地保护保育，开展湿地公园建设和湿地景观打造，因地制宜建设各具特色的岸线景观带，构建绿色生态滨水空间。

3.4.2.3 水域环境保护与生态修复规划

以水系连通、防洪清障、水域环境改善、水生态系统修复和生物多样性提升为主要任务，加强水资源保障、水灾害治理、水环境治理与水生态修复。

1. 水域水资源保障

针对流域内工程性缺水无法满足灌溉用水需求问题，合理实施水系连通工程，提升流域灌溉供水保障能力。

2. 水域水灾害防治

针对流域内洪水灾害问题，以河道清淤疏浚等工程措施为主，全面开展病险水闸除险加固、中小河流综合整治，提升河道安全泄洪能力，提高防洪治理标准。

3. 水域污染防控

针对水环境问题，全面开展河湖水环境质量调查，提出河湖水环境治理清单，对污染严重河段和水库进行专项治理；开展农村水系综合整治，持续推进农村河塘整治与水系连通，建设水美乡村，改善农村水环境。

3.4.2.4 水域生态建设

针对水生态问题，全面开展小水电问题整改，通过生态流量在线监控、生态需水调度和河流含沙量调控，保障生态流量；开展生态脆弱河道生态修复，恢复河道水生态系统；开展外来入侵生物的调查与清除，实施鱼类增殖放流，提升生物多样性。

3.4.2.5 流域综合管理与制度建设规划

从保障和巩固流域治水成果出发，规划流域综合管理与制度建设，包括建立健全流域管理体制机制，开展河湖健康监测与评价，建设智慧流域，提升流域管理能力。

1. 健全管理体制机制

建立健全水资源有偿使用制度、自然资源资产产权制度和流域生态补偿制度；建立健全水生态环境保护考核问责机制、水利工程管理机制、水灾害综合管理体系、水库社会化服务管理模式、执法监督机制和公众参与机制。

2. 建立河湖健康监测与评价长效机制

定期开展河湖健康监测与评价，为流域治水效果评价以及后续治理提供决策依据。

3. 建设智慧流域

构建智慧流域可视化系统，实现流域水资源、水灾害、水环境、水生态等多业务目标管理，实现流域水问题“监测立体化、决策科学化、管理协同化、服务主动化、控制自动化”。

3.4.2.6 生态产业与文化旅游建设规划

充分利用自然优势发展特色产业，因地制宜壮大“美丽经济”，把绿水青山蕴含的生态产品价值转化为金山银山。

1. 科学构建智慧农业布局

开展现代特色农业示范园项目建设，加强科技支撑和农产品质量提升，基本形成龙头企业引领、新型经营主体为主、农户参与的园区发展格局。发展特色产业工程，开展绿色产业品牌创建，大力发展乡村旅游。

2. 加快发展休闲农业

构建以“立体循环农业、现代生态农业、观光休闲农业”为发展方向的休闲农业，加快发展休闲农业与乡村旅游。

3. 构建绿色生态林业产业布局

大力发展特色林业，探索构建适应市场经济的林产品生产、销售、服务的现代化产业体系，形成有利于产业持续健康发展的政策、法规、标准体系和市场环境，建成产业结构协调、支撑保障有力、综合效益显著的现代林业产业体系。

4. 构建“河湖水库＋水生态文明”水利风景区旅游产业布局

依托现有水利工程基础设施，加强水文化的挖掘与保护以及水文化宣传载体建设，着重发展水文化休闲旅游与科普教育，打造河长制公园、水情教育基地、水利风景区；并结合当地生态环境优势，打造生态观光体验区，结合水文化构建人文休闲片区，从生态保护、人文发展、人与自然和谐相处的层面共同构建水利旅游产业。

5. 构建文旅产业融合发展布局

依托流域内的山水资源和文化底蕴，重点打造山水休闲观光景点，带动区域旅游全面发展，促进流域水经济发展。

3.4.3 江西省流域生态综合治理规划技术方法研究

3.4.3.1 总体思路

1. 指导思想与规划原则

应以新时期习近平总书记“节水优先、空间均衡、系统治理、两手发力”治水思路为指导，积极践行绿色发展理念，统筹山水林田湖草等自然要素，科学布局，系统治理，促进水资源与经济社会的可持续发展。

应根据规划区实际，制定因地制宜的规划原则，按照生态优先、绿色发展，以人为本、人水和谐，流域统筹、系统治理，治水美景、生态富民的思路，规划提出流域“水资源、水灾害、水环境、水生态”问题解决措施，提出流域生态综合管理措施和生态经济发展方案，实现水资源与经济社会的可持续发展。

2. 规划依据

应说明规划编制所依据的相关法律法规和技术标准。

应说明规划编制所引用的政策文件和相关规划等。

3. 规划范围与规划期

规划范围应覆盖流域所辖全部范围。

规划期应包括规划基准年、近期规划水平年和远期规划水平年。可以将规划编制的前一年作为基准年，近期、远期分别按 5 年、10～15 年考虑，原则上应与当地国民经济与社会发展规划的规划时限相衔接。

4. 规划目标

应结合流域内自然和经济社会发展特点，根据水资源开发利用的约束性条件，明确流域生态综合治理的需求，提出流域生态综合治理的规划目标与任务。

应对不同规划水平年提出水资源保障、水灾害防治、水污染防控、水生态保护修复、流域综合管理、生态产业发展与文化旅游建设等方面的具体目标。

应根据规划目标分解规划控制指标，控制指标应根据规划水平年分阶段具体明确，可在规划期内量化考核。

5. 总体布局与规划分区

应根据流域生态综合治理目标，结合相关区划与规划，明确规划流域生态建设现状及生态功能特征，综合考虑区域水系特征、生态功能以及区域发展定位，进行规划分区；根据规划目标和规划分区的生态功能要求，提出规划整体方案布局。

总体布局应以规划分区为基本单元，结合流域或区域特点，统筹干支流、上下游、左右岸及湖泊水库等不同区域关系，以规划流域内水资源、水灾害、水环境、水生态问题及需求为导向，明确各规划分区的治理重点与方向，从重点工程、空间分布、实施时序等方面进行规划布局。

6. 社会经济发展预测

应对规划流域和有关地区的社会经济发展与生产力布局进行分析预测，明确各方面发展对流域综合治理开发的要求，以此作为确定规划任务的基本依据。

常用的社会经济指标包括人口、农田有效灌溉面积、果林灌溉面积、养殖水面面积、畜牧养殖产量、工业增加值、第三产业产值、建筑业产值等。

不同水平年的社会经济指标发展预测依据的基础资料包括：近年来的有关主要经济社会指标成果、江西省及各市县统计年鉴和水利统计年鉴等。指标的预测应在国家和地区国土规划、国民经济发展规划和有关行业中长期发展规划的基础上进行。

（1）人口发展预测参照国家宏观经济研究院《2001—2030 年全国及各省（区、市）

国民经济发展布局与产业结构预测》和长江委《长江流域综合规划（2012—2030）》有关成果，结合近年来流域内人口增速、城镇化率等经济社会发展实际情况，确定流域不同水平年年均人口增长率，以现状年人口为基数进行各水平年人口发展预测。

（2）农田有效灌溉面积根据《江西省土地利用总体规划（2006—2020）》及国家宏观经济研究院和长江委有关农业发展的预测分析研究成果，并结合已编制的《江西省农田灌溉工程规划》及当地灌溉规划有关成果，经综合分析后，对流域内各规划水平年的耕地面积和有效灌溉面积进行预测。

（3）果林灌溉面积根据《江西省土地利用总体规划（2006—2020）》及国家宏观经济研究院和长江委有关果林业发展的预测分析研究成果，并结合当地林果业发展趋势，经综合分析后，对流域内各规划水平年的林果灌溉面积进行预测。

（4）需分析预测的养殖水面面积是指需要人工补水的水面，即仅针对人工开挖的塘堰，而不考虑天然养殖水面及水库。在缺少相关预测资料的情况下，养殖水面面积可近似按人口增长倍比计算养殖水面的增量。

（5）畜牧养殖产量参照国家宏观经济研究院和长江委有关畜牧业发展的预测分析研究成果，根据近年来流域内地区对大小牲畜统计变化情况，结合经济社会结构调整方向和人口发展趋势，以保证流域内居民食用肉量在现有基础上略有增长，以此预测大小牲畜（主要以牛、猪为主）养殖规模。

（6）工业增加值结合流域内近年来当地现状工业基础、工业产业发展布局、工业生产发展速度，预测各水平年工业生产平均增长率，以现状年工业产值为基数进行各水平年工业增加值发展预测。

（7）第三产业产值及建筑业产值参照国家宏观经济研究院的研究成果，根据流域近年来第三产业、建筑业的发展速度、产业结构、发展规律及状况，预测流域内各水平年第三产业、建筑业平均增长率，以现状年第三产业和建筑业产值为基数进行各水平年预测。

（8）缺乏中长期规划资料时，流域生态综合治理规划内主要社会经济指标可根据规划流域历史情况结合近期社会经济发展趋势进行合理估计与预测。

（9）预测的规划流域社会经济发展水平，应符合地区实际情况，并与国家对规划地区的治理开发要求和政策相适应。

3.4.3.2 陆域生态保障与污染防控规划

1. 陆域水资源保障

（1）陆域水资源保障规划应进行水资源供需平衡分析、水资源配置分析，为陆域水资源开发利用规划提供基础。

1）水资源供需平衡分析应在现状年基础上，按照现状经济社会发展水平、用水水平和节水水平及社会经济发展指标的预测，对不同频率的来水和需水进行水资源供需平衡分析。具体参考《江河流域规划编制规程》（SL 201—2015）7.2 中相关内容。

2）水资源配置应在多次供需反馈并协调平衡的基础上，一般进行二至三次水资源供需分析。一次供需分析是考虑人口的自然增长、经济的发展、城市化程度和人民生活水平的提高，按供水预测的“零方案”，即在现状水资源开发利用格局和发挥现有供水工程潜力的情况下，进行水资源供需分析。若一次供需分析有缺口，则在此基础上进行二次供需分析，即新建水源工程进行水资源供需分析。若二次供需分析仍有较大缺口，应考虑强化节水、污水处理再利用、挖潜配套以及合理提高水价、调整产业结构、合理抑制需求和保护生态环境等措施，并进行三次供需分析。详见 SL 201—2015 7.3 节。

(2) 应根据流域水土资源分布特点、社会经济发展总体布局及生态环境对水资源的需求，依据流域规划水平年用水总量及用水效率控制指标，提出流域水资源开发利用总体布局，流域水资源开发利用总体布局应遵循以下原则：

1) 要妥善处理好经济发展与水资源承载力的关系，充分利用本流域水资源丰沛的优势，保障城乡饮水安全。

2) 要统筹兼顾经济社会发展和维护河流生态健康的各项需求，协调好流域内生活、生产和生态环境用水的关系，优先保证城镇生活和农村人畜用水，严格控制河流主要断面生态环境需水，合理安排工农业和其他行业用水，强化水资源管理，提高用水效率。

3) 要上下游、干支流统筹兼顾，地表水、地下水和其他水源供水等统一配置，合理利用地表水，适量开采地下水，积极开发利用非常规水源。

4) 要根据流域社会经济发展以及生态环境保护的目标与要求，坚持开源与节流并重的方针，从增加供水、节约用水等方面合理制订全流域水资源开发利用实施方案。

(3) 水资源开发利用实施方案应包括城乡供水安全规划、灌溉工程规划和节水规划。

1) 城乡安全供水规划通过调查分析现状年流域城乡供水工程可供水量，基于不同水平年的城乡需水预测，对城乡用水进行供需平衡分析，根据分析结果，通过实施开源、挖潜、节流、水资源保护等措施，基本形成与工业化、城镇化、农业现代化和新农村建设相适应的流域供水安全保障体系，保障流域供水安全。城乡供水安全规划可参见 SL 201—2015 中 9 城乡供水规划。

2) 灌溉工程规划通过调查分析流域现状年灌溉用水量及流域范围内灌溉工程的可供水量，通过现状年及不同水平年的灌溉用水供需平衡分析，根据分析结果，改扩建一定数量的蓄、引、提灌溉工程及节水改造工程等来弥补缺水量。灌溉工程规划参见 SL 201—2015 中 10 灌溉规划。

3) 节水规划应结合《江西省水资源综合规划》、当地国民经济和社会发展规划等相关规划内容制定。可参考 SL 201—2015 中 7 水资源规划。

2. 陆域水灾害防治

陆域水灾害防治规划包括陆域雨洪控制规划、干旱灾害防治规划和地质灾害防治规划等内容。

(1) 陆域雨洪控制的主要内容包括通过上游山洪灾害防治工程截流山洪，同时充分利用现有水库、山塘蓄滞洪水，并充分利用现有沟塘洼地调蓄作用，高水高排，内涝严重城市可规划海绵城市综合体系进行控制。

山洪灾害防治规划内容包括工程措施和非工程措施。工程措施主要包括对小流域进行综合治理，以护岸防冲为重点，形成以护岸及堤防工程，截洪沟、排洪渠和分洪道工程、沟道清淤疏浚工程；非工程措施强调以预防为主，通过预报、预测事先获知信息，提前作出决策，实施躲灾避灾转移方案，主要包括监测系统、通信系统、预警系统、避灾躲灾转移、防灾预案、政策法规建设等。

病险水库及山塘除险加固工程是指通过对病险水库及山塘进行除险加固，提升改造增加库容，提高洪涝发生时的蓄滞洪水能力，降低防洪堤防的防洪压力，保护人民财产安全。

涝区治理规划内容参考 SL 2010—2015 中 6 涝区治理规划。

对内涝严重的城市规划海绵城市综合体系，海绵城市设计内容参考 DB37/T 50600。

（2）干旱灾害防治应根据水资源保障现状结合抗旱需求，规划应急抗旱工程规划，主要内容包括抗旱引水工程和应急水源工程。抗旱引水工程指通过修建抗旱引水工程，增加工程供水能力来提高抗旱能力，方式有修建引水工程和应急机井等；应急水源工程是指平时用于灌溉保障发生旱情时可作为城乡居民生活用水的抗旱应急水源。

（3）地质灾害防治应以预防、预测为主，治理为辅，存在地质灾害风险流域应将预防地质灾害和防汛抗旱结合起来，编制年度地质灾害防治方案，划定重点防护区段和重要地质灾害危害点，提出防范措施；同时做好监视监测与汛期应急调查工作，建立预防、预报、预警工作制度。

3. 陆域污染防控

（1）陆域污染防控规划应计算规划区内河（湖）水域纳污能力；并依据水域纳污能力和规划目标，结合入河（湖）排污口现状调查成果和区域经济社会发展需求，综合确定规划水平年污染物入河（湖）量控制方案。

河（湖）水域纳污能力及污染物入河（湖）量控制指标应包括化学需氧量或高锰酸盐指数、氨氮；湖泊和水库可适当增加总磷、总氮等富营养化指标；部分水域应考虑特征污染物的控制。

水域纳污能力计算及污染物入河（湖）量控制方案确定应分别符合《水域纳污能力计算规程》（GB/T 25173—2010）和《水资源保护规划编制规程》（SL 613—2013）的有关要求。

（2）陆域污染防控规划包括入河排污口整治规划、污染源治理与控制规划、饮用水水源地保护规划。

入河排污口整治应根据污染物入河（湖）量控制方案，提出入河（湖）排污口的布局调整和整治方案，并对污染源治理和控制、区域产业结构调整、城镇化发展等提出要求和建议。入河排污口调整与整治方案应符合 SL 613—2013 的有关要求。

污染源治理与控制应从工业污染、城市生活污染、农村面源污染等方面提出治理措施。

饮用水水源地保护规划应对尚未划分饮用水水源保护区的水源地，根据其安全现状评价制定饮用水水源地保护区划分方案，明确保护区及准保护区范围，提出饮用水安全保障要求和相应管理措施；应在饮用水水源保护区内采取隔离防护、污染综合整治和生态修复等工程措施。

4. 陆域生态建设

陆域生态建设规划包括森林生态系统建设与保护规划以及水土保持规划。

（1）森林生态系统建设与保护规划应加强对规划范围内的山地林、道路林的生态建设，各级自然保护区、森林公园等重要生物栖息地环境的保护与生物多样性修复，以及受损森林生态系统的恢复治理。生物栖息地保护应遵循保护优先、适度恢复的原则，根据规划区内珍稀、濒危、特有和重要经济物种及其栖息地与生物资源调查结果，确定保护优先顺序，必要时提出需特殊保护和保留的河段范围及保护方案。

(2) 水土保持规划包括水土流失预防规划、水土流失治理规划以及水土流失的监测与监督等。

1) 应加强流域内生态脆弱区、水源涵养区和水源地保护区的水土流失预防，可按照 SL 201—2015 规定进行。

2) 应加强流域内水土流失严重、多沙输沙区域、山洪灾害易发区域的水土流失治理，可按照 SL 201—2015 规定进行。

3) 应开展水土流失监测与水土保持监督，可按照 SL 201—2015 规定进行。

3.4.3.3 岸线生态建设与美化优化规划

1. 岸线水灾害防治

岸线水灾害防治规划内容主要为防洪堤防建设。

(1) 防洪堤防建设规划应根据防洪体系构建以及防洪保护区、保护对象的保护要求，结合已有的大流域防洪治涝方面的规划，确定堤防的防洪标准、设计洪水位或河道设计泄量。

(2) 防洪堤防规划的布局及方案参考 SL 201—2015 中 5 防洪规划。

2. 岸线污染防控

岸线污染防控规划主要针对面源污染问题突出且水质较差的河湖，应根据规划区内面源污染产生机理和特征，提出污水岸线生态拦截要求，可因地制宜采取入河（湖）前的滨水植被缓冲带等生态净化工程。

3. 岸线生态建设

岸线生态建设规划包括河湖岸线的管理与保护、功能退化岸线的修复、湿地生态系统的保护与建设以及生态廊道建设规划等内容。

(1) 河湖岸线的管理与保护，应按照规定划定河湖管理范围，河流两岸应划定河岸岸线保护区、控制利用区、保留区和开发利用区，湖岸带应划定生态保护区和缓冲区，并严格实施分类管理。

(2) 功能退化岸线的修复应结合现状调查结果，通过退养还滩、退田（渔）还湖、构建植被缓冲带等多种方式，开展功能退化岸线的修复。

(3) 湿地生态系统的保护与建设应加强对规划范围内湿地生态系统的环境保护与生物多样性修复、受损湿地生态系统的恢复治理以及湿地滨水空间建设。

(4) 生态廊道建设应重点考虑主要生态敏感区（自然保护区、湿地公园、森林公园、风景区、饮用水源保护区、水利风景区等）生境的连通性，合理安排水生态廊道建设方案，因地制宜建设各具特色的岸线景观带，构建绿色生态滨水空间。

岸线生态建设应在保障河流行洪功能、提高河道稳定性、维持河流自然蜿蜒性的前提下，保护生境多样性，改善生态状况，维持生物栖息地功能。

3.4.3.4 水域环境保护与生态修复规划

1. 水域水资源保障

针对流域内工程性缺水无法满足工农业生活生产用水需求问题，安排水域水系连通工程，实施库库、河湖、河库连通工程，提升流域供水保障能力。水系连通工程应符合《全国水资源保护规划》等相关规划及《水利部关于推进江河湖库水系连通工作的指导意见》（水规计〔2013〕393号）等有关文件要求。

2. 水域水灾害防治

水域水灾害防治规划包括病险水闸除险加固、中小河流综合治理和农村水系整治等内容。

（1）病险水库除险加固主要针对流域内洪水灾害问题，以河道扩宽、河势治导、河道疏浚、清淤等工程措施为主，对病险水闸进行除险加固。

（2）中小河流综合治理主要针对河流沿岸频繁发生洪涝灾害、防洪能力低的城镇河段、乡村河段、农田防护河段及其他河段进行治理，全面开展中小河流综合整治，加大河道安全泄洪能力，提高治理标准。

（3）农村水系整治主要针对流域农村河道防洪能力不足、河道淤塞萎缩、河湖功能衰退、水域岸线侵占、水体污染、水生态退化、水土流失等问题，农村水系整治规划通过农村河湖整治“清四乱”，恢复河道供水、输水、防洪等基本功能；通过清淤疏浚、生态护岸护坡，修复河道空间形态；通过河湖水系连通、打通断头河，恢复河湖沟塘水力联系，改善河湖水环境质量；通过改革创新，建立农村河湖管护长效机制；将农村河湖水系打造成“安全的河、生态的河、美丽的河”，实现河畅、水清、岸绿、景美。

3. 水域污染防控

水域污染防控规划内容包括水功能区划分与调整、水质的保护与改善和内源污染治理。

（1）规划范围内国家和地方政府未划分水功能区或已经批准的水功能区划，但因经济社会发展需要确需要调整水功能区的河流（河段）、湖泊等水域，应根据实际管理需求并结合现状调查，提出水功能区的划分与调整方案；水功能区的划分与调整，应符合《水功能区划分标准》（GB/T 50594—2010）的规定。

（2）对水质满足水功能区水质目标的水域，应遵循水质不降低原则进行保护；对水质不达标水域，应采取改善水质的对策措施。

（3）对存在底泥污染、水产养殖污染、航运污染及富营养化问题的河（湖），应根据内源污染现状调查与评价、水环境保护目标和要求等，提出水生植物修复、底泥疏浚等内源治理措施和要求。对内源污染治理难度大的区域，提出内源综合治理的示范措施及技术要求。

4. 水域生态建设

水域生态建设规划内容包括河湖生态需水保障、水生生物栖息地环境的保护与修复和水生生物多样性保护与修复。

（1）应根据河湖生态需水目标，提出河道内生态需水量配置、生态基流和敏感生态需水以及湖泊湿地生态水位保障工程和非工程措施。

河道内生态需水配置方案应在流域水资源综合规划和区域水资源总体配置方案基础上，结合流域或区域水资源开发利用总量控制要求提出。

生态基流和敏感生态需水以及湖泊湿地生态水位保障措施应包括限制取水措施、闸坝生态调度方案、河湖水系连通及生态补水方案、设置生态泄流和流量监控设施等。

（2）应加强水生生物栖息地环境的保护与修复。保护和修复鱼类产卵场、索饵场、越冬场和洄游通道，维持和恢复河床底质的多样性和稳定性。

（3）应加强水生生物多样性保护与修复。加强外来物种的调查与灭除；对处于濒危状况或受到人类活动胁迫严重、具有生态及经济价值的特定鱼类，实施增殖放流。

3.4.3.5 流域综合管理与制度建设规划

从完善流域综合管理体制机制、加强水资源保护保障能力建设等方面，提出流域综合管理与制度建设的规划思路，确定规划目标和规划内容。

（1）流域综合管理体制机制建设包括建立健全水资源有偿使用制度、自然资源资产产权制度和流域生态补偿制度；建立健全水生态环境保护考核问责机制、水利工程管理机制、水灾害综合管理体系、水库社会化服务管理模式、执法监督机制和公众参与机制等。

（2）河湖健康监测与评价长效机制建立包括定期开展河湖健康监测与评价。

（3）智慧流域建设包括构建智慧流域技术体系和业务体系，形成流域综合决策支撑平台。

1）技术体系架构应以信息资源和基础设施为依托，根据水利职能部门的业务需求，设计智慧水利的应用系统架构。

2）业务体系架构应建设完善的数据收集体系与数据资源管理平台；建立集成水资源管理、水灾害管理、水环境管理、水生态管理、水政执法、河长制综合管理和水利工程管理等业务的可视化平台；建立围绕流域的信息发布平台。

3.4.3.6 生态产业与文化旅游建设规划

1. 生态产业建设规划

生态产业建设规划具体内容包括生态农业、生态工业、生态服务业。

（1）生态农业建设规划应根据流域区域不同自然条件、资源基础、经济水平，结合现代先进技术设备，以多种生态模式、生态工程装备农业生产，优化农产品的生产质量，使各地区因地制宜协同发展，重点发展现代特色农业和休闲农业，实现农业可持续发展。

（2）生态工业建设规划应采取“资源-产品-原料”的循环生产模式，着眼于生产的各个环节，包括原料的使用、生产过程、产品，同时还应考虑工业企业间的互补性，实现工业产业的有效合作。

（3）生态服务业主要包括两大类：一类是社会生态服务业，主要包括生态旅游、生态消费、生态物流等，以提供社会服务为目；另一类是智力生态服务业，包括金融服务、生态信息、咨询业等，以教育、研发和管理为目的。生态服务业应在服务方式、服务过程乃至服务意识方面都必须体现生态化，体现环保、可持续、循环利用的理念。

生态产业建设规划应包括基础设施、总体战略、空间布局、产业发展、生态环境等方面内容。针对产业集聚区所处的发展环境、开发前景、现状特点，明确产业集聚区发展的总体方向和战略路径。

2. 文化旅游建设规划

文化旅游建设规划应坚持保护优先、科普宣传、市场导向的原则，规划项目包括景观资源规划和文化资源规划，规划内容以水文化、水利工程为主体，开展体验、探索、观赏、远足、地方文化特色等项目。

（1）景观资源规划应包括自然保护区、水利风景区、湿地公园等建设规划。自然保护区建设规划可参照《自然保护区总体规划技术规程》（GB/T 20399）、《国家生态旅游示范区建设与运营规范》（GB/T 26362—2010）进行编制。水利风景区建设规划可参照《水利风景区规划编制导则》（SL 471—2010）进行编制。湿地公园建设规划可参照《国家湿地公园总体规划导则》（林湿综字〔2010〕7号）进行编制。

景观资源规划应以流域现状为基础，充分展示流域资源景观的典型性、完好性和稀缺性区域特点，同时尽量保留其原始状态，不做添加和整理，尽量保持水景观周边生态环境的原生性。旅游景区规划内容应符合《公共信息图形符号　通用符号》（GB/T 10001.1）、《旅游规划通则》（GB/T 18971—2003）的要求。

（2）文化资源规划应以流域所在地文化底蕴为基础，充分挖掘地区文化及其内涵，提出保护和弘扬水文化的具体措施。

文化资源规划可以以科普教育基地、公园、青少年教育基地为载体，针对不同受众，设定相应的宣教设施和宣传材料，向公众传递当地文化精神。公园建设规划可参考《公园设计规范》（GB 51192—2016）进行编制。

（3）可根据流域内旅游资源分布，提出流域生态产业与旅游路线。

游览路线应依据流域特征、游赏方式等因素，详细规划主要旅游线路和多种专项旅游线路，以及旅游线路的级别、类型、长度、容量等。

游览路线应便捷、安全、可选择性强，使游客在尽可能短的时间内观赏到多种景观，并与主要游览设施有简便清晰的联系，避免重复游览。

3.4.3.7　示范工程

（1）示范工程应对流域生态综合治理有重大影响，经济、社会和生态效益突出。

（2）示范工程应具有良好的前期基础条件，近期能够开工建设。

（3）示范工程应在水资源保障、水灾害防治、水环境治理、水生态修复、流域综合管理、生态产业发展以及文化旅游建设等单方面或多方面具有一定的示范作用。

3.4.3.8　投资匡算与实施意见

1. 投资匡算

投资匡算应按照国家和江西省有关概、预算编制的规定和要求进行编制，针对不同类型的工程分别进行投资估算，并按照工程建设项目分建设期进行估算，分期建设的项目应按照各建设期的投资分别列出。

应明确资金筹措方式，确定各工程项目的融资方案以及中央财政、地方财政、自筹资金的比例。

2. 实施意见

应结合规划区域生态保护现状和国民经济发展要求，统筹考虑投资规模、资金来源与保障措施等方案，提出近期建设项目及实施安排意见。

应按下列原则确定近期实施项目：

(1) 优先解决流域内存在的重要或关键生态问题。

(2) 具有较好的前期工作基础，有关各级政府和群众对该项目有积极性，能被有关各方接受。

(3) 项目实施后效果显著。

规划实施安排意见应包括近期拟安排的重点地区和重点项目的顺序表，明确项目进度及管理要求，并对远期项目提出概括性意见。

对某些规模较大的项目，必要时可分期实施，将近期建设部分列入近期项目，但近期建设规模应进行充分论证，并注意远近期的结合。

3.4.3.9 环境影响评价

环境影响评价内容及深度应满足《规划环境影响评价技术导则　总纲》(HJ 130—2019)、《江河流域规划环境影响评价规范》(SL 45) 等相关标准的要求。

应分析规划总体布局、主要规划方案、重要工程选址及规模等与国家和地区资源环境保护法律法规和政策、国家主体功能区划、生态功能区划、水功能区划等相关功能区的符合性，与同层位相关规则的协调性。

应明确规划实施的环境制约因素，重点关注与自然保护区等环境敏感区可能存在冲突的规划内容。

1. 环境现状调查与分析

环境现状调查的内容和方法应符合 SL 45 要求。

环境现状分析应包括水文水资源、水环境、水生生态、陆生生态和环境敏感区的现状及其主要问题与成因分析，环境影响回顾性分析；“零方案”(无规划方案) 的环境变化趋势分析等。

拟定规划应满足环境保护目标。

2. 环境影响预测与评价

环境影响预测与评价的主要内容应包括水文水资源影响与评价、生态影响与评价、水环境影响预测与评价、环境敏感区影响预测与评价、社会环境影响预测与评价、环境风险预测与评价等。

应遵循合理利用水资源与土地资源、保护环境、促进经济社会可持续发展的原则，在综合各种资源与环境要素的影响预测和分析、评价的结果的基础上，进行规划方案的环境合理性综合论证分析，分析内容应包括规划规模的环境合理性、规划布局的环境合理性、实施时序的环境合理性、环境保护目标与评价指标的可达性等。

3. 减缓措施、环境监测及跟踪评价

应根据规划方案的环境合理性分析，结合经济社会与环境协调发展的要求，对规划方案的布局、规模和实施时序等提出优化调整建议和减缓不利影响的对策措施。环境影响减缓对策措施应遵循预防为主、不利影响最小化与减量化原则；减缓对策与措施应具有可操作性，在相应的规划期限内实现环境保护目标。

规划实施可能产生重大环境影响时，应加强对规划实施可能影响的生态环境敏感区和重要目标的监测与保护，应拟定环境监测和跟踪评价计划，采取相应的对策措施。环境监测方案制定和计划实施时，应充分利用已有的监测系统。跟踪评价的范围可参照环境影响预测评价范围确定。

3.4.3.10 效益分析

规划应对流域生态综合治理的效益进行分析，包括生态效益、社会效益和经济效益分析等。分析方法宜定性与定量相结合，并以宏观分析为主。

规划实施的保障措施应包括组织保障、政策保障、资金保障、监督管理保障、科技保障与公众参与等方面。

（1）组织保障应明确以各级政府为主导，加强规划实施的组织领导和工作推进，明确组织协调机制、决策执行机制、责任考核机制、部门协作机制、信息共享机制等。

（2）政策保障应根据国家相关法律法规要求，在建立与健全相关流域配套的法规、规章和政策的基础上，提出落实有关法律法规、规章制度和政策的措施。

（3）资金保障应坚持政府引导、市场为主、公众参与的原则，以建立政府、企业、社会多元化投入机制、形成多元化投资格局为方向，提出投资主体划分原则、建立投融资机制和落实国家、地方有关投入政策的措施建议。

（4）监督管理保障应按照制度化、规范化和标准化要求，明确工程项目建设管理、实施监督、安全监管、规划评估的内容和责任主体，提出工程建设、监督管理、规划调整等制度和机制以及相关措施建议。

（5）科技保障应在新技术开发与应用研究、科技人才队伍建设等方面明确具体要求，提出建立科技创新机制、科技保障体系的措施建议。

（6）公众参与保障应在公众参与体制机制保障、规划宣传、规划信息公开、公众意见反馈等方面提出具体要求，提出保障公众在流域生态综合治理规划、建设和管理上的知情权、参与权和监督权的措施建议。

3.5 “点-线-面”水陆共治关键技术应用实践

3.5.1 水生态文明村建设与评估典型案例——以三爪仑乡塘里村为例

2013 年以来，江西省大力开展水生态文明建设工作，构建了市、县、乡、村四级联动的水生态文明建设格局。《水生态文明村评价准则》（DB36/T 1183—2019）、《水生态文明村建设规范》（DB36/T 1184—2019）等江西省地方标准的为江西省水生态文明村建设评价提供了技术支撑，截至 2023 年 11 月，全省累计完成 966 个省级水生态文明村试点和自主创建工作，农村供用水安全得到有效保障，水环境质量持续改善，水生态系统良性发展，水管理制度有效落实，水景观格局初步形成，特色水文化进一步彰显，农村水生态文明意识大幅提升。本小节以靖安县三爪仑乡塘里村为例，开展水生态文明村建设与评估应用示范。

3.5.1.1 三爪仑乡塘里村概况

三爪仑乡塘里村位于靖安县西北部，三爪仑乡东部，距县城 50km、集镇 1km。全村总面积约 39km^2，山林面积 56500 亩，耕地面积 298 亩，下设 7 个村民小组，总户数为 221 户，人口 793 人。2019 年全村建档立卡贫困户 10 户 35 人。

3.5.1.2 三爪仑乡塘里村水生态文明建设概况

塘里村以林业为主产业，通过近年来扶贫产业的开发，逐步形成了主要产业为毛竹、白茶、蜂蜜和农家乐等的新农村发展格局，2017年以来在县直相关部门的关心下，塘里村按照"产业兴旺、生态宜居、乡风文明、治理有效、生活富裕"的要求，以规划为先导，以精品建设为重点，全员发动，周密部署，大力开展秀美乡村建设，积极推进人居环境综合治理，着力创新新农村社会管理，不断完善水生态文明建设，充分调动新农村理事会、促进会、用水协会等村民自治机构的积极性。通过秀美乡村的建设，自然村面焕然一新，形成了"整洁美丽、和谐宜居"的新农村面貌。

依托村内良好的基础条件，近年来，塘里村以习近平新时代中国特色社会主义思想为指导，以"改善水环境，提升农村人居环境"为主线，通过加快流域工程建设、优化水资源配置，加强水资源保护，实施水生态综合治理等措施，切实保障水安全、优化水工程、改善水环境、保护水资源、传承水文化，打造人水和谐生态环境，把周家陈家自然村建设成为省水生态文明自主创建示范村为目标，大力开展水生态文明村建设。建设内容主要包括：

1. 科学严格的水管理系统建设

（1）强化依规治水管水。严格执行村规民约，针对水源论证、入河排污口设置等水资源管理重要环节出台相应的规章，大力推行节水强制性标准。

（2）严格水功能区管理基础能力建设。加强对水功能区和入河排污口水质监测，开展饮用水源地和重要断面实时监测。强化水信息、供水数据处理、水资源调查评价体系建设。

（3）加强水资源管理基础设施。科学实施水功能区、入河排污口、农作物排灌和饮用水源地及重要断面基础设施建设，强化监测、水信息、水数据、水资源技术体系功能提升。

2. 安全集约的供用水体系建设

（1）科学布局。建立与水生态文明建设相适应的相关规划，推荐产业结构与布局的优化调整，科学确定全村发展布局和规模，合理调整农业布局和种植业结构。

（2）推进水源地保护与饮用水安全提升工程建设。划定水源地保护范围，强化水源地保护区保护管理，不断满足群众饮用水优质的要求，大力推进全村供水一体化，建设完善的供水网络，形成区域性管网体系，实现相邻网络的连通互济。

3. 先进特色的水文化建设体系

加大水生态文明教育宣传力度，开展广泛、持久、深入、有效的水文明理念宣传。推进水生态文明教育进村入组到户、进校入课，提升水资源节约保护意识和水文明理念。同时扎实开展人与水生态文化旅游，讲述水之源、源与水、水与人的先进趣味、鼓动人心的古今故事。

3.5.1.3 三爪仑乡塘里村水生态文明建设成效

根据研发的水生态文明村自主创建成效评价方法，靖安县三爪仑乡塘里村建设成效评估分86分，达到水生态文明村建设标准，各指标赋分情况详见表3-4，塘里村水生态文明村建设后掠影如图3-35所示。

表 3-4　　三爪仑乡塘里村水生态文明村建设成效评估

序号	准　则　层	指　标　层	指标层赋分
1	防洪安全（13 分）	防洪减灾措施（10 分）	9
2		防洪标准（3 分）	1
3	饮水安全（15 分）	饮用水源水质符合要求（5 分）	4
4		饮用水卫生标准（5 分）	5
5		自来水普及率（5 分）	5
6	生活污水处理（15 分）	生活污水收集（9 分）	7
7		污水处理设施（6 分）	5
8	面源污染控制（7 分）	化肥农药施用量（2 分）	2
9		“双控”措施（2 分）	2
10		农业灌溉（3 分）	2
11	农村水系门塘沟渠治理（24 分）	村内水系、门前沟塘整治（9 分）	9
12		水景观（6 分）	6
13		水库山塘符合要求（5 分）	4
14		排水沟渠（4 分）	3
15	水土保持（12 分）	水土流失面积比率（3 分）	3
16		农业开发水土保持措施（5 分）	4
17		林草植被恢复率（4 分）	4
18	制度建设（4 分）	建立制度和村规民约（4 分）	4
19	水利遗产发掘与水文化宣传（6 分）	水利遗产发掘与保护（2 分）	1
20		水文化宣传（4 分）	4
21	特色创新（4 分）	新机制、新方法、新技术（2 分）	1
22		示范工程（2 分）	1
综合评分			86

3.5.2　水系连通及水美乡村建设典型案例——以高安市为例

依托提出的水美乡村建设技术，江西省水利厅出台《江西省水系连通及水美乡村建设试点项目技术导则（试行）》，全面指导乐安县、德安县、高安市水系连通及水美乡村试点建设，争取中央资金 4.5 亿元，使得乐安县、德安县、高安市在水安、水活、岸绿、水清、水美以及经济可持续发展方面得到进一步提升。本小节以高安市为例，开展水系连通及水美乡村建设与评估应用示范。

3.5.2.1　高安市概况

高安市境内水系发达，河流众多，属锦江、肖江、潦河、袁河 4 个流域。流域面积 500km^2 以上的河流 2 条，流域面积 50～500km^2 的河流 20 条。天然湖泊 2241 个，水域面积 5.9km^2；山塘 2278 座（不含水库）。

近年来高安市开展了中小河流治理、水土流失治理、全面推行河长制湖长制、河湖“清四乱”等专项整治，取得了一定的成效，但由于种种原因，大部分河流未得到综合治

(a) (b) (c) (d)

图 3-35 塘里村水生态文明村建设后掠影

理，主要还存在着河湖淤积、水体连通性差、岸线侵占、岸坡坍塌、防洪排涝标准低、水体污染、水土流失、水文化挖掘不足、河湖管理不完善等问题。

为积极践行水利部"水利工程补短板、水利行业强监管"水利改革发展总基调，提升农村河湖水系生态环境，建设水美乡村，改善农村人居环境，助力乡村振兴，开展高安市水系连通及农村水系综合整治是十分必要的。

3.5.2.2 高安县水系连通及水美乡村建设概况

1. 治理目标

恢复河湖基本功能，修复河道空间形态，改善河湖水环境质量，实现"河畅、水清、岸绿、景美"，融合特色水文化，对接旅游资源，挖掘景点价值，助力乡村振兴，打造集"休闲康养、人文观赏"为一体的富有高安特色的水系综合治理样板。

2. 治理标准

(1) 乡镇段防洪标准应达到 10 年一遇，排涝标准达到 10 年一遇，1 日暴雨 1 日排干。

(2) 农田灌溉保证率达到 85%。

(3) 生态岸线率不低于 80%。

(4) 水体水质总体达到Ⅲ类。

(5) 水土流失治理程度不低于 75%。

3. 治理任务

该项目主要治理工程措施包括：水系连通、河道清障、河道清淤疏浚、岸坡整治、河湖管护建设、防污控污治理、景观人文建设等。主要治理内容包括：

（1）水系连通工程。主要是对村前—杨圩片区以及肖家湖片区采取清淤疏浚、新建或改建连通渠道与水闸、岸坡整治等。包括对西干渠、港背河及港背村塘以及肖家湖、周家湖等湖泊进行清淤疏浚，实现河道渠道畅通、恢复湖泊、村塘调蓄能力。

（2）河道清障工程。主要是对工程实施范围的苏溪河干流、姚家河及大众河、肖家湖片区河道河滩地菜地及杂物清除，拆除临河房屋，调整河道内影响行洪的输变电线塔位置，对姚家河桩号 SY10＋644 处上游水库总干渠卡口箱涵进行改造等。

（3）河道清淤疏浚工程。范围包括苏溪河干流、支流姚家河、大众河及肖家湖片区水系的河道及湖塘。

（4）岸坡整治工程。对崩岸损毁严重的岸坡新建生态护岸，防护结构主要采用生态挡墙等挡墙结构。对沿河已有的浆砌石、混凝土硬质护岸，通过植被软化、绿化、重建等措施，增强护坡绿色性、生态性，改善河道生态功能。在人口居住密集河段，在保证防洪安全、河岸绿色生态的情况下，采用生态挡墙护岸。此外，为增强河岸的亲水性及便民性，保留、改造或重建原有浣衣台、栈桥、下河梯道等亲水便民设施，保留野趣乡愁。对于无人居住、无崩岸的农田河道，尽量维持河流自然形态，保留原有自然植被护岸，减少人为干扰。

（5）河湖管护建工程。建设智慧河湖管护系统，利用信息化手段对工程进行全方位监管，主要内容包括水文监测、防汛调度、环保监管、视频监控以及工程标准化管理，在此基础上建立河道监管指挥调度中心，实现河道的实时监控和安全管理。

（6）防污控污治理工程。主要包括四个方面内容：一是结合河道清淤疏浚等措施，对河道淤泥予以清除，实现“水清”目标；二是通过集镇污水集中处理厂对苏溪河周边的生活污水进行集中处理，控制苏溪河周边污水排放；三是结合农业农村、环保、住建、水利等部门已有的截污控污项目，协同实现防污控污治理目标；四是对杨圩镇集镇污水管网进行延伸，满足城镇化发展形成的污水治理范围。

（7）景观人文建设工程。主要通过重点打造瑶元村港背组、杨圩集镇、村前中学、华林山集镇、肖家湖片区等 5 个具有高安特色及亮点的滨水人文景观节点，建设华林山镇陈家村、艮山村、村前镇朱家村、瑶元村港背组等 4 个水生态文明村，整治沿河村庄 87 个。

3.5.3 流域生态综合治理典型案例——以崇仁县崇仁河流域为例

依托本书提出的流域生态综合治理“3＋2”规划体系，即陆域生态保障与污染防控规划、岸线生态建设与美化优化规划、水域环境保护与生态修复规划，流域综合管理与制度建设规划、生态产业与文化旅游建设规划。全面指导江西省流域生态综合治理，打造河长制升级版，解决流域水资源、水灾害、水环境、水生态“四水”问题，重点建设内容具体包括统筹山水林田湖等系统要素，打造绿水青山（水安全、水资源、水环境、水生态、水景观、水文化、水管理），实现金山银山（水经济）。本小节以崇仁县崇仁河流域为例，开展流域生态综合治理。

3.5.3.1 崇仁河流域概况

崇仁河流域位于江西省抚州地区的崇仁、乐安二县和临川区境内，东经 115°35′～116°16′，北纬 27°22′～28°04′。主河道长 152km，流域面积 2813km^2，河道比降 1.22‰。崇仁县境内崇仁河流域范围涉及崇仁县 15 个乡镇。据调查，2017 年崇仁县全县总人口 38.64 万人，其中崇仁河流域总人口 34.08 万人。崇仁河系崇仁县境内最大的河流，境内河流长度 89.35km，流域面积 1473.88km^2，占崇仁河流域面积的 52.40%，占崇仁县国土面积的 96.97%。

流域内农业以种植业为主，作物以水稻为主，除山区少数垅田种植一季水稻外，大部分为二季稻。粮食作物还有红薯、大豆等，经济作物种植有棉花、油菜籽、花生、芝麻、甘蔗等。成功创建了全国水稻生产全程机械化示范县，崇仁麻鸡被农业部农产品质量安全中心授予国家级农产品地理标志示范样板。主要旅游资源可分为六类：①自然资源：相山、罗山；②水利风景区：神龙湖水利风景区、石路湖水利风景区和港河水库水利风景区；③城市休闲娱乐景观：汤溪温泉、汤溪宝塔和源野山庄景区等；④理学文化景区有子正公园，南埠公园等；⑤古村文化景观：浯漳古村、华家古村、段家谢村、台洲村、林头村等；⑥红色文化资源：相山东山岭县苏维埃政府旧址、烈士纪念碑等。

3.5.3.2 崇仁河流域生态治理规划概况

1. 规划目标

规划基准年为 2017 年，近期规划水平年为 2020 年，中期规划水平年为 2025 年，远期展望至 2030 年。

到 2020 年，基本建立流域山水林田湖草系统保护与综合治理体系；用水总量控制在 1.82 亿 m^3，农业灌溉水利用系数达 0.501，单位工业增加值用水量较现状降低 30%，全社会工业用水重复利用率达 70%，城市供水管网漏损率降低到 12%，生活节水器具普及率达 75%；山洪灾害监测、预警能力进一步提升，小（2）型以上病险水库（水闸）除险加固完成率 98.96%，县城防洪标准达到 20 年一遇，沿河重要乡镇防洪能力显著提升，县城排涝标准达 10 年一遇，1 日降雨 1 日排干；重要水功能区水质达标率 100%，城镇生活污水集中处理率 85%，农村生活污水处理率 50%，城乡生活垃圾无害化处理率 90%，农用化肥施用量较 2017 年实现零增长，县级集中式饮用水源水质达到或优于Ⅲ类的比例 100%，县级以下集中式饮用水源水质达到或优于Ⅲ类的比例 95%以上，水库水质达标率达到 98%以上，基本消除劣Ⅴ类。森林覆盖率提高至 61.75%，纯林和混交林面积占比分别为 60%和 40%，水土流失治理初见成效，流域河湖管理范围划定和确权登记工作全面完成，城乡滨水空间和人居亲水环境得到有效改善，自然岸线保有率达 90%以上，最小生态流量监控率 100%，流域内森林、湿地、水生态系统生物物种数增加；基本建立流域综合管理体制机制，新增省级以上农业龙头企业 2 家，培育省级以上林业企业 2 家，旅游收入达 1.2 亿人民币。

到 2025 年，用水总量控制在 1.82 亿 m^3，农业灌溉用水有效利用系数 0.55，工业用水重复利用率达 72.5%，生活节水器具普及率 83%，县城饮用水工程新增供水规模 2 万 m^3/d；病险水库安全隐患基本消除，万亩圩堤防洪能力显著提升，保护农田、村镇及城市的安全，保障人民生命财产安全；城镇生活污水集中处理率 95%，农村生活污水处理率80%，城乡生活垃圾无害化处理率100%，农用化肥施用量较2017年下降15%，重要水功能区水质达标率100%，集中式饮用水源水质达到或优于Ⅲ类的比例100%，水库水质达标率达到100%；森林覆盖率提高至62.75%，纯林和混交林面积占比均为50%，水土流失治理成效显著，岸线生态空间逐步得到保护和恢复，生态脆弱河湖滨水岸线得到全面恢复，自然岸线保有率大于90%，流域内外来入侵水生生物得到有效控制，最小生态流量监控率100%，流域内珍稀物种数有所增加；流域综合管理制度进一步完善，水资源、水灾害、水环境、水生态问题在线监控成效初见成效；绿色产业结构明显优化，农业、林业绿色品牌创建成效明显，年旅游收入达3.75亿元。

到2030年，用水总量控制在1.83亿m^3，农业灌溉用水有效利用系数达到0.60，单位工业增加值用水量较现状降低60%，全社会工业用水重复利用率达到75%，城市供水管网漏损率降低到10%，节水器具普及率达到90%；山洪灾害、地质灾害监测、预测预警能力进一步提高，县、乡、村以及千亩以下圩堤防洪工程均达到相应防洪标准，流域防灾减灾能力显著提升；流域总体水质稳定在Ⅲ类及以上，宝塘水、元家水、孤岭水等主要支流水质保持良好态势，功能区污染物入河量全部控制在限排总量范围内，中心城区生活污水集中处理率、垃圾无害化处理率均达100%，城镇生活污水集中处理率100%，农村生活污水处理率100%，集中式饮用水源水质达到或优于Ⅲ类的比例100%，水库水质达标率达到100%；森林覆盖率提高至63.75%，纯林和混交林面积占林地面积比例分别为40%和60%，水土保持工作大见成效，流域生物多样性保护网络基本建成，城乡滨水空间得到进一步美化，流域内农村水系得到全面治理，最小生态流量监控率达100%，水生态系统生物多样性显著提高，全流域基本实现“河畅、水清、岸绿、景美”；流域综合管理体制机制进一步健全，初步实现流域水资源、水灾害、水环境、水生态等问题可视化自动化一体化管理；绿色产业体系基本建立，农民人均林业收入达到全省平均水平，新增省级以上龙头林业企业6家、农业企业15家以上（含近中期目标），农民人均农业收入达到全省中上水平，年旅游收入达7.25亿元。

崇仁县崇仁河生态流域综合治理目标见表3-5。

表3-5 崇仁县崇仁河生态流域综合治理目标

指标名称		单位	2020年	2025年	2030年	指标属性
水资源保障	用水总量	亿m^3	1.82	1.82	1.83	约束性
	农业灌溉用水有效利用系数	—	0.501	0.55	0.60	约束性
	万元工业增加值用水量较2015年降低比例	%	30	满足省相关控制指标要求	满足省相关控制指标要求	约束性
	万元GDP水量较2015年降低比例	%	30	满足省相关控制指标要求	满足省相关控制指标要求	约束性
	生活节水器具普及率	%	75	83	90	预期性
	县城饮用水工程新增供水规模	万m^3/d	0	2.00	0	预期性

续表

指标名称		单位	2020年	2025年	2030年	指标属性
水灾害防治	病险水库（水闸）除险加固率	%	98.86%	100%	100%	约束性
	县城城区防洪标准	—	20年一遇	20年一遇	20年一遇	约束性
	县城排涝标准	—	10年一遇，1日降雨1日排干	10年一遇，1日降雨1日排干	10年一遇，1日降雨1日排干	约束性
水污染防控	生活污水集中处理率	%	城镇（85）农村（50）	城镇（95）农村（80）	100	约束性
	城乡生活垃圾无害化处理率	%	90	100	100	约束性
	农用化肥施用量（折纯量）	t	较2017年，实现零增长	22846.3（较2017年，下降15%）	18814.6（较2017年，下降30%）	预期性
	重要水功能区水质达标率	%	100	100	100	约束性
	集中式饮用水源水质达标率	%	县级100 县级以下95	100	100	约束性
水生态保护修复	森林覆盖率	%	61.75	62.75	63.75	预期性
	水土流失治理情况	—	水土流失治理成效初显	水土流失现象显著改善	水土流失治理成效显著	预期性
	自然岸线保有率	%	90	>90	>90	预期性
	最小生态流量监控率	%	100	100	100	约束性
	生物多样性	—	生物物种数增加	珍稀物种数增加	生物多样性指数增加	预期性
流域综合管理	流域水问题监管能力	—	完成水资源、水生态、水环境、水生态、水政执法、河长制、水利工程管理等业务系统的综合型信息平台建设	水资源、水灾害、水环境、水生态监管均能实现智能化	水资源、水灾害、水环境、水生态实现可视化一体化监管	预期性
生态产业发展与文化旅游建设	较2017年新增省级以上龙头农业企业	个	2	10	15	预期性
	较2017年新增省级以上龙头林业企业	个	2	4	6	预期性
	年旅游收入	亿元	1.2	3.75	7.25	预期性

2. 规划内容

通过崇仁县崇仁河生态流域建设现状分析研究，基于崇仁特有的水系脉络、地质构造、生态单元、产业特色以及各区域发展定位，以解决崇仁水资源、水灾害、水环境、水生态问题为核心，按照党的十九大对生态文明建设要求，以习近平总书记“节水优先、空间均衡、系统治理、两手发力”治水思路为指导，开展陆域生态保障与污染防控、岸线生态建设与美化优化、水域环境保护与生态修复、流域综合管理制度建设，发展绿色产业经济，彰显“宜居崇仁、休闲崇仁、幸福崇仁、绿色崇仁”，围绕“凤舞崇仁”，构建“凤头引领，凤中崛起，两翼齐飞”的水生态格局。

（1）凤头引领——以中心城区生态治理和理学文化挖掘引领全县生态综合治理格局。

1）生态治理引领：以崇仁县中心城区为核心，以水定城，突出水资源硬约束，建立完善县城供排水体系；以“城乡统筹、蓄滞兼顾”为原则，加强水灾害防御体系建设；深入贯彻落实生态融城发展理念，强化污染物入河总量控制，强化生态廊道生态保护与生态修复，开展河流水生态环境治理与生态修复，改善水生态环境质量，打造生态宜居城市。

2）理学文化挖掘：结合崇仁“理学名城”城市名片，依托文化旅游资源，打造罗源岗理学文化旅游区、南阜公园和“曙谷”沿河文化公园，挖掘理学文化底蕴，提升理学文化内涵，重塑崇仁理学文化耀眼光芒。

（2）凤中崛起——崇仁现代农业的优势崛起。以“立体循环农业、现代生态农业、观光休闲农业”为发展方向，以现代农业示范园建设为重点，在郭圩乡、石庄乡、桃源乡、礼陂镇等乡镇群打造现代农业观光区。开展水源工程、节水工程建设，开展农业面源污染治理、农村水系综合整治，建设休闲观光农业旅游景点，发展智慧农业，助推崇仁现代农业的优势崛起。

（3）两翼齐飞——打造崇仁河沿线红色文化传承翼和农业休闲体验翼。

1）红色文化传承翼：依托崇仁“红色苏区”城市名片，传承红色文化基因。整合崇仁县崇仁河上游相山镇红色资源，依托苏维埃东山岭苏维埃旧址等景点，加强红色景区基础设施建设；深度挖掘崇仁红色旅游价值，结合崇仁绿色自然屏障独特景观风貌，优美的原始生态，开发创意景点，发展游击战实地体验、丛林冒险烧烤露营等户外运动。

2）农业休闲体验翼：依托崇仁“生态粮仓”城市名片，发展崇仁休闲农业。整合崇仁县崇仁河下游优势资源，建设露园农家乐生态园、源野山庄休闲度假区、山斜休闲生态园等生态农业园和农业休闲区，构建一条集生态田园、娱乐休闲、农事体验为一体的特色农业休闲体验翼。

根据流域内地形、水系、土地利用类型、社会经济发展等方面特征，结合主体功能区划和生态功能区划，通过空间布局优化，以水定产、以水定城，深入挖掘水产业，大力发展水经济，做好水文章，打造生态综合治理展示区、现代农业观光区、生态田园体验区和水源生态涵养保育区等“四大生态片区”，推进治水育景、治水美村、治水转型、治水富民有机融合，加快产业结构调整，构建绿色产业体系，实现流域内经济的绿色可持续发展，以点带面将生态综合治理辐射至全流域，构建崇仁河流域城乡富庶、人水和谐的美好画卷。

（1）生态综合治理展示区——宜居崇仁。生态综合治理展示区即县城规划区，是崇仁县政治、经济、文化、产业、商贸及物流中心，人民群众安居乐业的汇聚地。该区紧密结合城市总体发展战略和规划布局，以饮用水源保障、节水型社会建设、工业污染和生活污染防治、防洪除涝能力建设为基础保障，积极推进崇仁主干道沿线退化林修复、重点区域森林美化优化和省级、国家级森林公园建设，搭建“城市绿廊”保护屏障；打造生态舒适宜人的特色山水田园城市文化景观，协调规划国家湿地公园建设和岸线建设；开展乐丰水库生态清洁型小流域综合治理，提升生态环境质量；优化产业结构布局，构建绿色经济产业体系，保护和挖掘城区历史文化、娱乐休闲功能，推动各级森林公园、湿地公园建设，重点加强源野生态（山庄）教育乐园、“曙谷”沿河文化公园等项目建设，增强人民群众的获得感。作为崇仁县崇仁河生态流域综合治理重点区域，该区域打造成为崇仁的“城市客厅”，彰显“宜居崇仁”。

（2）现代农业观光区——休闲崇仁。现代农业观光区涉及郭圩乡、石庄乡、桃源乡、礼陂镇等乡镇。该区域以“立体循环农业、现代生态农业、观光休闲农业”为发展方向。生态建设重点为严格水资源保护、节约水资源，积极开展山塘水库新建改扩建、虎毛山河库连通工程，推进宝水渠、虎毛山灌区续建配套节水改造，保障农业用水水量；大力开展城乡污水与垃圾处理，孤岭水综合治理、农村水系综合整治、推进现代农业示范园污水处理及管网建设，推进江西开太红农业科技有限公司龙虾养殖及水环境治理和现代农业示范园面源污染治理，推进崩岗治理，开展孤岭水生态清洁型小流域综合治理、虎毛山水库生态旅游型小流域综合治理，改善水生态环境质量；依托崇仁县现代农业示范园建设项目，构建“一区一带十集群”智慧农业布局，带动区域现代农业发展；开展郭圩乡山水田园综合体项目建设、山凤小镇休闲度假项目建设，发展生态农业观光旅游，促进农民增产增收；加强湿地资源保护保育，打造虎毛山国家湿地公园。该区域打造成为崇仁的“城市粮仓”，彰显“休闲崇仁”。

（3）生态田园体验区——幸福崇仁。生态田园体验区涉及河上、孙坊、白露、六家桥等乡镇，崇仁水、高坪水穿越其中，并拥有港河水库、石路水库两个省级水利风景区，以特色农业和新兴产业为主。该区域生态建设的重点为严格水资源保护、节约用水管理、生态农业及农耕体验、园艺采摘、乡村观光、农业旅游经济发展。开展港石灌区、龙仪灌区节水改造与续建配套建设，推进企业节水改造，节约水资源；推进农村饮水安全和自来水提质增效工程建设，保障饮水安全；开展水库（山塘）新建与改扩建工程建设，保障农田灌溉用水量；加强乡镇、农村污水处理，开展农村水系综合治理，减少入河污染负荷；开展港河水库、元家水生态清洁型小流域综合治理、石路水库生态旅游型小流域综合治理，服务生态农业；依托区域内已有的农业基础和山水资源，发展果蔬采摘、乡村垂钓、居民休闲、乡村体验等农业旅游经济，重点开展河上镇三星级农家乐建设、露园农家乐生态园建设、山斜休闲生态园建设和乡镇湿地景观建设。该区域打造成为崇仁的“城市玄关”，彰显“幸福崇仁”。

（4）水源生态涵养保育区——绿色崇仁。水源生态涵养保育区涉及马鞍镇、白陂镇、相山镇和三山乡，属丘陵山区，境内有相山、清芝峰、罗山等重要森林资源，森林茂密，植被丰富，风光秀丽，该区域生态建设重点为水源涵养、水土保持、森林景观保护与建设。通过林分改造、森林封育保护，推进水库（山塘）新建与改扩建工程建设，推进集中式饮用水水源地保护，推进相水水生态廊道工程建设和乡镇湿地景观建设，保持水土，涵养水源；通过矿区和采石场生态修复工程、崩岗治理、开展集中式饮用水水源地生态清洁小流域综合治理工程，建设相水生态旅游型小流域综合治理工程，发挥生态涵养功能，服务生态旅游；大力发展毛竹、油茶、花卉苗木、林下经济等特色绿色富民产业，深入挖掘区域古村文化、红色文化、山水文化，整合生态资源，高标准投入，建设浯漳历史文化名村乡村旅游开发项目、苏维埃东山岭苏维埃旧址红色旅游点开发项目，加强罗山景区、相水景区建设，积极打造国家级生态保护区。该区域打造成为崇仁的“城市后花园”，彰显“绿色崇仁”。

3.5.3.3　崇仁河流域生态治理建设成效

1. 生态效益

（1）生态宜居城市逐步建成。

崇仁县城当前主要的水问题表现在：①水资源方面，城市供水建设能力不足、用水效率不高；②水灾害方面，洪涝灾害犹存；③水环境方面：污水垃圾收集处理能力不足、饮用水水源水质安全得不到保障；④水生态方面：森林质量有待提高、水土流失现象普遍存在、岸线生态建设有待加强、生境破坏、生物多样性降低等。

本次规划以供水保障、节水为重点，重点解决水资源供需矛盾；加强防洪堤防和排涝设施建设，建设海绵城市，提升城市洪涝灾害防御能力；完善污水、垃圾的收集、处理、处置，加强饮用水水源地达标建设，水环境问题得到有效治理；积极推进陆域、岸线生态廊道建设，加强各级生态保护区建设，实施鱼类增殖放流，河湖水域得到休养生息；充分利用县城山、水、岸线资源，挖掘崇仁深厚历史文化，打造生态舒适宜居城市。

（2）郭圩水乡生态崛起。

郭圩乡水资源丰富，崇仁河一级支流孤岭水穿境而过。郭圩乡也是省级现代农业示范乡（镇），随着《现代农业示范园总体规划》各项规划落实实施，省级现代农业示范乡已经成形，正在向“国家级现代农业示范乡（镇）”大步迈进。当前，郭圩乡境内主要水问题主要表现在：①水资源方面：饮用水源较为单一、灌溉工程性供水能力不足、灌区农业用水效率不高等；②水灾害方面：洪水灾害风险犹存；③水环境方面：生活污水、垃圾、农业面源、畜禽养殖污染突出，水库水环境不容乐观等；④水生态方面：森林质量有待提高、水土流失现象依然存在、岸线生态建设有待加强、生境破坏、生物多样性降低等。

本次规划依托区域良好的农业基础，大力发展特色现代农业和休闲观光农业，重点开展备用水源工程和水系连通工程建设，开展灌区续建配套和节水改造项目，保障农业生活生产用水；开展病险水库除险加固，加强乡镇和农田堤防建设，保护农田及生活生产安全；解决生活污水垃圾污染、农业面源污染，改善水体水环境质量；加强林地、道路、岸线、水体生态建设，实施封山育林、地质低效林改造和林分改造；开展水土保持综合防治；推进陆域、岸线生态廊道建设，实施河湖岸线功能分区和管理范围划定，对脆弱河湖岸线进行修复、治理。通过规划内容的实施，打造郭圩生态水乡的良好形象。

（3）流域河湖健康逐步实现良性循环。崇仁河流域水系发达、河流众多，然而现状部分河流水系的健康状况欠佳。人类活动对河流的影响一直在逐步加剧，城市的快速发展挤占了河流的生态空间，河道水流不畅，水体净化能力明显削弱。本规划通过划定岸线功能分区、河湖管理范围，严格岸线管理保护；开展非法侵占河湖岸线整治，加强功能退化岸线的生态修复、人工岸线的生态改造以及生态堤防工程整治，加强流域干支流滨水植被缓冲带建设。规划实施后，人与自然争水争地的不合理现象将得到有效遏制，加上污染源控制措施、水生态环境保护与修复措施的协同作用，流域内的河湖水系健康将逐步实现良性循环。

2. 社会效益分析

(1) 城市发展的供水基础进一步夯实。水是经济社会发展最为重要的基本要素之一，崇仁县的健康可持续发展必然需要安全可靠的供水保障作为支撑。流域综合治理规划通过生态灌区建设、水源地建设及综合整治等，将全面提升流域的供水能力；同时加强节水型社会建设、城市备用水源和应急供水能力建设，将进一步提高城市供水安全保障。预计到2020年，县城区集中饮用水水源水质全部达到或优于Ⅲ类。到2030年，集中式饮用水水源地水质达标率将达到100%，全面满足生活、工业、农业的用水需求。流域生态综合治理规划的实施，将进一步夯实流域内经济社会发展的基础条件。

(2) 关系重大民生的防洪排涝能力显著提升。崇仁河流域生态综合治理规划的实施，将继续完善防洪工程措施，持续开展山洪灾害防治、病险水库（闸）及山塘除险加固、堤防新建加固等工作；重点实施优化城区排涝分区与出路，实施排水管道铺设、泵站建设与改造等基础设施建设，增强区域抵御洪涝灾害的综合能力。通过流域综合治理，流域内的防洪除涝减灾能力将显著提升，有效保障经济社会发展成果，维护社会稳定。

(3) 亲水节水爱水护水的良好氛围逐步形成。近年来，随着城市的快速发展，流域内出现了一些人水不和谐的现象，如水环境污染、人水争地等。通过流域生态综合治理规划的实施，不仅可以逐步解决现状存在的供水不足、水旱灾害、水生态环境破坏等诸多水问题，而且通过滨水景观和亲水平台建设，可以显著改善居民生活环境、健康水平和环境满意度，使生态文明的理念深入社会建设各行各业，使“亲水、节水、爱水、护水”的水文化意识逐步深入人心，形成人与自然和谐相处的良好氛围，为公众营造生态健康、环境优美、文化丰富、生活舒适、社会和谐的美丽都市环境。

3. 经济效益

(1) 经济财产安全进一步得到保障。流域综合治理规划的实施，将加快流域内防洪排涝体系建设，山洪沟治理、病险水库山塘除险加固、生态堤防工程建设将使崇仁县防洪保护圈进一步得到巩固完善，防洪标准将进一步提高，这些工程措施将在强风暴雨中发挥防洪减灾作用，直接保障沿岸居民的经济财产安全。

(2) 城市品位得到提升，资源增值效益显著。规划实施后，幸福、绿色、小康、智慧崇仁将逐步形成。流域内水域景观有机串联并融会贯通打造水清景美岸绿的生态水系格局，城市环境质量将显著提升；同时城镇污染得到有效控制，防洪标准有所提高，将为县城提供了新的旅游观光、休闲度假、科普及历史文化宣传教育的良好场所，丰富公众的业余生活，促进身心健康，提高居民生活质量。随着景观工程的建设完成，周边片区的规划跟紧配套服务设施，将大力提升城市品位，促进第一、第二、第三产业的联动和升级发展，创造具有潜力的良好投资环境，提升滨水周边土地开发价值，进而实现经济的可持续发展。

（3）崇仁县生态旅游产业得到充分挖掘。依托崇仁县丰富的山水资源和深厚的文化底蕴，重点打造山水休闲观光、理学文化品鉴、红色文化传承、乡村观光休闲旅游景点，这将促使崇仁县良好的生态优势逐步转变为生态红利和发展活力，进而塑造一个“理学名城”“红色苏区”“生态粮仓”城市名片，显著提升城市风貌和城市品位，带动旅游经济蓬勃发展，生态旅游产业将成为崇仁县新一轮经济快速发展的增长点。

3.6 小结

（1）以水生态文明村示范创建为依托，开展了以村落为节点的河湖治理与评价技术研究，出台江西省地方标准《水生态文明村建设规范》（DB36/T 1184—2019）《水生态文明村评价准则》（DB36/T 1183—2019），全面指导全省 100 个县开展水生态文明村示范创建与评价，截至 2023 年 11 月，全省累计完成 966 个省级水生态文明村试点和自主创建工作，农村供用水安全得到有效保障，水环境质量持续改善，水生态系统良性发展，水管理制度有效落实，水景观格局初步形成，特色水文化进一步彰显，农村水生态文明意识大幅提升。

（2）基于我省农村水资源、水环境、水生态、水文化建设问题，开展以河段为轴线的水系连通建设与评价关键技术研究，根据水系连通的概念和内涵，基于综合治理、系统治理，提出了水系连通、清淤清障、岸坡整治、防污控污、水土保持、人文景观、水景观水环境改造、水陂渠系涵闸改造、河湖管护等技术，印发《江西省水系连通及水美乡村建设试点项目技术导则》（试行），指导全省水系连通及水美乡村试点建设。

（3）基于江西省流域水资源、水灾害、水环境、水生态，开展以流域为辐射的流域生态综合治理研究，提出了流域生态综合治理“3＋2”规划体系，即陆域生态保障与污染防控规划、岸线生态建设与美化优化规划、水域环境保护与生态修复规划，流域综合管理与制度建设规划、生态产业与文化旅游建设规划。该体系是解决流域水资源、水灾害、水环境、水生态“四水”问题重要支撑性规划，从系统的角度出发，解决水问题，提升流域总体调节性能，建设全流域的综合服务功能，保卫山水林田湖草生命共同体。

第 4 章

“省-市-县”多层级矩阵式治水考评体系构建

4.1 技术路线

从涉水相关部门管理事项分析、河湖管理现状分析、跨部门河湖长制成效考评体系构建、专项行动计划制定、考评体系应用与改进、过程考核与系统研发等方面，突破研发了跨部门河湖长制成效考评技术，并在实际考评过程中得到了广泛的应用和改进，为河湖长制管理体系创新实践提供了关键理论和技术支撑。技术路线如图 4-1 所示。

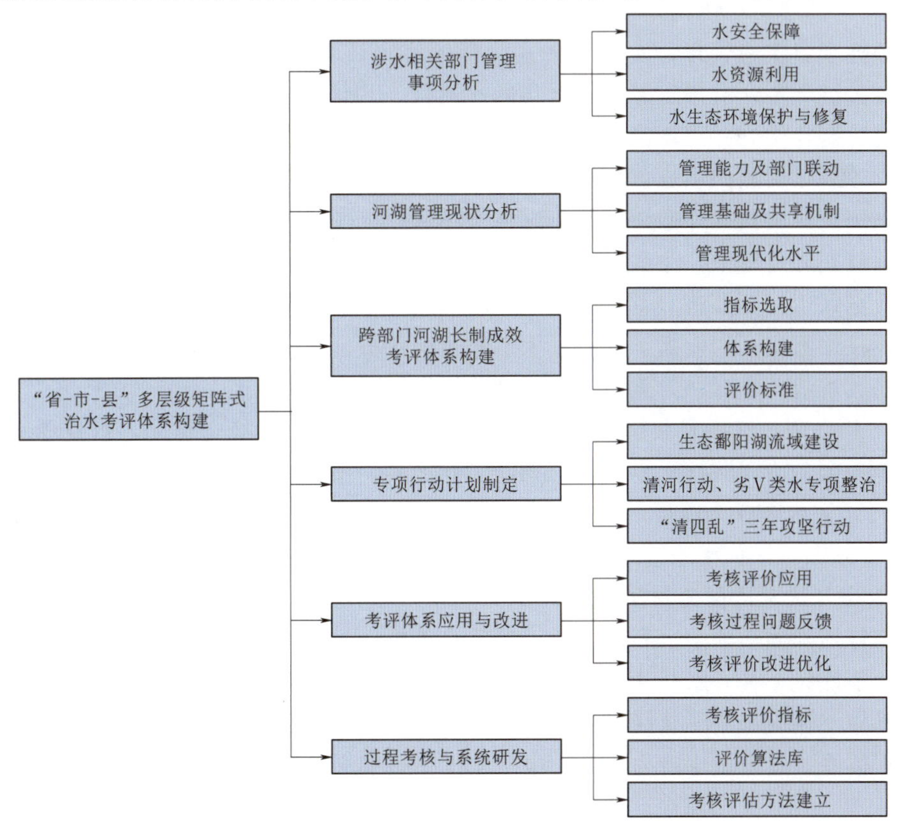

图 4-1 技术路线

4.2 江西河湖管理现状分析

4.2.1 主要涉水部门的管理事项分析

江西省涉水相关部门主要有江西省水利厅、江西省生态环境厅、江西省发展和改革委员会、江西省自然资源厅、江西省林业局、江西省文化与旅游厅、江西省住房和城乡建设厅、江西省农业农村厅、江西省交通运输厅、江西省公安厅等。主要涉水管理事项包括以下几方面。

4.2.1.1 水安全保障方面

1. 中小河流治理（江西省水利厅）

江西省中小河流数量较多，分布较广，大部分中小河堤都修建于 20 世纪五六十年代，很多中小河流堤岸现已“千疮百孔”。汛期暴雨洪水导致许多地区中小河流发生了严重的洪涝灾害，中小河流已成为江河防洪体系中的薄弱环节。中小河流治理以保护人口密集的县城、乡镇和集中连片农田的河段为治理重点，兼顾河流生态环境，以堤防护岸加固和建设、护岸护坡、河道清淤疏浚和排涝工程为主，将有力提高中小河流重点河段的防洪减灾能力，保障区域防洪安全和粮食安全。

江西省近年来持续强化以县域河流为单元的系统治理、生态治理，确保“治理一条、见效一条”。加强组织协调。开展调查评估，编制中小河流治理总体方案，明确分级管理职责，狠抓项目实施管理，实施台账式管理，落实月调度制度，在施工黄金期半月一调度。紧盯关键环节，对进度滞后的市县通过通报、约谈、现场指导等措施强化监督指导。创新激励机制，优先并重点安排积极性高、前期工作好、配套资金有保障、组织实施有保证、治理效果很明显的项目，将资金安排与项目实施进度挂钩，项目实行奖补结合、绩效管理，利用资金奖罚杠杆推动项目建设。

在项目实施过程中，注重贯彻生态文明理念。印发《江西省中小河流治理项目初步设计成果质量评价管理办法》，指导项目建设，并将生态文明理念贯穿中小河流治理，推动项目建设在保障安全的前提下，注重生态修复和保护，维护和恢复河流自然生态环境，实现“河畅、水清、岸绿、景美、人水和谐”的目标。

2016 年以来，江西省共落实中小河流治理省级以上资金 42.7 亿元，批复中小河流治理项目 346 个，治理河长超 3700km。截至 2022 年，中小河流治理开工 341 个项目，开工率 98.6%，完成 315 个项目，完工率 91%，完成治理河长超 3100km。中小河流有效保护人口 1002 万人，保护耕地约 575 万亩，排涝受益面积约 280 万亩。

2. 万亩圩堤加固整治（江西省水利厅）

万亩圩堤加固整治是水利建设的一项重点工作，为完善江西省防洪减灾体系，加强防洪薄弱环节建设，补齐水利基础设施短板，省水利厅组织部署了全省 1 万～5 万亩圩堤加固整治规划工作，编制了《江西省圩堤加固整治三年实施方案》，健全和完善江西省堤防防洪工程体系，提升抗洪能力，最大限度减少灾害损失，为全省经济社会健康发展提供有力支撑。

万亩圩堤加固整治建设是江西省治理水患灾害，涉及民生福祉、乡村振兴的又一项重点工程，是江西省水利工作中的一件大事。《江西省圩堤加固整治三年实施方案》明确的109座圩堤建设任务是根据已有规划及部分项目可研报告梳理确定的，实施内容与实际情况有偏差，部分圩堤或堤段在中小河流治理等项目中已安排，新老项目可能有交叉或者遗漏等情况。

为切实加强全省万亩以上圩堤整治项目建设管理，合理控制建设规模，提高资金使用效益，结合实际制定了《江西省万亩以上圩堤整治项目管理实施细则》，对前期工作、项目安排、建设管理、资金管理和监督管理工作等方面作了明确规定和要求，有关建设单位在建设过程中各环节的工作能够有章可循，为工程顺利实施提供了制度保障。

为及时了解和掌握万亩圩堤加固整治建设管理信息，开发了“江西省万亩圩堤加固整治工程建设管理信息直报系统”，系统填报内容涵盖了项目前期工作至竣工验收各个环节的建设管理信息，实行月报制，网络填报，项目县市填写管理信息，设区市审核上报。建立信息管理系统，完成投资、工程量等数据自动生成，大大减少了统计工作量，同时能够全面了解和掌握前期工作、工程进度以及验收等各方面的情况。

为加快万亩圩堤加固整治实施进展，建立了联系机制。明确专人负责，分片联系，联系人对项目的情况予以充分掌握，为督导和调度工作提供翔实信息。用好监管手段，主要通过书面通报、公函督促、工作约谈、视频会、推进会和现场督导等监管方式强力推进。建立激励机制，项目实施进展与省级以上补助资金安排紧密挂钩，年度下达资金优先安排进展较快的项目，未按期完成建设任务的，资金缺口由项目县市自筹解决。

3. 水库除险加固（江西省水利厅）

水库安全事关生命安全、防洪安全、供水安全。江西是水库大省，截至2022年年底，注册登记的水库有10557座，到期经过安全鉴定需要除险加固的水库有1664座。推进病险水库除险加固工作是践行“两个维护”的具体体现，是关系江西高质量跨越式发展和人民群众福祉的大事要事。按照国务院部署要求，江西省迅速响应，2021年8月，省政府办公厅印发《切实加强全省水库除险加固和运行管护工作实施方案》，明确“十四五”期间水库除险加固和运行管护工作的目标任务、工作举措和保障机制。2022年3月，经省政府同意，省水利厅印发《“十四五”期间江西省病险水库除险加固的年度目标任务》。2022年6月，省委、省政府印发《关于推进全省水利高质量发展的意见》，提出开展病险水库“动态清零”行动，除对已有存量水库开展除险加固外，将年度新增病险水库同步纳入任务范畴推进实施。江西还切实发挥规划引领作用，将水库除险加固和运行管护工作纳入省“十四五”水安全保障规划，省水网建设规划统筹谋划实施。

省级层面建立水利、发展改革、财政、自然资源、交通运输、纪检监察、审计等多部门协调机制，细化明确责任分工，各司其职、密切配合。厅级层面组建工作专班，挂图作战，紧盯配套资金落实、初设批复、财政评审、开工完工等关键环节，强化监管，建立挂牌督办、驻点督导、约谈通报等机制以及张贴进度红旗榜，鼓励先进、鞭策后进。

坚持“早谋划、早审批、早完工”原则，充分发挥省级以上财政资金指挥棒作用，对病险水库除险加固项目建设实施先建先补，后建后补，晚建不补，自筹资金、先行先干。同时，将水库除险加固工作纳入水利改革发展年度考核，督促市县加大地方财政资金投入力度。共计落实中央补助资金12.78亿元，投入省市县地方财政资金7.1亿元、地方政府一般债券 5.3 亿元，通过银行融资、社会融资等筹措资金 1.3 亿元。省水利厅积极协调省财政厅给予政策支持，从省级层面确立病险水库除险加固资金筹措、项目评审等主体责任及评审时间，确保完成年度工作目标。

推进病险水库除险加固是全省各级政府“非干不可、干不好不行”的民生工程。为破解资金缺口大、项目建设点多面广、基层技术管理力量薄问题，各地积极探索筹资模式和项目管理模式。

4.2.1.2 水资源利用方面

1. 水资源集约节约利用（江西省水利厅）

在充分挖掘现有水源工程配置潜力的基础上，新建一批供水骨干水源工程和水资源配置工程，促进水资源时空均衡，加强供水安全风险应对，逐步建成丰枯调剂、联合调配的水资源配置体系，统筹解决区域工程性缺水问题。提升现有工程供水能力，加快推进水源工程建设，推进重大引调水工程建设，构建城乡一体化供水网络，推进灌区建设与现代化改造。

2. 污水资源化利用（江西省发展和改革委员会）

污水资源化利用是指污水经无害化处理达到特定水质标准，作为再生水替代常规水资源，用于工业生产、市政杂用、居民生活、生态补水、农业灌溉、回灌地下水等，以及从污水中提取其他资源和能源，对优化供水结构、增加水资源供给、缓解供需矛盾和减少水污染、保障水生态安全具有重要意义。目前，我国污水资源化利用尚处于起步阶段，发展不充分，利用水平不高，与建设美丽中国的需要还存在不小差距。为加快推进污水资源化利用，促进解决水资源短缺、水环境污染、水生态损害问题，推动高质量发展、可持续发展，着力推进重点领域污水资源化利用，实施污水资源化利用重点工程。

（1）加快推动城镇生活污水资源化利用。系统分析日益增长的生产、生活和生态用水需求，以现有污水处理厂为基础，合理布局再生水利用基础设施。丰水地区结合流域水生态环境质量改善需求，科学合理确定污水处理厂排放限值，以稳定达标排放为主，实施差别化分区提标改造和精准治污。缺水地区特别是水质型缺水地区，在确保污水稳定达标排放前提下，优先将达标排放水转化为可利用的水资源，就近回补自然水体，推进区域污水资源化循环利用。资源型缺水地区实施以需定供、分质用水，合理安排污水处理厂网布局和建设，在推广再生水用于工业生产和市政杂用的同时，严格执行国家规定水质标准，通过逐段补水的方式将再生水作为河湖湿地生态补水。具备条件的缺水地区可以采用分散式、小型化的处理回用设施，对市政管网未覆盖的住宅小区、学校、企事业单位的生活污水进行达标处理后实现就近回用。火电、石化、钢铁、有色、造纸、印染等高耗水行业项目具备使用再生水条件但未有效利用的，要严格控制新增取水许可。

（2）积极推动工业废水资源化利用。开展企业用水审计、水效对标和节水改造，推进企业内部工业用水循环利用，提高重复利用率。推进园区内企业间用水系统集成优化，实现串联用水、分质用水、一水多用和梯级利用。完善工业企业、园区污水处理设施建设，提高运营管理水平，确保工业废水达标排放。开展工业废水再生利用水质监测评价和用水管理，推动地方和重点用水企业搭建工业废水循环利用智慧管理平台。

（3）稳妥推进农业农村污水资源化利用。积极探索符合农村实际、低成本的农村生活污水治理技术和模式。根据区域位置、人口聚集度选用分户处理、村组处理和纳入城镇污水管网等收集处理方式，推广工程和生态相结合的模块化工艺技术，推动农村生活污水就近就地资源化利用。推广种养结合、以用促治方式，采用经济适用的肥料化、能源化处理工艺技术促进畜禽粪污资源化利用，鼓励渔业养殖尾水循环利用。

(4) 实施污水收集及资源化利用设施建设工程。推进城镇污水管网全覆盖，加大城镇污水收集管网建设力度，消除收集管网空白区，持续提高污水收集效能。加快推进城中村、老旧城区等区域污水收集支线管网和出户管连接建设，补齐“毛细血管”。重点推进城镇污水管网破损修复、老旧管网更新和混接错接改造，循序推进雨污分流改造。重点流域、缺水地区和水环境敏感区结合当地水资源禀赋和水环境保护要求，实施现有污水处理设施提标升级扩能改造，根据实际需要建设污水资源化利用设施。缺水城市新建城区要因地制宜提前规划布局再生水管网，有序开展相关建设。积极推进污泥无害化资源化利用设施建设。

(5) 实施区域再生水循环利用工程。推动建设污染治理、生态保护、循环利用有机结合的综合治理体系，在重点排污口下游、河流入湖（海）口、支流入干流处等关键节点因地制宜建设人工湿地水质净化等工程设施，对处理达标后的排水和微污染河水进一步净化改善后，纳入区域水资源调配管理体系，可用于区域内生态补水、工业生产和市政杂用。选择缺水地区积极开展区域再生水循环利用试点示范。

(6) 实施工业废水循环利用工程。缺水地区将市政再生水作为园区工业生产用水的重要来源，严控新水取用量。推动工业园区与市政再生水生产运营单位合作，规划配备管网设施。选择严重缺水地区创建产城融合废水高效循环利用创新试点。有条件的工业园区统筹废水综合治理与资源化利用，建立企业间点对点用水系统，实现工业废水循环利用和分级回用。重点围绕火电、石化、钢铁、有色、造纸、印染等高耗水行业，组织开展企业内部废水利用，创建一批工业废水循环利用示范企业、园区，通过典型示范带动企业用水效率提升。

(7) 实施农业农村污水以用促治工程。逐步建设完善农业污水收集处理再利用设施，处理达标后实现就近灌溉回用。以规模化畜禽养殖场为重点，探索完善运行机制，开展畜禽粪污资源化利用，促进种养结合农牧循环发展，到2025年江西畜禽粪污综合利用率稳定在90%以上。在江西省内有条件的地区开展渔业养殖尾水的资源化利用，以池塘养殖为重点，开展水产养殖尾水治理，构建尾水循环利用体系，实现循环利用、达标排放。

(8) 积极探索污水近零排放科技创新试点工程的实施路径。在省内精心挑选好南昌国家高新技术产业开发区、吉安国家高新技术产业开发区等具有代表性的区域，凭借其产业聚集与技术创新优势，开展污水近零排放技术的综合集成与示范工作。针对江西省电子信息、纺织污染、化工材料等重点产业，致力于研发并集成低成本，高性能的工业废水处理技术与装备。通过构建智能化的污水监测与管理平台，实时掌握污水水质、水量变化，精准调控污水处理流程；同时，出台相关鼓励政策，引导企业加大对污水处理技术创新的投入，推动产学研用深度融合。

(9) 聚焦重点难点堵点，因地制宜开展再生水利用、污泥资源化利用、回灌地下水以及氮磷等物质提取和能量资源回收等试点示范，重点在南昌、九江等地级市，大力建设污水资源化利用示范城市与配套设施，实现再生水规模化利用。选择典型地区开展再生水利用配置试点工作总结形成可复制可推广的污水资源化利用模式。创新污水资源化利用服务模式，鼓励第三方服务企业提供整体解决方案。建设污水处理绿色低碳水平水厂，开展高效减污节能降耗试点。

3. 高耗水行业管理（江西省水利厅）

为缓解日益紧张的用水矛盾，积极推动城镇公共建筑和住宅节水、加快中水设施建设，重点在景观用水、园林绿化、道路冲刷、车辆清洗等四个方面推广使用中水，提高废水资源化程度。

4.2.1.3 水生态环境保护与修复方面

1. 水土流失综合防治（江西省水利厅）

全面加强水土流失预防保护，严格水土保持空间管控，加强重点区域保护和修复，提升水土保持生态服务功能。依法强化人为水土流失监管，健全监管机制和标准，创新和完善监管方式，强化部门协同监管，压实企业责任。持续推进重点区域水土流失综合治理，全面提升小流域综合治理成效，大力实施坡耕地水土流失综合治理，扎实推进崩岗综合治理。

（1）严格水土保持空间管控。结合江西“三区三线”划定水土流失重点预防区、重点治理区及水土流失严重、生态脆弱区域范围，根据江西省国土空间规划和国家水土保持空间管控制度，分类分区提出差别化的水土流失预防保护和治理措施，将水土保持生态功能重要区域和水土流失敏感脆弱区域纳入生态保护红线，实行严格管控，切实减少人为活动影响。有关规划涉及基础设施建设、矿产资源开发、城镇建设、公共服务等内容，在实施过程中可能造成水土流失的，应依据国家制定的相关规划中水土保持内容来编制技术要点，提出水土流失防治对策与措施，并征求同级水行政主管部门意见。

（2）加强重点区域保护和修复。组织实施长江重点生态区、南方丘陵山地带等重要生态系统保护和修复项目，推进省域生态功能区、生态保护红线、自然保护地等区域生态保护和修复，巩固提升“一江一湖五河三屏”生态安全格局。落实全省水土保持规划，加大江河源头区、重要水源地等水土流失重点预防区的水土流失预防保护力度，促进生态自我修复。对暂不具备水土流失治理条件和因保护生态不宜开发利用的高山草甸、湿地草场等区域，加强封育保护。

（3）提升水土保持生态服务功能。统筹区域内山水林田湖草沙一体化保护和修复，把巩固提升森林、草地、湿地等生态系统质量和稳定性作为水土流失预防保护的重点，加大矿山生态修复，定期开展监测评价，严格用途管控，严禁违法违规开垦，持续推进低产低效林改造和林下水土流失治理。以保护农田生态系统为重点，加大农业废弃物的回收处理力度，强化耕地质量保护与提升。推进高标准农田建设，完善农田灌排体系，因地制宜开展农田防护林建设，强化水土保持措施应用，提升耕地保水保肥能力。依法划定和公告禁止开垦陡坡地的范围。结合城市更新行动，推动绿色城市和海绵城市建设，强化城市水土保持和生态修复，保持山水生态的原真性和完整性。

（4）健全监管机制和标准。贯彻落实国家《生产建设项目水土保持方案管理办法》，出台江西省生产建设项目水土保持方案管理具体规定，预防和治理生产建设项目可能造成的水土流失。依据国家分类提出的水土保持方案审查技术要点，严格水土保持方案审批，推进水土保持审批服务标准化、规范化、便利化，全面提升审批服务质量和效能。建立水土保持方案质量提升协同机制，开展水土保持方案质量常态化抽查，充分发挥水土保持方案源头把关作用。落实国家农林开发等生产建设活动水土流失防治标准，严格按照标准监管。建立健全农林开发等生产建设活动的协同管理机制，强化农林开发等生产建设活动的水土流失预防和治理。

（5）创新和完善监管方式。推动生产建设项目水土保持全链条全过程全覆盖监管。持续做好水土保持遥感监管，提升遥感监管的精度和效率，对疑似违法违规图斑精准定性，对认定的问题依法查处。全面推行信用分级分类监管机制和失信惩戒机制，以生产建设单位和水土保持方案编制、设计、施工、监理、验收报告编制等参建单位及从业人员、咨询专家为重点，严格落实水土保持信用监管“重点关注名单”和“黑名单”制度，按照法律法规和国家有关规定将信息实时报送省公共信用信息平台，强化信用评价结果运用，实施联合惩戒。推动开展水土流失损害赔偿鉴定评估工作，为落实生态环境损害赔偿制度、加大对生态破坏行为的惩治力度提供支撑。加强“智慧水保”平台建设，以远程监管、移动监管、预防预警为特征的非现场监管为主要内容，深入推进“互联网＋监管”，积极推行基于企业自主监控的远程视频监管。

（6）强化部门协同监管。按照“管生产、管建设、管行业必须管水土保持”的原则，建立健全水土保持工作主管部门与生产建设项目行业主管部门的高效沟通和协同管理机制，共同做好生产建设项目水土保持行业管理和指导。依托江西省电子政务共享数据统一交换平台，推进人为水土流失监管信息数据共享、业务协同、违法线索互联、案件通报移送，加强水土保持执法与刑事司法衔接、与检察公益诉讼协作，充分发挥司法保障监督作用。准确把握从严管理监督和鼓励担当作为的内在统一关系，用好问责利器，既防止问责乏力，也防止问责泛化。畅通水土保持公众监督和举报渠道，充分发挥社会公众对水土保持的监督作用。将水土保持生态环境损害纳入生态环境保护督察和领导干部自然资源资产离任审计。加强水土保持监管能力建设，提高监管专业化水平和现代科技手段应用能力，保障必要的经费和装备投入。

（7）压实企业责任。生产建设单位应依法履行水土保持主体责任，严格落实水土保持“三同时”（水土保持设施应与主体工程同时设计、同时施工、同时投产使用）要求。建立水土保持有关制度，依法开展水土保持监测、监理和设施自主验收，加强项目参建各方管理。落实生产建设项目水土保持措施后续设计要求，在招标文件和施工合同中明确水土流失防治任务和投资。严格落实生产建设项目水土保持方案，大力推行绿色设计和绿色施工，按照批准的后续设计进行施工，全面落实生产建设项目表土资源保护，严控用地范围和地表扰动，严禁滥采乱挖、乱堆乱弃，严格履行变更程序，强化废弃土石渣的综合利用，鼓励生产建设单位协调地方对废弃土石渣调配使用，最大限度减少人为水土流失防治规模。生产建设项目主管部门要有针对性加强行业指导。

（8）全面提升小流域综合治理成效。以水土流失重点治理区为重点，全面开展小流域综合治理，建立政府负责、部门协同的小流域综合治理建设机制，县级政府应明确相关部门的责任，以流域水系为单元，结合乡村振兴、农村水系连通、农村人居环境整治、中小河流治理、生态修复治理等，编制生态清洁小流域建设规划，整村、整乡、整县一体化推进，每年建设生态清洁小流域 30 条以上。

（9）大力实施坡耕地水土流失综合治理。聚焦耕地保护、粮食安全、面源污染防治，巩固粮食主产区地位，大力推进坡耕地水土流失综合治理，提高建设标准和质量。将缓坡耕地水土流失治理与高标准农田建设统筹规划、同步实施。因地制宜完善田间道路、坡面水系等配套措施，提升耕地质量和效益。统筹协调河湖岸线保护与农业开发利用的关系，切实保护河湖生态系统。

（10）扎实推进崩岗综合治理。认真开展崩岗风险评估，根据风险等级高低扎实有序推进崩岗治理。强化部门协同，结合乡村振兴、流域生态综合治理和生态产业发展等，实现崩岗区域山水同治，治理后形成的可以长期稳定利用的耕地，按程序纳入耕地占补平衡管理。积极引导社会力量参与崩岗治理，开展生态修复规模达到 $10hm^2$ 以上的，允许由生态保护修复主体依法依规在市、县域范围内取得不超过生态修复面积 10％的新增建设用地，从事旅游、康养、体育、设施农业、文化教育、光伏等产业开发；其中修复规模60％以上为林（草）地的，可依法依规利用不超过 3％的修复面积，从事林业、农业、旅游业等生态产业开发。

（11）健全水土保持规划体系。编制或修订省、市、县三级水土保持规划，以水土保持率目标值为统筹，明确各阶段的水土流失防治目标和任务，推进上中下游、左右岸、干支流协同治理，跟踪做好规划实施监测评估工作。

（12）完善水土保持工程建管机制。创新水土流失重点治理工程组织实施方式，建立竞争立项机制。积极推行以奖代补、以工代赈等建设模式，引导和支持企业、专业合作社、大户等参与水土保持工程建设，对政策落实成效显著、示范作用明显的县，在安排下年度项目和资金时适当倾斜；对工作推进不力、问题较多的县，下年度减少直至取消资金安排。建立健全工程、林草、耕作、封育等措施建后管护制度，按照“谁使用、谁管护”和“谁受益、谁负责”的原则，明确管护主体，落实管护责任。探索建立工程运行维护费用政府和受益主体分摊机制。

（13）加强水土保持目标责任考核。建立健全各级政府水土保持目标责任制和考核奖惩制度，强化考核结果运用，将考核结果作为领导班子和领导干部综合考核评价及责任追究、自然资源资产离任审计的重要参考。对水土保持工作中成绩显著的单位和个人，按照国家有关规定予以表彰和奖励。

（14）提升水土保持监测能力。优化全省水土保持监测站网布局，构建以监测站点为基础、常态化动态监测为主、定期调查为补充的水土保持监测体系，建立水土保持监测数据共享机制。出台江西省水土保持监测站网管理办法，健全运行机制，明确省、市、县三级责任。为覆盖全省国家水土保持三级区划及侵蚀类型、服务水土流失动态监测和生态功能效益评价，新建和升级改造一批监测站点，落实建设投资和管理运行经费。开展水土保持监测设备计量工作，保证监测数据质量。按年度常态化开展全省水土流失动态监测，及时定量掌握全省水土流失状况、防治成效及水土保持率变化。结合管理需求，深化拓展监测成果分析评价。

（15）深化水土保持科技创新。建设水土保持大数据库，整合水土保持监管、治理、监测等数据库。开发土壤侵蚀预测、人为水土流失风险预警等模型，构建水土保持数字化场景，推进遥感、大数据、云计算等技术与水土保持深度融合，加快构建智慧水土保持应用体系。依托各类省级科技计划项目和省水利科技项目等，加强水土保持基础研究和技术攻关，进一步畅通科技成果转化通道，促进先进水土保持技术的转化和应用。布局建设水土保持领域省重点实验室。加强水土保持野外科学观测研究站、科研基地等科技创新平台的建设和运行，争取纳入国家、部委野外科学观测研究站网络。

2. 小水电分类整改及绿色改造和现代化提升工程（江西省水利厅）

持续巩固清理整改成果，科学评估分类，以恢复河流连通性和妥善处置为目标，确保电站有序退出；以保障生态流量和工程安全为重点，确保问题整改到位。尚未整改的地区，要联合有关部门科学制定实施方案，尽快启动。规范绿色小水电示范电站创建。加强示范创建工作培训指导，严格审核把关，重点关注项目环评等审批手续是否完善、评价期内是否发生安全生产事故、是否存在审计或巡视、督察指出问题。初验现场复核做到全覆盖，加大部级抽查力度。强化“有进有出”动态管理机制，严格期满延续复核，巩固提升创建成果。积极协调出台激励政策，加大绿色典型宣传力度。

3. 农村河湖水系综合整治（江西省水利厅）

农村河湖水系是农村人居环境极其重要的组成部分，开展农村河湖水系综合整治是改善农村人居环境的必然要求，是乡村振兴水利工作的重要切入点，是提升农村河湖水系生态环境、促进水美乡村建设的关键举措，事关全面建成小康社会，事关广大农民根本福祉，事关农村社会文明和谐，是补齐农村水利基础设施短板、保障农村水安全的关键举措，是恢复自然生态水系、改善农村宜居环境的必然要求，是推动农村产业兴旺、引导农民致富的强大驱动，构建加快美丽乡村建设、实现农村乡风文明的重要保障。水系连通的目标之一是水域岸线并治，逐步恢复农村河湖基本功能，修复河道空间形态，提升河湖水环境质量，实现河畅、水清、岸绿、景美。

水系连通以河流水系为脉络，以村庄为节点，集中连片统筹规划，打造一批各具特色的县域综合治水示范样板，切实将乡村“绿水青山”生态资源转化为“金山银山”经济发展新动能。高安、乐安、德安三个试点项目县防洪排涝效益达到 1130 万元/a，改善灌溉面积约 7 万亩，农作物增收将达到 3500 万元，涉水旅游和农业休闲产业成为乡镇新一轮经济快速发展的增长点，旅游等相关产业每年增加收入约 1000 余万元。

水系连通及农村水系综合整治试点建设始终坚持以习近平生态文明思想为指导，从水系连通、河道清障到清淤疏浚、岸坡整治，从水源涵养与水土保持到河湖管护，六大治理措施厚植江西省生态优势，做活“山水”文章，提升农村河湖水生态、水环境质量和生物栖息条件，改善农村人居环境，水美乡村建设成效显现。

水系连通工程是一项民生工程，在完善区域水资源配置格局，提高水资源调控水平，增强抗御水旱灾害能力，改善水生态环境，保障供水安全、防洪安全和粮食安全，支撑经济社会可持续发展等方面起着重要作用。构建覆盖全域的水系网络，让水清了、岸绿了、村美了，改变了村庄的形象面貌，改善了人居环境，丰富百姓文化精神生活，让良好生态环境成为经济社会可持续发展的支撑点，也成为人民幸福生活的增长点。

4. 山水林田湖草沙一体化保护修复（江西省自然资源厅）

（1）持续推进生态系统保护修复。深化“五河两岸一湖一江”全流域治理，推进重要生态系统保护和修复重大工程；合力推进矿山开采修复治理，加快绿色矿山建设，提升矿山生态环境保护和治理水平。

(2) 切实加强重点领域监管。持续开展“绿盾”自然保护地强化监督行动，深化“三线一单”分区管控，牢牢守住生态红线；开展重要生态功能区生物多样性监测，实施生物多样性优先保护区重大工程。

(3) 深入推进生态文明示范建设。推进以国家公园为主体的自然保护地体系建设，做好自然保护地整合优化后续工作；扎实推进全省生态示范创建提档升级，着力打造一批国家级和省级示范创建典型样板。

5. 湿地保护修复（江西省林业局）

强化湿地资源用途管制，加快滨河滨湖生态湿地建设，着力维护湿地原生态。持续加大湿地保护修复力度，加强湿地征占用管理，全面实行湿地占补平衡，维护湿地面积总量不减少、湿地生态功能不减弱；深入实施湿地生态效益补偿、小微湿地保护和利用示范点建设等湿地保护修复项目，统筹推进湿地生态系统修复；创新开展湿地资源运营机制试点，积极探索湿地修复市场化路径，不断健全完善湿地生态产品价值实现机制，以更高标准打造美丽中国“江西样板”。

6. 流域上下游横向生态保护补偿（江西省生态环境厅）

加快健全有效市场和有为政府更好结合、分类补偿与综合补偿统筹兼顾、纵向补偿与横向补偿协调推进、强化激励与硬化约束协同发力的生态保护补偿制度，做好碳达峰碳中和工作，加快推动绿色转型发展。建立分类补偿制度，将水流、森林、湿地、渔业资源、耕地等具有江西特色优势的要素作为补偿对象，明确补偿范围、补偿标准、补偿方式的基本规则和要求。突出政府在生态保护补偿中的主导作用，建立长江流域江西段横向生态保护补偿机制，积极推进跨省域生态保护补偿交流与合作。推进生态环境法治建设，完善自然资源和生态环境监测体系，发挥财税政策调节功能，建立统一的“江西绿色生态”评价标准、标识体系，形成全方位、全过程的生态保护补偿制度体系。

7. 强化水文化传承强化幸福河湖建设推进（江西省水利厅）

以“坚持人民至上、人水和谐”“坚持生态优先、绿色发展”“坚持系统治理、综合施策”“坚持合力共为、全民治水”为基本原则，旨在聚焦“作示范、勇争先”目标定位和“五个推进”重要要求，进一步强化河湖长制，推进水生态文明建设，不断夯实河湖基础设施、提升河湖环境质量、修复河湖生态系统、传承河湖先进文化、转化河湖生态价值，努力建设“河湖安澜、生态健康、环境优美、文明彰显、人水和谐”的幸福河湖，实现可靠水安全、清洁水资源、健康水生态、宜居水环境、先进水文明。

4.2.2 存在问题

1. 河湖水环境、水生态仍存在短板

沿河沿湖随意倾倒垃圾现象屡禁不止，乱占河湖岸线等行为时有发生，农村地区河塘沟渠清淤、治污等整治任务较重。沿河沿湖地区农业种植、畜禽养殖、渔业养殖等活动频繁，河湖管理保护范围内存在基本农田的情况较为普遍，部分污染物易随排水或雨水进入河湖，导致水质恶化。工矿企业治污力度需进一步加大，部分企业治污责任未得到有效落实，仍然存在直排、偷排、超标准排污等行为。城乡基础设施不完善，污水处理能力不足、管网不配套、雨污混流等问题亟待解决。

2. 部门联动有待加强

目前，虽然河湖长制已全面实行，但在河湖管护实际工作中仍然存在各地、各行业"分而治之"的状态。在工作协调上，河长制办公室缺少对成员单位的有效制约，部署工作的推进力度不大。在管理意识上，有的部门甚至认为河湖管理保护、河湖长制主要是水利部门的工作，认识存在严重偏差。在工作协同上，河湖清违清障、农村人居环境整治、剿灭劣Ⅴ类水体、畜禽养殖整治、黑臭水体治理等专项行动均涉及河湖管理保护，但在具体实施中相关部门往往各自为政，未在河湖长制的框架体系内形成相互联系、共同推进的工作格局。

3. 管理能力相对薄弱

江西省河湖数量多、管理范围广、难度大，管护任务异常繁重。虽然实行河湖长制以后，分级分段都落实了河湖长制，各级河湖长也按规定要求开展巡河，但巡河效果、发现和整治问题的力度还明显不够，而且由于各级河湖长主要是党政领导，单纯依靠河湖长巡视来满足河湖日常管理工作需要还远远不够。大部分河流和部分小型水库均未落实专职的管护人员，管理维护经费未列入财政预算，经费来源渠道不稳定，许多河湖处于无人管、无钱管的尴尬状态。

4. 管理基础有待夯实

河湖管理保护范围划定工作尚未完成，已完成划界的河湖还存在划界不规范、刻意回避难点问题等情况，进而对河湖违法问题界定、开展清理整治、有效维护河湖健康产生不利影响。"一河（湖）一策"未得到系统实施，往往只是按照上级部门要求编制了整治方案，在具体工作开展时，仍是"从上""从检查""从考核"，缺少开展系统整治、实事求是、因河施策的思路、目标和举措。工作考核力度不够大，虽然各地都将河湖管理保护列入工作考核，明确了考核标准，但实际工作中仍存在"一团和气"的现象，动真碰硬的力度还不够大，措施还不够多、不够严、不够细。

5. 共建共享机制有待完善

河湖管理保护工作仍主要依靠政府行政力量进行推动，缺少全社会的共同参与，一些地方出现政府"一头热"的尴尬局面。参与渠道和参与模式主要依靠投诉举报，参与方式单一，虽然有的地方设立了民间河湖长、社会监督员、护河队等，对其进行了有益尝试，但其参与决策、参与治理、参与管护、参与监督、参与宣传的力度还远远不够。公众参与平台单一，程序不规范，利益诉求传递途径不顺畅，造成社会公众对河湖管护工作关心少、参与度低、积极性不高。

6. 管理现代化水平不高

河湖信息的动态性、实时性、全面性有所欠缺。水质、水量监测体系不完备，部分河湖跨界断面缺少水质监测设施，多部门监测数据实时共享体系尚未建立。河湖工程安全监测设施相对薄弱，经过常年运行，设施完好率低，并且安全监测技术手段落后，一些地区仍然采用原始的、靠经验判断的监测方法。河湖动态监控体系落后，大部分地区仍采用人工巡查的方式发现河湖存在的问题，无人机巡查、遥感影像监测等现代化的技术手段应用还不广泛，依靠大数据分析和处理问题的能力还不强。

4.3 跨部门河湖长制成效考评体系构建与平台研发

4.3.1 探明影响全省河湖健康的主要驱动因素

4.3.1.1 河湖长制工作考核指标体系的提出

为了更科学全面地识别出影响全省河湖健康的主要驱动因素。本书通过解析河湖健康保护目标、河长制职责及参与各方在河湖保护与职责落实中的贡献率，提出了涵盖河湖健康保护的目标、政策、参与对象等的河湖长制工作考核指标体系。

1. 河湖健康保护相关政策文件梳理

仔细研读截至2016年以来全国范围内的河湖健康保护相关政策文件，梳理政府对河湖健康保护的明确目标和要求，具体详见表4-1。收集和梳理全国出台的法律以及江西省的地方性法规得知，河湖健康保护目标及要求主要有水资源可持续利用、水污染控制、水域岸线管控、多部门协同共治、保护和恢复水域生态系统等。为了量化目标，进一步细化河湖健康保护目标，如全省地表水水质情况、废水污染物排放量、城市集中式饮用水水源地水质达标率、省考断面达标率、生态环境状况指数等。

表4-1 河湖健康保护相关政策文件汇总表

时间	政策文件名	河湖健康保护相关目标和要求
1988年公布；2016年修订	《中华人民共和国水法》	合理开发、利用、节约和保护水资源，防治水害，实现水资源的可持续利用
1988年发布；2011年修订	《中华人民共和国河道管理条例》	1. 加强河道管理，保障防洪安全，发挥江河湖泊的综合效益。 2. 河道整治与建设，应当服从流域综合规划，符合国家规定的防洪标准、通航标准和其他有关技术要求，维护堤防安全，保持河势稳定和行洪、航运通畅。 3. 河道保护，禁止堆放、倾倒、掩埋、排放污染水体的物体。禁止在河道内清洗装贮过油类或者有毒污染物的车辆、容器。 4. 河道清障，对河道管理范围内的阻水障碍物，按照“谁设障，谁清除”的原则，由河道主管机关提出清障计划和实施方案，由防汛指挥部责令设障者在规定的期限内清除
1994年通过；1997年、2001年和2010年修正	《江西省河道管理条例》	1. 为加强河道管理，保障防洪安全，发挥江河湖泊的综合效益。 2. 河道整治与建设，禁止围湖造田和修建填湖工程。 3. 河道保护，禁止在河道及滩地、分洪道、蓄洪区、滞洪区圈圩垦殖或者堵河并圩
1999年通过；2010年修正	《南昌市青山湖保护条例》	1. 青山湖区人民政府和市城乡规划、国土资源、水务、环境保护、卫生、园林绿化、公安、民政、工商等行政管理部门，应当按照各自职责，做好青山湖保护工作。 2. 任何单位和个人不得在青山湖保护区内填湖造地。 3. 禁止保护区内的单位和个人向青山湖水域排放污水以及其他有毒、有害的物质
2002年施行	《长江河道采砂管理条例》	为加强长江河道采砂管理，维护长江河势稳定，保障防洪和通航安全

续表

时　间	政策文件名	河湖健康保护相关目标和要求
2005年通过；2010年、2012年修正	《南昌市城市湖泊保护条例》	1. 加强城市湖泊保护，改善城市生态环境。城市湖泊保护应当遵循统一规划、保护优先、依法管理、科学利用的原则。 2. 在城市湖泊保护区内，禁止填湖造地。 3. 水主管部门应当组织城市湖泊的管理单位在科学论证的基础上，采取活化水体的措施，有计划地种植有利于净化水体的植物，放养有利于净化水体的底栖动物和鱼类，并对有害的水生植物及其残体进行清除
2009年通过；2012年、2015年修正	《南昌市军山湖保护条例》	1. 为了实施鄱阳湖生态经济区规划，加强军山湖的保护和利用，防治污染，维护和改善生态环境，促进经济和社会可持续发展。 2. 市水行政主管部门、农业行政主管部门和财政、国土资源、环境保护、林业、发展改革、城乡规划等主管部门应当加强对军山湖保护的指导和支持。 3. 军山湖保护范围内污染物的排放，应当达到国家或者地方规定的排放标准。 4. 军山湖保护范围内水产养殖实行生态养殖，进贤县农业行政主管部门应当指导养殖户科学确定水产养殖的品种、密度。 5. 禁止向与军山湖相连的幸福港、下埠港、池溪港和钟陵港排放未达到排放标准的生活污水和工业废水，倾倒工业废渣及农业、医疗废弃物和生活垃圾。 6. 进贤县水行政主管部门和有关部门以及沿湖乡、镇人民政府，应当加强对军山湖水资源、水产资源、国土资源、森林资源、野生动物资源等的保护，维护军山湖的生态系统
2012年通过	《鄱阳湖生态经济区环境保护条例》	1. 为了保护和改善鄱阳湖生态经济区环境，发挥鄱阳湖调洪蓄水、调节水资源、降解污染、保护生物多样性等多种生态功能，促进环境保护与经济社会的协调发展。 2. 构建区域生态功能保护结构体系、保护水环境安全、保护湿地资源、改善区域环境空气质量、合理处理处置固体废物、加强土壤污染防治、加强核与辐射安全监管、加强环境监管能力建设等。 3. 在鄱阳湖生态经济区内应当逐步建立绿色国民经济核算考评机制，提高生态指标考核权重系数。湖体核心保护区生态指标考核的权重系数，应当大于经济指标权重系数；滨湖控制开发带生态指标考核的权重系数，应当大于高效集约发展区生态指标考核的权重系数。 4. 建立具有重要生态价值、经济价值或者重大科学文化价值及其他特殊保护意义的湿地。 5. 沿鄱阳湖县级以上人民政府应当组织农业、渔业、环境保护、水利、林业等主管部门，按照鄱阳湖生态经济区规划和防洪抗旱、供水和水资源保护、湿地生态保护、野生动植物保护等要求，在湖体核心保护区内科学划定用于种植、养殖、捕捞的区域

2. 明晰河长职责

通过梳理中共中央办公厅、国务院办公厅印发《关于全面推行河长制的意见》（厅字〔2016〕42号），深入了解河长职责和权限，以及其他涉水部门职责分工。河长职责主要以保护水资源、水域岸线管理、防治水污染、水环境治理、水生态修复、加强执法监管、加强组织领导、健全工作机制、强化考核问责和加强社会监督等为主要任务，构建责任明确、协调有序、监管严格、保护有力的河湖管理保护机制。

进一步对河长制职责分工进行细化，厘清河长制职责与之对应的河湖保护管理参与对象，其中包括省行政区域内设立的河长、河长办公室以及涉水相关部门。河长制职责分工表见表 4-2。

表 4-2 河长制职责分工表

参与对象		具体职责
河长	总河长、副总河长	负责领导本行政区域内河长制工作，分别承担总督导、总调度职责
	各级河长	负责组织领导相应河湖的管理和保护工作，包括水资源保护、水域岸线管理、水污染防治、水环境治理等。 牵头组织对侵占河道、围垦湖泊、超标排污、非法采砂、破坏航道、电毒炸鱼等突出问题依法进行清理整治，协调解决重大问题。 对跨行政区域的河湖明晰管理责任，协调上下游、左右岸实行联防联控。 对相关部门和下一级河长履职情况进行督导，对目标任务完成情况进行考核，强化激励问责
河长办公室		具体负责组织实施河长制，落实河长确定的事项，主要职责为组织协调、调度督导、检查考核
省级责任单位	省水利厅	承担省河长办公室具体工作，开展水资源管理保护，推进流域生态综合治理、节水型社会和水生态园文明建设，组织河道采砂、水利工程建设、河湖管理保护等，依法查处水事违法违规行为
	省委组织部 省委宣传部	负责将河长履职情况作为领导干部年度考核述职的重要内容。 负责组织河湖管理保护的新闻宣传和舆论引导
	省农业农村厅	参与制定农村垃圾治理有关政策，做好政策落实有关共工作，与省住建厅共同负责推进农村生活污水和垃圾治理工作
	省编办	负责河长制涉及的机构编制调整工作
	省司法厅	负责组织开展对河湖管理保护有关立法工作
	省发展改革委	负责组织编制河湖管理保护规划，协调推进河湖保护有关重点项目，研究制订河湖保护产业布局和重大政策，推进落实生态保护补偿工作
	省财政厅	负责保障河湖管理保护所需资金，会同相关部门监督资金使用
	省人社厅	负责按有关规定指导河长制表彰奖励工作，将河长制年度重点任务纳入相关省直部门的年度绩效管理指标体系
	省审计厅	负责开展自然资源资产离任审计，将水域、岸线、滩涂等自然资源资产纳入审计内容
	省统计局	负责提供河长制工作有关统计资料，指导河长制工作考核
	省工信委	负责推进工业企业污染控制和工业节水，协调新型工业化与河湖管理保护有关问题
	省交通运输厅	负责推进航道整治及疏浚，组织开展船舶及港口码头污染防治
	省住建厅	负责指导各地推进城镇和集镇垃圾、污水处理等基础设施建设，指导推进城市建成区黑臭水体整治，查处侵占蓝线的违法建设项目，与省委农工部共同负责推进农村生活污水和垃圾治理工作
	省生态环境厅	负责组织实施全省水污染防治工作方案，制定更严格的河湖排污标准，建立水质恶化倒查机制，开展入河工业污染源的调查执法和达标排放监管，定期发布全省地表水水质监测成果

续表

参与对象		具 体 职 责
省级责任单位	省市场监督管理局	负责查处无照经营行为
	省文旅厅	负责指导和监督景区内河湖管理保护
	省农业农村厅	负责推进农业面源、畜禽养殖和水产养殖污染防治工作，依法依规查处破坏渔业资源的行为，推进农药化肥减量治理
	省林业局	负责推进生态公益和水源涵养林建设，推进河湖沿岸绿化和湿地保护与修复工作
	省自然资源厅	负责监管矿产资源（河道采砂除外）开发整治过程中的地质环境保护工作，负责协调河道治理项目用地保障，对河湖及水利工程进行确权登记
	省科技厅	负责组织开展节约用水、水资源保护、河湖环境治理、水生态修复等科学研究和技术示范
	省教育厅	负责指导和组织开展中小学生河湖保护教育活动
	省卫健委	指导负责和监督饮用水卫生监测和农村卫生改厕
	省公安厅	负责组织指导开展河湖水域突出治安问题专项整治工作，依法打击影响河湖水域的各类犯罪行为

3. 综合评估提出河湖长制工作考核指标体系

通过明确河湖健康保护的具体目标，综合考虑已有的河湖保护政策文件，明晰河长制职责，确定其参与对象及职责分工，在上述基础上，建立一套科学合理的考核指标体系，以量化和评估各方在实现河湖健康中的贡献率。这些指标应当具有科学性、可操作性，能反映实际的工作成效。

4.3.1.2 识别影响河湖健康的驱动因素

为了更全面地识别出影响河湖健康的驱动因素，本书通过问卷调查法、Cronbach's a 分析和 KMO 检验、主成分分析法和因子分析法识别影响河湖健康的主要驱动因素。

1. 影响河湖健康的驱动因素收集

首先，作者收集“影响河湖健康”相关文献 30 余篇，并分析文献中影响河湖健康驱动因素，在此基础上结合当前国家层面河湖健康保护相关政策文件筛选因素，得到初步驱动因素列表；其次，通过梳理江西省出台的河湖保护相关政策文件，并结合我省河湖管理现状分析调整进一步筛查驱动因素；最后，结合专家意见，确定驱动因素 22 个，对因素稍作修正与简化并进行解释，得出影响河湖健康因素清单，见表 4-3。

表 4-3 影响河湖健康驱动因素清单

序号	驱动因素	解 释
1	水质污染	水质污染直接影响水体生态系统，威胁人类饮用水安全
2	工矿企业及工业聚集区污染	危及河湖生态环境和水质安全
3	农业渔业船港污染	导致农药、养殖废水等污染物进入河湖水体
4	河湖管理不善	缺乏河湖有效保护，导致水域生态系统失衡
5	河湖保护意识弱	导致公众对水域资源的滥用和不合理利用

续表

序号	驱动因素	解　　释
6	城乡生活污染	城市乡村生活污水、垃圾等因素对河湖水质有负面影响
7	畜禽养殖污染	因动物排泄物、饲料残渣不妥善处理流入河湖引发污染
8	过度使用农药化肥	残留物进入水体引起水质污染
9	非法码头污染	非法港口活动导致废弃物、油类物质排放危害水体健康
10	非法采砂	导致水体底质扰动、水质恶化、生态系统破坏
11	侵占河湖水域岸线	导致水域生态系统被破坏、水域资源遭受侵害，对河湖健康构成潜在威胁
12	入河湖排污口监管不当	导致大量污水、废物直接排放到河湖中，对水质和生态系统造成负面影响，是河湖健康影响的重要因素
13	非法捕捞	导致过度捕捞，破坏水域生态平衡
14	破坏湿地	湿地对水域生态系统的健康至关重要，湿地破坏可能引发生态系统失衡，影响水域水质、生物多样性等
15	违规小水电建设与运营	导致对水域生态系统的破坏，包括河流水质变化、鱼类迁徙受阻、湿地退化等，对河湖健康产生不利影响
16	水功能区管理监督不够	未能有效控制和预防区域内的各种水污染和生态破坏问题，使水功能区域水质、生态系统等健康状况难以维持和改善
17	围垦湖泊	导致湖泊水域的缩小、湿地的丧失，对湖泊的生态系统和生物多样性造成负面影响
18	水资源浪费	存在过度使用、不合理分配、浪费现象，影响水资源可持续利用
19	河湖保护宣传不够	公众对河湖保护认识不够，缺乏保护意识和行动
20	重点企业排污监管不够	导致排放污染物未受有效控制
21	破坏渔业资源	导致生态平衡紊乱，减弱水体中的天然净化能力
22	破坏野生动植物	导致生态链条断裂，破坏生态平衡

2. 问卷调查与检验

本书采用线上问卷调研的形式，将整理收集的 22 个影响河湖健康驱动因素作为本次研究的变量，采用李克特 5 级量表，设计了“影响河湖健康驱动因素研究调查问卷”，并借助“问卷星”平台发布，共计回收 312 份问卷。首先，对问卷进行简单查阅筛选，删除填写问卷时间过短、问卷选项大量一致及问卷填写不完整等无效问卷 11 份，有效问卷 301 份，有效回收率 96.5%。

然后，在对数据进行二次分析之前，为测试问卷数据的一致性程度与数据变量之间的相关性，对问卷进行信度和效度分析。克隆巴赫系数（Cronbach's a）分析可用于评价连续变量和有序分类变量的一致性，因此使用 SPSS25.0 软件对问卷数据进行信度分析，得到 Cronbach's a 系数为 0.936，问卷通过信度监测。通过 KMO 检验可以判断相关性。将表格导入 SPSS25.0 软件，KMO 值为 0.885，大于 0.7，说明样本相关性满足要求。

3. 因子分析

因子分析通过因子轴的旋转，使各个原始变量在公因子上的载荷重新分布，从而使载荷两极分化，用载荷大的原始变量解释该公因子。变量共同度即公共方差，是原始变量在每个共同因子的负荷量的平方和，反映各变量所含的原始信息能被公因子代表的程度，数值在0～1，取值越大，表明能被公因子解释的信息比例越高。本书用SPSS25.0软件提取的影响河湖健康的驱动因素共同度提取因子后，各因素的共同度在0.435～0.818，均大于0.4，说明原始因素的信息丢失少，两者之间有较强的内在联系，因子分析效果显著。

Kaiser原则要求提取的公因子特征值大于1，且累积方差贡献大于60%，才能达到通过公因子涵盖大部分原始变量信息的要求，总方差解释见表4-4。由表可知，成分前8的各因子的特征值分别为2.070、1.345、1.302、1.235、1.161、1.080、1.025、1.004，累计方差贡献为60.127%，即因子解释效果理想。

表4-4　　总方差解释

成分	初始特征值			提取载荷平方和			旋转载荷平方和		
	总计	方差百分比/%	累积百分比/%	总计	方差百分比/%	累积百分比/%	总计	方差百分比/%	累积百分比/%
1	2.070	12.179	12.179	2.070	12.179	12.179	1.564	9.197	9.197
2	1.345	7.912	20.091	1.345	7.912	20.091	1.443	8.488	17.685
3	1.302	7.658	27.749	1.302	7.658	27.749	1.295	7.615	25.300
4	1.235	7.267	35.016	1.235	7.267	35.016	1.283	7.547	32.847
5	1.161	6.828	41.844	1.161	6.828	41.844	1.214	7.138	39.986
6	1.080	6.351	48.195	1.080	6.351	48.195	1.179	6.935	46.921
7	1.025	6.028	54.223	1.025	6.028	54.223	1.168	6.869	53.790
8	1.004	5.904	60.127	1.004	5.904	60.127	1.077	6.337	60.127
9	0.926	5.448	65.576						

进行主成分分析后，成分矩阵中的变量与各个公因子的载荷相差不大，某些变量还出现多个公因子上的载荷均大于0.5的情况。为使因子具有更加明确的意义，使用最大方差法对成分矩阵进行因子旋转，旋转后不影响公因子提取。

4.3.2 河湖长制成效考评指标体系构建

4.3.2.1 调查问卷设计

为了保证对江西省河长制工作考核指标的确定符合客观、公正、全面的原则，我们在确定考核指标前采取问卷法和访谈法相结合的调查方法，通过大范围的问卷调查，获知相关部门工作和获益者（包括公众）对河长制工作考核的认识情况以及建议。

1. 问卷调查的内容

全面贯彻落实中办国印发先后印发的《关于全面推行河长制的意见》（厅字〔2016〕42号)、《关于在湖泊实施湖长制的指导意见》（厅字〔2017〕51号）以及水利部、环境保护部联合印发的《贯彻落实〈关于全面推行河长制的意见〉实施方案》（水建管〔2016〕416号）和《水利部办公厅关于加强全面推行河长制工作制度建设的通知》（办建管

〔2017〕135 号）等河湖长制工作方案等有关工作要求，并结合相关文献明确了考核内容，建立 6 种类型题项的问卷。

2. 评分原则

采取五级以下评分制，每个题项得分通过将总分加总后平均获得。

3. 抽样方法

采取随机抽样方法，由业内人员（本人或同事）统一进行施测。为降低系统的误差，选取不同年龄、性别、学历、职业的对象。问卷由单位托管，受测者自行填写，并由作者完成问卷回收。

4. 受测者选择依据

为充分考虑受测者意见的代表性，因此以河长办工作人员为主要调查对象。并兼顾多元性原则，故而对河长制工作以及涉水相关部门的工作人员以及公众进行调查。通过电话、邮件等方式沟通后，确定了本次调查对象的范围。一是河道治理的执行主体，即河长办工作人员；二是河道治理监督主体，即涉水相关部门、公众等。

5. 调查时间

从 2015 年 12 月至 2016 年 2 月。

6. 样本特征

本次采用随机抽样的调查方法，针对符合纳入条件的受测者发放调查问卷。已收到江西省河长办工作在职人员共计 222 人，临时职工共计 133 人，工作人员总数 355 人。经纳入排除，从正式职工和临时职工种抽取了 300 人作为调查对象。

在调查期间，一共接触涉水相关部门工作人员 75 人。经过筛查，选取 24 人愿意参与调查的工作人员为调查对象，最终确定调查对象共 324 人。

发放调查问卷共 324 份，回收问卷 324 份，回收率 100%。经过筛查，不存在漏填、误写等现象，均符合纳入标准，有效率为 100%。

4.3.2.2 调查结果基本情况

总结归纳推行河长制的相关文件，得到的调查问卷包含 6 种类型题项，一是加强水资源保护；二是加强河湖水域岸线管理保护；三是加强水污染防治；四是加强水环境治理；五是加强水生态修复；六是加强执法监管，其中加强水环境治理所占分值最高，为 40 分，详见表 4-5。

表 4-5 2016 年江西省河长制工作考评指标调查情况

序号	题目类型	分值	具体题项	分值
1	加强水资源保护	16	落实最严格水资源管理制度	4
2			实行水资源消耗总量和强度	4
3			坚持节水优先，全面提高用水效率	4
4			严格水功能区管理监督	4
5	加强河湖水域岸线管理保护	16	严格水域岸线等水生态空间管控	5
6			依法划定河湖管理范围	5
7			开展“清四乱”专项整治	6

续表

序号	题目类型	分值	具体题项	分值
8	加强水污染防治	16	明确河湖水污染防治目标和任务	4
9			完善入河湖排污管控机制和考核体系	4
10			排查入河湖污染源	4
11			实施入河湖排污口整治	4
12	加强水环境治理	20	强化水环境质量目标管理	4
13			切实保障饮用水水源安全	4
14			加强河湖水环境综合整治	4
15			加大黑臭水体治理力度	4
16			综合整治农村水环境	4
17	加强水生态修复	20	推进河湖生态修复和保护	4
18			恢复河湖水系的自然连通	4
19			开展河湖健康评估	4
20			强化山水林田湖系统治理	4
21			积极推进建立生态保护补偿机制	2
22			加强水土流失预防监督和综合整治	2
23	加强执法监管	12	加大河湖管理保护监管力度	3
24			建立健全部门联合执法机制	3
25			建立河湖日常监管巡查制度	3
26			落实河湖管理保护执法监管责任主体、人员、设备和经费	3

4.3.3 跨部门多层级矩阵式考评体系构建

4.3.3.1 指标体系和权重的确定

1. *层次结构模型的构建*

层次结构模型的构建基于已构建的跨部门河湖长制考评指标体系。其中目标层为跨部门河湖长制考评 A，准则层为水安全 B1、水环境 B2、水生态 B3、水管理 B4 和水文化 B5 五层，指标层为各层级包含的指标 C，详见表 4－6。

2. *判断矩阵的建立*

基于跨部门河湖长制成效考评体系这一总目标，通过调查结果，得出准则层各指标的重要性如下：水管理＞水环境＞水安全＞水生态＞水文化。基于以上认识，运用层次分析法（analytic hierarchy process，AHP），通过两两比较，构造准则层的判断矩阵，该矩阵的一致性检验值 C.R. 为 0.0764，小于 0.1，权重的确定具有可信性，详见表 4－7。

同理，分别将水安全、水环境、水生态、水管理、水文化各层级指标进行两两比较得到其判断矩阵，其中水安全矩阵的一致性检验 C.R. 值为 0.0000，水环境 C.R. 值为 0.0000，水生态 C.R. 值为 0.0176，水管理 C.R. 值为 0.0000、水文化 C.R. 值为 0.0000，均小于 0.1，各矩阵的权重值具有可信性。各目标下的判断矩阵详见表 4－8～表 4－12。

表 4-6 跨部门河湖长制成效考评指标层次结构模型

目标层	准则层	指标层
跨部门河湖长制成效考评 A	水安全 B1	工矿企业及工业聚集区水污染防治情况 C1
		农业化学肥料、农药零增长治理 C2
		非法设置入河湖排污口专项整治 C3
	水环境 B2	推进水质不达标河湖组织体系的建立 C4
		制定可行治理方案 C5
		治理进展及水质控制情况 C6
		城镇生活污水治理 C7
		农村生活垃圾及生活污水整治 C8
		畜禽养殖污染控制 C9
		船舶港口污染防治 C10
	水生态 B3	河湖水域及岸线专项整治 C11
		非法采砂专项整治 C12
		渔业资源保护专项整治 C13
	水管理 B4	公布河长及设立投诉平台 C14
		地方出台河长制工作方案 C15
		重点选择问题突出河流和地区进行河长制试点 C16
		县（市、区）开展联合执法和综合执法 C17
		市县河长办公室人员及经费落实 C18
		水质恶化倒查机制建立情况 C19
		设区市联合执法机制的建立 C20
		积极通报河长制工作好经验好做法 C21
	水文化 B5	开展河长制工作宣传活动 C22
		开展水环境及河湖管理保护知识教育活动 C23

表 4-7 2016 年跨部门河湖长制成效考评目标下的判断矩阵

	B1	B2	B3	B4	B5
B1		1	1	1/2	1/2
B2			1/2	1	2
B3				2	2
B4					2
B5					

表 4-8 水安全目标下的判断矩阵

	C1	C2	C3
C1		1	1/3
C2			1
C3			

表 4-9　水环境目标下的判断矩阵

	C4	C5	C6	C7	C8	C9	C10
C4		1	1	2	3	3	2
C5			1	2	2	3	3
C6				2	2	2	2
C7					1/2	1	2
C8						1	2
C9							1
C10							

表 4-10　水生态目标下的判断矩阵

	C11	C12	C13
C11		1/2	2
C12			2
C213			

表 4-11　水管理目标下的判断矩阵

	C14	C15	C16	C17	C18	C19	C20	C21
C14		2	2	1	1/2	1	2	2
C15			1	2	1	1	2	2
C16				1/2	1	1	2	1
C17					1	2	2	2
C18						1/2	2	1/2
C19							2	1
C20								2
C21								

表 4-12　水文化目标下的判断矩阵

	C22	C23
C22		2
C23		

3. 权重的计算

通过以上构建的判断矩阵，计算江西省水生态文明县评价指标体系中各指标的权重系数，结果见表 4-13。

表 4-13　　跨部门河湖长制成效考评指标权重表

	B1	B2	B3	B4	B5	层次
	0.1554	0.1868	0.2918	0.2154	0.1506	总权重
C1	0.3278					0.0509
C2	0.2611					0.0406
C3	0.4111					0.0639
C4		0.2197				0.0410
C5		0.2035				0.0380
C6		0.1925				0.0360
C7		0.1001				0.0187
C8		0.1157				0.0216
C9		0.0911				0.0170
C10		0.0774				0.0145
C11			0.2611			0.0762
C12			0.4111			0.0120
C13			0.3278			0.0957
C14				0.1596		0.0344
C15				0.1456		0.0314
C16				0.1064		0.0229
C17				0.1572		0.0339
C18				0.1280		0.0276
C19				0.1292		0.0278
C20				0.0621		0.0134
C21				0.1119		0.0241
C22					0.6667	0.1004
C23					0.3333	0.0502

4. 总排序的一致性检验

$$CI=\sum_{i=1}^{6}W_iCI=0.1554\times0.0000+0.1868\times0.0000+0.2918\times0.0176+0.2154\times0.0000+0.1506\times0.0000=0.0051$$

$$RI=\sum_{i=1}^{6}W_iRI=0.1554\times1.12+0.1868\times1.35+0.2918\times0.54+0.2154\times0.54+0.1506\times0.54=0.87868$$

$$CR=CI/RI=0.0051/0.7868=0.01<0.1$$

因此，整体指标符合一致性检验，最后的指标体系有效。

5. 评分值设定

跨部门河湖长制成效考评指标以总分 100 分计，则各项评价内容赋分分别为：水安全体系评价 19 分、水环境体系评价 38 分、水生态体系评价 13 分、水管理体系评价 20 分、水文化体系评价 10 分，详见表 4－14。

表 4－14 跨部门河湖长制成效考评指标指标分值

目标层	准则层	指 标 层	评分值
跨部门河湖长制成效考评 A	水安全（19 分）	工矿企业及工业聚集区水污染防治情况 C1	11 分
		农业化学肥料、农药零增长治理 C2	5 分
		非法设置入河湖排污口专项整治 C3	3 分
	水环境（38 分）	推进水质不达标河湖组织体系的建立 C4	2 分
		制定可行治理方案 C5	10 分
		治理进展及水质控制情况 C6	8 分
		城镇生活污水治理 C7	5 分
		农村生活垃圾及生活污水整治 C8	5 分
		畜禽养殖污染控制 C9	5 分
		船舶港口污染防治 C10	3 分
	水生态（13 分）	河湖水域及岸线专项整治 C11	5 分
		非法采砂专项整治 C12	5 分
		渔业资源保护专项整治 C13	3 分
	水管理（20 分）	公布河长及设立投诉平台 C14	2 分
		地方出台河长制工作方案 C15	2 分
		重点选择问题突出河流和地区进行河长制试点 C16	4 分
		县（市、区）开展联合执法和综合执法 C17	4 分
		市县河长办公室人员及经费落实 C18	2 分
		水质恶化倒查机制建立情况 C19	2 分
		设区市联合执法机制的建立 C20	2 分
		积极通报河长制工作好经验好做法 C21	2 分
	水文化（10 分）	开展河长制工作宣传活动 C22	5 分
		开展水环境及河湖管理保护知识教育活动 C23	5 分

4.3.3.2 跨部门多层级矩阵式考评体系的构建

跨部门河湖长制成效考评指标以总分 100 分计，则各单位赋分分别为：省生态环境厅 31 分、省水利厅 15 分、省河长办 14 分、省农业农村厅 13 分、省住建厅 10 分、省委宣传部 5 分、省教育厅 5 分、省编办 4 分、省交通运输厅 3 分，其中省生态环境厅赋分最高，详见表 4－15。

4.3.4 考核问责办法的制定与指标优化

4.3.4.1 考核问责办法的制定

为进一步推动各级政府履行职责，促进河湖长制工作贯彻落实，基于跨部门多层级矩阵式考评体系对各责任单位和各设区市、县（市、区）的职责要求，结合工作实际，着重从考核对象、考核结果运用、责任追究等方面构建考核问责体系。

表 4-15　各部门河湖长制成效考评指标分值比重

<table>
<tr><th>目标层</th><th>责任单位</th><th>指标层</th><th>评分值</th></tr>
<tr><td rowspan="23">跨部门
河湖长制
成效考评 A</td><td rowspan="6">省河长办公室（14 分）</td><td>公布河长及设立投诉平台</td><td>2 分</td></tr>
<tr><td>地方出台河长制工作方案</td><td>2 分</td></tr>
<tr><td>重点选择问题突出河流和地区进行河长制试点</td><td>4 分</td></tr>
<tr><td>市县河长办公室人员及经费落实</td><td>2 分</td></tr>
<tr><td>积极通报河长制工作好经验好做法</td><td>2 分</td></tr>
<tr><td>推进水质达标河湖组织体系的建立</td><td>2 分</td></tr>
<tr><td rowspan="4">省生态环境厅（31 分）</td><td>制定可行治理方案</td><td>10 分</td></tr>
<tr><td>治理进展及水质控制情况</td><td>8 分</td></tr>
<tr><td>水质恶化倒查机制建立情况</td><td>2 分</td></tr>
<tr><td>工矿企业及工业聚集区水污染防治情况</td><td>11 分</td></tr>
<tr><td rowspan="4">省水利厅（15 分）</td><td>设区市联合执法机制的建立</td><td>2 分</td></tr>
<tr><td>河湖水域及岸线专项整治 C11</td><td>5 分</td></tr>
<tr><td>非法采砂专项整治 C12</td><td>5 分</td></tr>
<tr><td>非法设置入河湖排污口专项整治 C3</td><td>3 分</td></tr>
<tr><td rowspan="2">省住房和城市建设厅
（10 分）</td><td>城镇生活污水治理 C7</td><td>5 分</td></tr>
<tr><td>农村生活垃圾及生活污水整治 C8</td><td>5 分</td></tr>
<tr><td rowspan="3">省农业农村厅（13 分）</td><td>畜禽养殖污染控制 C9</td><td>5 分</td></tr>
<tr><td>农业化学肥料、农药零增长治理 C2</td><td>5 分</td></tr>
<tr><td>渔业资源保护专项整治 C13</td><td>3 分</td></tr>
<tr><td>省交通运输厅（3 分）</td><td>船舶港口污染防治 C10</td><td>3 分</td></tr>
<tr><td>省委机构编制委员会办公室（4 分）</td><td>县（市、区）开展联合执法和综合执法</td><td>4 分</td></tr>
<tr><td>省委宣传部（5 分）</td><td>开展河长制工作宣传活动 C22</td><td>5 分</td></tr>
<tr><td>省教育厅（5 分）</td><td>开展水环境及河湖管理保护知识教育活动 C23</td><td>5 分</td></tr>
</table>

考核问责体系的形成是本着“协调性、动态性和权责相应”的原则，其中协调性是指河长制湖长制考核与年度河长制湖长制工作要点要相衔接、同部署；动态性原则是指应按照省级总河（湖）长会议确定的年度工作要点制定年度考核方案，确定考核内容河重点；权责相应是指考核工作应按照权责分工，由省级责任单位分别负责，涉及河长制湖长制工作综合考核，由省河长办公室组织考核。

通过借鉴有关河湖长制工作相关通知、规范性文件和专家建议，组织专家们多轮研讨，结合专家法和头脑风暴法，保证考核机制的稳定性和灵活性，为此，出台《江西省河长制湖长制工作考核问责办法》，规定河湖长制考核的考核对象、考核程序、考核分工、考核运用、责任追究等相对固化的内容，建立考核机制体制，树立考核权威。

河湖长制工作考核问责办法示意如图 4-2 所示。

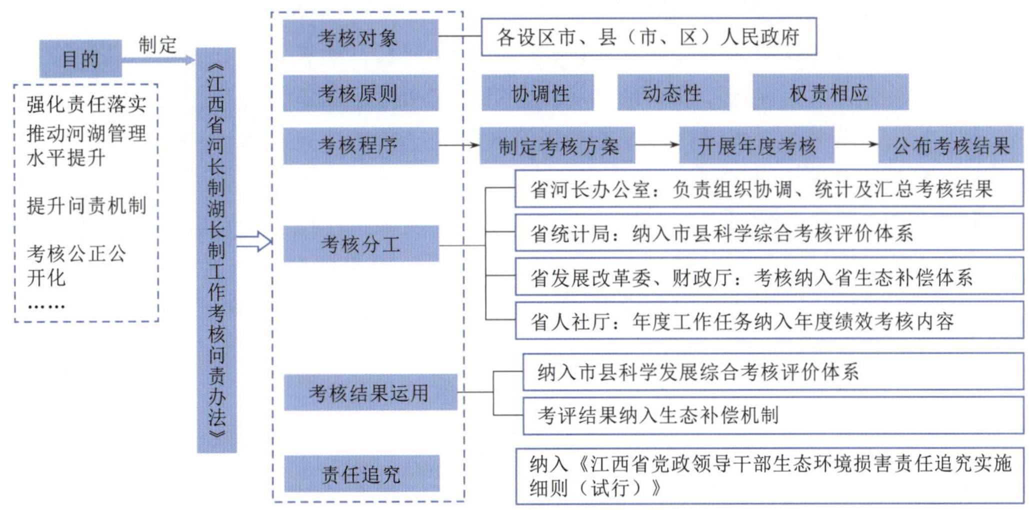

图 4-2　河湖长制工作考核问责办法示意图

1. 考核对象

江西省各设区市、县（市、区）人民政府。

2. 考核程序

首先，制定考核方案。根据河长制湖长制年度工作要点，省河长办公室负责制定年度考核方案报省级总河（湖）长会议研究确定。方案主要包括考核指标、考核评价标准及分值、计分方法及时间安排等。

然后，开展年度考核。根据考核方案，省河长办公室、省级责任单位根据分工开展考核。

最后，公布考核结果。计算各设区市、县（市、区）单个指标的分值和综合得分，及时公布考核结果。

3. 考核分工的确定

省河长办公室负责河长制湖长制考核的组织协调工作，统计及汇总考核结果；省统计局负责河长制湖长制考核纳入市县科学发展综合考评体系，指导河长制湖长制工作考核；省发展和改革委和省财政厅负责将河长制湖长制考核纳入省生态补偿体系；省人社厅负责将河长制湖长制年度工作任务纳入年度绩效考核内容；相关省级责任单位根据考核方案中的职责分工制定评分标准和确定分值，并承担相关考核工作。

4. 考核结果运用

一是将考核结果纳入市县科学发展综合考核评价体系；二是将考核结果纳入生态补偿机制；三是将考核结果由省政府发布并抄告省级责任单位及组织、人事、综治办等有关部门。

5. 责任追究的确定

将河长制湖长制工作责任追究纳入《江西省党政领导干部生态环境损害责任追究实施细则（试行）》执行，对违规越线的责任人员及时追责。

4.3.4.2 考核指标的优化

基于河湖长制成效考评指标体系的构建，以每年河长制考核结果和专项行动实施情况中实际、客观的数据为评判标准，采用层次分析法对指标不断进行优化，进一步突出工作重点，简化考核程序，逐步弱化传统主观因素对考评结果的决定性影响。

1. 评判标准的确定

评判标准的选取自河湖长制考核结果和专项行动实施情况中实际、客观的数据，遵循可量化性、客观性、可靠性、全面性和可行性等原则，确保评判标准地科学性和公正性，提高评估的准确性和有效性，初步确定评判标准为组织机构建设及制度运行、年度任务完成度、清河行动问题处理率、断面水质改善情况、年度用水量、年度耗水量、劣Ⅴ类水整治情况等。

2. 判断矩阵构建

以江西省的河长制工作基础为依据，对评价标准的有效性进行核验。通过对江西省河长制相关工作系统调研分析，根据实际情况构建我省河长制层次分析评判标准判的判断矩阵，见表 4-16。从判断矩阵可以看出，劣Ⅴ类水整治情况和断面水质改善情况在评判标准中占主要地位，由于组织机构建设及制度制度已经较为完善，因此在评判标准中相对弱化。

表 4-16 河湖长制考核指标评判标准矩阵

	组织机构建设及制度运行	年度任务完成度	清河行动问题处理率	断面水质改善情况	年度用水量	年度耗水量	劣Ⅴ类水整治情况
组织机构建设及制度运行	1	1	1/3	1/7	1	1/2	1/8
年度任务完成度	1	1	1/4	1/5	1	1	1/9
清河行动问题处理率	3	4	1	1	5	5	1/2
断面水质改善情况	7	5	1	1	6	7	1
年度用水量	1	1	1/5	1/6	1	1	1/7
年度耗水量	2	1	1/5	1/7	1	1	1/7
劣Ⅴ类水整治情况	8	9	2	1	7	7	1

3. 评判标准权重

用方根法计算最大特征根 λ_{max} 和归一化后的特征向量 $\boldsymbol{W}$。计算得到特征向量，即权重矩阵为 $\boldsymbol{W}=[0.043, 0.046, 0.200, 0.274, 0.045, 0.050, 0.342]^T$，最大特征根 λ_{max} 为 7.131。

4. 判断矩阵的一致性检验

对判断矩阵进行一致性检验，计算得到 CR 为 $0.016<0.1$，此判断矩阵的一致性是合理的。

通过层次分析法，对评判标准相对应的考核指标加入一定主观因素，并结合工作实际，赋予各指标间的权重，来进一步优化考核指标，具体详见表 4-16。

优化后跨部门河湖长制成效考评指标以100分计分，总得分=〔综合×70%+水环境质量×30%〕—扣分项，则各项评价内容赋分分别为：水安全体系评价9.8分、水环境体系评价51分、水生态体系评价16.1分、水管理体系评价20.3分、水文化体系评价2.8分。具体详见表4-17。

表4-17　优化后跨部门河湖长制成效考评指标指标分值

目标层	准则层	指　标　层	评分值
跨部门河湖长制成效考评	水安全（14分×0.7）	持续推进农药化肥零增长行动（省农业农村厅）	4分×0.7
		持续开展入河排污口整治（省生态环境厅）	4分×0.7
		持续推进保护饮用水水源地整治（省生态环境厅）	2分×0.7
		深入推进化工污染整治（省生态环境厅）	4分×0.7
	水环境（30分×0.7+30分）	持续推进城乡生活污水治理（省住建厅）	4分×0.7
		持续推进城乡垃圾治理（省住建厅）	2分×0.7
		出台相关垃圾处理规划（省发改委）	2分×0.7
		开展工业污染集中整治（省生态环境厅）	4分×0.7
		继续推进劣Ⅴ类水和Ⅴ类水治理（省水利厅）	3分×0.7
		持续加强非法码头整治（省交通运输厅）	2分×0.7
		持续推进船舶港口污染防治（省交通运输厅）	4分×0.7
		持续推进畜禽粪养殖污染治理（省农业农村厅）	3分×0.7
		禁养区内畜禽养殖场治理（省生态环境厅）	1分×0.7
		劣Ⅴ类、Ⅴ类断面考核（省生态环境厅）	1分×0.7
		持续推进城市黑臭水体治理（省住建厅）	4分×0.7
		水环境质量（省生态环境厅）	30分
	水生态（23分×0.7）	鄱阳湖生态环境专项整治工作（省水利厅）	3分×0.7
		实施流域生态综合治理（省水利厅）	2分×0.7
		矿山修复（省自然资源厅）	2分×0.7
		持续开展非法采砂整治（省水利厅）	4分×0.7
		持续推进破坏湿地和野生动物资源整治（省林业局）	4分×0.7
		持续开展保护渔业资源专项整治（省农业农村厅）	4分×0.7
		持续开展侵占河湖水域及岸线整治（省水利厅）	4分×0.7
	水管理（29分×0.7）	完善组织体系（省水利厅）	1分×0.7
		强化督察督办（省水利厅）	3分×0.7
		贯彻落实地方法规（省水利厅）	2分×0.7
		全面推行自然资源资产离任审计（省审计厅）	2分×0.7
		完善基础工作（省水利厅）	1分×0.7
		建立非法码头长效监管机制（省发改委）	1分×0.7
		配合整治非法码头（省水利厅）	1分×0.7
		加大河湖水域治安整治工作力度（省公安厅）	4分×0.7

续表

目标层	准则层	指　标　层	评分值
跨部门河湖长制成效考评	水管理（29 分×0.7）	推动违规小水电清理（省水利厅）	2 分×0.7
		加强农村河湖管理（省水利厅）	2 分×0.7
		强化重点企业排污监管（省生态环境厅）	4 分×0.7
		推进河湖常态化管理（省水利厅）	6 分×0.7
	水文化（4 分×0.7）	强化宣传教育（省委宣传部）	1 分×0.7
		河湖保护进校园（省教育厅）	1 分×0.7
		动员“河小青”志愿者队伍（团省委）	1 分×0.7
		强化河湖保护宣传活动开展（省水利厅）	1 分×0.7

4.4 专项行动计划的制定

为扎实有效推进河湖长制管理，根据成效考核指标分析结果，江西省提出了生态鄱阳湖流域建设行动、清河行动、劣Ⅴ类水专项整治和“清四乱”三年攻坚等专项行动。

4.4.1 生态鄱阳湖流域建设行动

2018 年 12 月，江西省正式印发《江西省关于推进生态鄱阳湖流域建设行动计划的实施意见》（以下简称《实施意见》）（赣办字〔2018〕56 号），明确了推进生态鄱阳湖流域建设的基本原则、主要目标、主要任务和措施保障。《实施意见》要求，市、县（市、区）是生态鄱阳湖流域建设的责任主体，各级政府对生态鄱阳湖流域建设的组织实施负总责。各级发改委分级负责生态鄱阳湖流域建设项目审批工作。《实施意见》提出，生态鄱阳湖流域建设主要目标是：到 2020 年，基本建立鄱阳湖流域山水林田湖草系统保护与综合治理制度体系，河湖岸线进一步美化，水土流失面积和强度持续下降，社会公众对生态鄱阳湖流域保护意识普遍提升；到 2035 年，鄱阳湖流域山水林田湖草系统保护与综合治理制度体系全面构建，流域内生态效益、经济效益、社会效益全面提升，基本实现流域生态治理体系和治理能力现代化，人民群众对流域生态文明实现程度有较为普遍的获得感、幸福感。

推进生态鄱阳湖流域建设，是江西省推动国家生态文明试验区建设的关键内容，是打造美丽中国“江西样板”的基础支撑。为系统保护和进一步改善鄱阳湖流域生态环境，推动生产、生活方式绿色转型，巩固、提升和转化江西生态优势，实现生产发展、生活富裕、生态良好、人与自然和谐共生。

4.4.1.1 指导思想

坚持以习近平新时代中国特色社会主义思想为指导，以习近平生态文明思想为根本遵循，践行“绿水青山就是金山银山”的理念，落实“节水优先、空间均衡、系统治理、两手发力”的治水思路，打造鄱阳湖流域山水林田湖草生命共同体，构建生态文化、生态经济、生态目标责任、生态文明制度、生态安全等五大生态文明体系。坚持以流域为单元，统筹流域自然、经济和社会等各要素，推进生态鄱阳湖流域建设，将生态文明理念融入流域保护治理、开发利用等各方面，以空间规划为引领，开展陆域防控治理、岸线美化优化、水域保护修复等生态建设行动，解决流域水资源、水生态、水环境、水灾害等问题，构建具有江西特色的绿色产业体系，促进经济社会发展与流域资源环境承载力相协调，实现河湖健康、人水和谐、环境保护与经济发展共赢，为建设富裕美丽幸福现代化江西提供支撑和保障。

4.4.1.2 基本原则

坚持生态优先、绿色发展。牢固树立尊重自然、顺应自然、保护自然的理念，处理好流域保护与开发利用关系，做好治山理水、显山露水文章，提升河湖功能，发挥流域综合效益，实现经济发展与生态文明水平提高相辅相成、相得益彰。坚持流域统筹、系统治理。突出规划引领，把鄱阳湖流域作为一个山水林田湖草生命共同体，统筹陆域、岸线、水域及自然、经济和社会各要素进行系统治理。坚持问题导向、因地制宜。立足江西省鄱阳湖流域的实际情况，针对性提出流域保护、治理与发展目标、主要任务和对策措施，解决好生态鄱阳湖流域建设的突出问题，实现河湖永续利用。坚持政府主导、市场主体。强化地方党政领导责任，明确部门职责，落实分级负责，形成上下联动、部门协作、群策群力的工作格局。扩大社会参与，培育和发展市场主体，鼓励市场化运作，跨界整合各方资源，创新投融资机制。政府和市场两手发力，共同推进生态鄱阳湖流域建设。

4.4.1.3 主要目标

到 2020 年，基本建立鄱阳湖流域山水林田湖草系统保护与综合治理制度体系，生态保护红线面积占比达到 28.06%，全省国家考核断面地表水水质优良比例提高到 85.3%，国家重要江河湖泊水功能区水质达标率达到 91%以上，全面消灭国控、省控、县界断面Ⅴ类及劣Ⅴ类水体，设区市建成区黑臭水体消除比例达到 90%以上；河湖岸线进一步美化，水域面积保有率 7.7%，水土流失面积和强度持续下降，森林覆盖率稳定在 63.1%，湿地面积不低于 91.01 万 hm^2；全省用水总量控制在 260 亿 m^3 以内，万元 GDP 用水量较 2015 年降低 28%以上，化学需氧量、氨氮排放量分别比 2015 年消减 4.3%、3.8%以上，农田灌溉水有效利用系数提高到 0.51 以上，社会公众对生态鄱阳湖流域保护意识普遍提升。到 2035 年，鄱阳湖流域山水林田湖草系统保护与综合治理制度体系全面构建，国家重要江河湖泊水功能区水质全面达标，水资源利用效率持续提高，生物多样性更加丰富，产业结构明显优化，生态和人居环境显著改善，流域内生态效益、经济效益、社会效益全面提升，基本实现流域生态治理体系和治理能力现代化，人民群众对流域生态文明实现程度有较为普遍的获得感、幸福感。

4.4.1.4 主要任务

1. 空间规划引领行动

（1）加快编制国土空间规划。按照“多规合一”的要求，整体谋划流域生态环境保护和经济发展，构建以空间治理和空间结构优化为主要内容，全域统一、责权清晰、科学高效的国土空间规划体系。将主体功能区规划、国土规划、土地利用规划、城乡规划等空间规划融合为统一的国土空间规划，统筹人口分布、经济发展、国土利用、生态环境保护，科学布局生产空间、生活空间、生态空间，形成融发展与布局、开发与保护为一体的流域规划蓝图。

（2）开展资源环境承载力监测。建设流域资源环境承载能力监测预警数据信息平台，建立监测预警长效机制，有效规范空间开发秩序，合理控制空间开发强度。严守水资源消耗上限、环境质量底线和生态保护红线，切实将各类开发活动限制在资源环境承载能力之内。定期开展流域全域和特定区域资源环境承载能力评估，推动建立一体化监测预警评价机制。根据不同区域资源环境承载能力状况，对流域资源、环境、生态实施最严格的管控措施，最大限度地保障流域生态安全。

2. 绿色产业发展行动

（1）调整流域产业结构。依托流域自然资源优势，着力构建绿色产业体系，推动形成绿色发展方式。抓好绿色化改造，大力实施传统制造业和加工业提质增效行动，加快传统产业清洁化生产、循环化改造、资源综合利用，从源头上减少资源消耗、污染排放。培育壮大新兴产业，推动互联网、大数据、人工智能与实体经济深度融合，做强做优航空、新能源、新材料、电子信息等新产业。进一步淘汰落后产能，加快处置“散乱污”企业。

（2）优化流域产业布局。结合生态保护红线划定，以“三线一单”推动流域产业布局优化。完善和落实重点生态功能区产业准入负面清单制度，重点扶持技术创新、竞争能力强、环境友好的优质企业，倒逼企业通过技术升级、转型发展实现污染减排。关停和搬迁不符合规划、区划要求或者位于生态保护红线、自然保护区、风景名胜区、饮用水水源保护区以及其他环境敏感区域内的高污染企业、化工园区。“五河一湖”岸线延伸陆域 1km 范围内禁止新建重化工项目，督促已有化工企业逐步搬迁进入合规园区，引导化工产业向高端发展，把宝贵的岸线资源分配给环境友好、附加值高的绿色产业。

（3）发展绿色循环农业。推动优势产业向优势区域集中，重点建设粮食生产功能区、重要农产品生产保护区、特色农产品优势区，着力打造一批绿色有机品牌，提升“生态鄱阳湖、绿色农产品”品牌影响力，实现生态文明建设与脱贫攻坚、乡村振兴协同推进。

3. 国家节水行动

（1）落实最严格水资源管理制度。全面实施水资源消耗总量和强度控制“双控”行动。严格执行建设项目取水许可制度，加强相关规划和项目建设布局水资源论证工作。对纳入取水许可管理的单位和公共供水管网内的用水大户，实行计划用水管理，严格用水定额管理。

（2）推进节水型社会建设。加快推进水效领跑者引领行动，遴选公布一批节水型工业企业产品、灌区、生活节水器具等名录。大力推进节水型灌区、企业、学校、小区等载体创建。到 2020 年，省级节水型机关创建率达 100%，省级节水型事业单位创建率达 50%，28 个县域完成节水达标建设任务。

（3）加强行业节水管理。加大工业企业用水计量监控力度，加快节水技术改造，提高工业用水效率。鼓励工业园区企业开展企业间的串联用水、分质用水、一水多用和循环利用，建立园区企业间循环集约用水产业体系。实施城镇节水降损，加快城镇供水管网漏损改造，公共供水管网漏损率达到国家要求。推进农业节水建设，大力发展高效节水灌溉，年均新增高效节水灌溉面积 20 万亩。加强农田水利建设，着力构建配套完善、节水高效、运行可靠的农田灌排体系。到 2020 年建成 2825 万亩高标准农田。

4. 入河排污防控行动

（1）强化水污染源头治理。加强工业污染治理，推进工业聚集区污水收集管网和集中处理设施建设，严格控制新建高污染项目，加快工业园区、工业企业绿色改造，持续推进重金属污染减排。推进农业面源污染治理，严格落实绿色生态农业行动，实现农药化肥用量零增长和养殖废弃物减量化、无害化、资源化。加快生活污水治理，加强城镇生活污水管网建设，因地制宜实施雨污分流改造，推进城市污水处理提质增效。2020 年年底前鄱阳湖流域城镇污水处理厂执行一级 A 排放标准，设区城市污泥无害化处理处置率达到 90%以上。加大乡镇和农村污水处理力度，加快乡镇污水处理设施建设，实施农村污水生态化处理。加强垃圾分类收集，推进城乡垃圾处理一体化。不断完善陆域隔离防护带建设，增强对污染物的物理阻滞，达到促进污染物降解和净化水质的目的。

（2）严格入河污染物管控。落实水功能区限制纳污制度，强化重点企业排污监管和入河排污口监管，规范入河排污口设置审批，健全入河排污口台账，全面推进重点排污单位自动监控和入河排污口监督性监测。持续开展入河排污口专项整治，优化入河排污口布局，加快非法设置入河排污口整改提升和规范化建设。加大污染物偷排、漏排打击力度。

（3）加强饮用水水源地保护。推进城市饮用水水源地规范化建设和安全保障达标建设，依法清理整治保护区内违规项目和违法行为。加快划定农村集中式饮用水水源保护区，落实保护措施，提升水质检测能力。单一水源供水的设区城市，2020 年年底前建成应急水源或备用水源。

5. 最美岸线建设行动

（1）严格岸线管理保护。依法划定岸线功能分区和河湖管理范围。按照深水深用、浅水浅用、节约集约利用的原则，构建科学有序、高效生态的岸线开发保护和利用格局。大力开展非法码头、非法采砂、固体废物等专项整治行动，依法打击违法违规占用、乱占滥用、占而不用等行为。

（2）维护岸线生态功能。通过退养还滩、退田还湖、清淤疏浚、植被种植恢复、生态廊道建设等多种方式，修复破碎化严重、功能退化岸线，维持岸线自然风貌。坚持安全与生态并重，采取植物绿化、生态护坡、滩涂修复等措施，对人工岸线进行必要改造，恢复岸线天然形态，保持岸线自然走势，打造自然化、绿植化、生态化岸线。

（3）打造绿色滨水长廊。统筹规划建设河湖绿色长廊，利用湿地公园、生态绿岛、森林公园、水利风景区、港口堤防等岸线资源，科学布局各类配套服务设施和基础设施，使之与岸线功能、规模、景观相协调。着力体现生态化、景观化，因地制宜建设各具特色的岸线景观带，构建绿色生态滨水空间，打造“水美、岸美、产业美”最美岸线。

6. 河湖水域保护行动

（1）维持河湖水域面积。公布全省河湖名录，划定水域保护范围。禁止围湖造地和非法围垦河道等侵占水面行为，落实河湖生态空间用途管制。严格限制建设项目占用水域，防止河湖面积衰减。

（2）推进江河湖库水系连通。以自然河湖水系、调蓄工程和引排工程为依托，通过自然连通与人工连通相结合方式，综合实施河湖生态清淤、连通通道和引排水闸（泵站）建设以及废弃闸坝拆除等措施，推进城市规划区内外河湖连通及其他重点区域水系连通工程建设，构建循环通畅的河湖水系连通格局。以水生态文明村自主创建为抓手，加强农村河塘沟渠治理和清淤整治，改善农村生态环境，建设宜居美丽乡村。

（3）推进水体净化。加强河湖水环境保护，提升河湖水体自净能力。推进消灭Ⅴ类和劣Ⅴ类水，整治城市黑臭水体。因地制宜种植有利于净化水体的水生植物，放养有利于净化水体的鱼类和底栖动物，恢复滨水植被群落，修复受损水生态系统。实施绿色水产养殖，严格控制围栏和网箱养殖，推行人放天养等生态健康养殖模式，改善水环境质量。实施水生生物资源养护工程，加强对江豚等珍稀濒危生物保护，严格执行禁渔期、禁渔区等制度，坚决打击非法捕捞行为，最大限度保护生物的多样性。

（4）健全河湖监测体系。加快智慧河湖建设，系统开展河湖水文、水资源、水环境、水生态和水域空间监测，建立河湖水域基础数据信息平台，实时掌握河湖状况，提升河湖管理水平。建立河湖健康评价常态化工作机制，完善河湖健康评价指标体系，制定河湖健康评价标准。

7. 流域生态修复行动

（1）推进流域林地湿地建设。加快推进重点区域森林绿化、美化、彩化、珍贵化，精准提升森林质量。严格林地用途管制，全面推进林长制，保护流域生态脆弱地区森林资源。加大湿地保护与修复力度，实施鄱阳湖湿地生态修复工程，改善湿地生态质量，维护湿地生态系统完整性和稳定性。“五河”源头的湿地，以封禁等保护为主，重点加强对水资源和野生动植物的保护。重点湖库、江河干流地区和城市规划区域的湿地，在严格控制开发利用和围垦强度的基础上，积极开展退化湿地恢复和修复，扩大湿地面积，引导湿地可持续利用。

（2）加强生态修复与治理。加大重要生态保护区、水源涵养区、江河源头区的生态修复和保护力度。加强水土流失综合防治，开展重点地区水土保持生态建设，推进生态清洁小流域建设。加强生产建设项目水土保持监督管理，强化监督执法，严防人为水土流失和生态破坏。每年完成水土流失治理面积 $840km^2$。

（3）开展流域生态综合治理。利用河湖水系，将流域内山、水、林、田、湖、路、村等各要素作为载体，整合流域内水利、环保、农业、林业、交通、旅游、文化等项目，打捆形成一批生态流域建设项目，打造城市、农村生态综合体，改善流域生态质量，提升人居环境，促进流域内的生态效益、经济效益、社会效益全面提升。

8. 水工程生态建设行动

（1）推进生态水工程建设。新建水工程，要按照“确有必要、生态安全、可以持续”原则，科学确定开发定位、布局、规模和方式，充分考虑生态流量、水环境安全、动植物保护、水土保持等因素，最大限度消减工程建设对生态环境的不利影响。充分利用周边自然环境，结合当地的历史文化、风俗习惯，把水工程建设成生态工程、景观工程、人文工程。

（2）开展水利工程生态化改造。结合圩堤达标建设、水库（闸）除险加固等防洪减灾工程建设，引入生态化、景观化、亲水性设计理念，在提高防洪标准的同时，将水利工程打造为生态水工程。开展生态型灌区建设，依托灌区灌排骨干工程改造和田间灌溉工程建设，大力实施氧化塘、氧化沟、人工湿地生态治理工程和自然沟渠生态恢复工程，建立完善生态灌排系统，构建科学合理、生态健康的现代化灌区。

（3）加强生态流量监管。对水电站、水库、枢纽等水工程下泄生态流量不足的，改造或增设泄流设施或生态机组，保证下泄最小生态流量，保障河道内水生态健康。开展流域水工程联合调度，统筹防洪、供水、灌溉、航运、发电等功能，保障生态需水量，改善河流生态。建立小水电评估与退出机制，加快小水电无序开发清理整顿，严厉打击未批先建、破坏生态环境等违法行为，严格环境影响评价管理。

9. 流域管理创新行动

（1）探索鄱阳湖流域综合管理。构建流域与区域相结合的管理体制，对流域开发与保护实行统一规划、统一调度、统一监测、统一监管。开展源头区国家公园体制试点工作，整合相关自然保护地管理职能，由一个部门统一行使国家公园自然保护地管理职责。

（2）完善流域管理机制。深化流域生态保护补偿机制，根据区域特点、生态环境保护的要求，加快推进全省流域生态补偿的实施。支持流域中、下游地区与上游地区、重点生态功能区建立协商平台和机制，鼓励采取对口协作、产业转移、人才培训、共建园区等方式加大横向生态补偿实施力度。不断完善河长制湖长制，狠抓突出问题整治，加强治水能力建设，健全河湖管护机制，以更大力度全面推进美丽河湖建设，努力打造河畅、湖清、岸绿、景美的河湖环境。不断完善环境保护督察制度，推动环境保护“党政同责”和“一岗双责”落地生根，加大环境督查工作力度，严肃查处违纪违法行为，着力解决生态环境方面突出问题，让人民群众不断感受到生态环境的改善。

（3）建立生态环境综合执法机制。坚持和完善鄱阳湖区联谊联防机制，推进鄱阳湖联合巡逻蛇山岛执法基地建设，强化鄱阳湖区联合执法。推进鄱阳湖生态环境专项整治。持续开展五河一湖一江“清河行动”，大力整治涉河涉湖“乱占乱建、乱围乱堵、乱采乱挖、乱倒乱排、乱捕滥捞”突出问题。开展河湖非法矮圩网围联合排查整治行动，严厉打击破坏河湖生态环境的违法犯罪行为。完善行政执法与刑事司法衔接机制，建立公益诉讼线索移送机制，探索建立适合各地实际的生态环境综合执法机构，综合执法机构的组建按照中央统一部署进行。健全跨区域环境联合执法协作机制，提升行政监管与执法能力。

10. 生态文化建设行动

（1）传承弘扬流域文化。深入挖掘流域历史文化，加强吴城遗址、万年仙人洞—吊桶环遗址等古代遗址，槎滩陂、千金陂等水遗产，以及古代水衙门遗陈、雕塑、碑刻等保护，最大限度保护好流域文化的原真性和完整性。大力推进庐陵文化、临川文化、鄱阳湖文化、客家文化等流域与区域相结合的传统文化创新。

（2）加强流域生态文化建设。科学制定文化（文物）保护规划，培育发展绿色文化，推进重点森林文化、山岳文化、湿地文化、水文化、农业文化等建设工程。加强生态文化载体建设，建设一批生态展览馆、体验馆、文化创意基地，创作一批反映生态文化、生态思想、生态伦理的文艺作品。

（3）推动文化与旅游融合。深入挖掘“五河一湖一江”文化和旅游资源，打造“五河一湖一江”旅游精品线路，建设武宁、上犹等独具特色的山水旅游城市。重点加强鄱阳湖湿地、候鸟保护工作，充分借助湿地、候鸟宝贵资源，倾力打造“鄱阳湖国际观鸟节”品牌；加快海昏侯国遗址等临湖风景区建设。依托良好的自然环境，打造一批集农耕体验、田园观光、养生休闲、文化传承为一体的山水田园综合体和特色文化产业示范园区、基地。到 2020 年，全省创建田园综合体 50 个，森林体验基地（森林养生基地）40 个，规模以上休闲农业园区（点）达到 6000 家。

（4）突出生态文化教育。推广河湖保护教育读本、山洪灾害防御知识读本、《节水总动员》科普动画等，提升大众节水、爱水、护水意识。推进流域生态文化进校园、进社区、进企业，推动生态文明成为全社会共识，引导公众积极参与生态文明建设行动，将流域生态保护上升成为集体行为、大众文化。加强鄱阳湖模型试验研究基地、江西水土保持生态科技园、鄱阳湖水文生态监测研究基地等生态教育资源建设，着力打造省内乃至全国社会和高校学习生态理念的平台和窗口。

4.4.2 清河行动

2017 年以来，江西省为贯彻落实河（湖）长制工作要求，持续在全省范围内实施以“清洁河湖水质、清除河湖违建、清理违法行为”为重点的“清河行动”，推动河湖长制从“有名有实”向“有能有效”转变，努力建设造福人民的“幸福河湖”，省水利厅制定了《江西省 2022“清河行动”实施方案》。全面贯彻落实河湖管理保护相关法律法规，完善河湖执法体制机制，进一步加大执法力度，严厉打击各类涉水违法犯罪行为，强化河湖监管监控，坚决整治江河湖泊存在的乱占乱建、乱围乱堵、乱采乱挖、乱倒乱排、乱捕滥捞等突出问题，防治水污染，保护水资源，修复水生态，改善水环境。

清河行动涵盖多个与江河湖泊水域有关的专项整治行动，包括强化工业污染集中整治、强化城乡生活污水整治、强化城乡垃圾整治、强化保护渔业资源整治、强化黑臭水体管理和治理、强化船舶港口污染防治、强化破坏湿地和野生动物资源整治、强化农药化肥减量化行动、强化河湖“清四乱”整治、强化非法采砂整治、强化水域岸线利用整治、强化入河排污口整治、强化河湖水库生态渔业整治、强化饮用水源保护、强化河湖水域治安整治工作。

4.4.2.1 指导思想

坚持以习近平新时代中国特色社会主义思想为指导，全面贯彻党的二十大和二十届历次全会精神，深化落实习近平生态文明思想和习近平总书记视察江西重要讲话精神，贯彻落实省第十五次党代会部署要求，牢固树立和积极践行“两山”理念，以“共抓大保护、不搞大开发”为总遵循，科学把握和正确处理生态环境保护和经济发展的关系，坚持问题导向、生态优先、绿色发展、部门联动及系统治理原则，持续改善河湖面貌，为保护全省江河湖泊、维护生态环境、高标准打造美丽中国“江西样板”奠定坚实基础。

4.4.2.2 总体目标

以建设幸福河湖为工作目标，全面贯彻落实河湖管理保护相关法律法规，完善河湖执法体制机制，进一步加大执法力度，严厉打击各类涉水违法犯罪行为，强化河湖监管监控，坚决整治江河湖泊存在的乱占乱建、乱围乱堵、乱采乱挖、乱倒乱排、乱捕滥捞等突出问题，防治水污染，保护水资源，修复水生态，改善水环境，努力实现江西省第十五次党代会提出来全面建设“幸福江西”的目标。

4.4.2.3 重点任务

（1）强化工业污染集中整治。持续开展开发区污水收集处理提升专项行动和化工园区地下水环境状况调查评估工作。推动完善化工园区污水集中处理设施及配套管网，强化污染物排放监测监管，实现园区内生产废水应纳尽纳、集中处理和达标排放。加大园区外化工企业执法监管力度，推动达标排放。围绕绿色发展、生态环境保护与修复、清洁生产、清洁能源等重点领域实施一批绿色技术重点研发项目。

（2）强化城乡生活污水整治。对市政污水管网问题开展精细化体检，合理确定整治计划，加大老旧破损管网的改扩建和错接混接漏接整治力度。（牵头单位：省住建厅）稳步推进管网改造。新建城区达到雨污分流要求，老旧小区稳步推进现有合流制排水系统城区管网分流改造，暂不具备雨污分流改造条件的地区控制溢流频次和污水量，降低合流制管网溢流风险。强化排水管网建设全过程监管，加强勘察、设计、图审、施工、监理、验收等各环节管理，加强排水管材质量监管。统筹规划、有序建设，稳步推进建制镇污水处理设施建设，适当预留发展空间，宜集中则集中，宜分散则分散，着力加强“五河一湖一江”沿岸建制镇生活污水处理设施建设。

（3）强化城乡垃圾整治。根据生活垃圾日清运量适度超前建设与生活垃圾清运量增长相适应的焚烧处理设施或通过跨区域共建共享方式建设焚烧处理设施。开展既有焚烧处理设施提标改造，完善污染物处理配套设施，逐步提高设施运行的环保水平。稳步提升厨余垃圾处理能力。鼓励县（市、区）统筹共建共享厨余垃圾集中处理设施。稳步推进生活垃圾分类。进一步完善设区城市生活垃圾分类投放、分类收集、分类运输、分类处理系统，推动县城生活垃圾收集处理能力全覆盖，逐步提高农村生活垃圾分类减量和资源化利用水平。加强江河湖库水面漂浮垃圾清理，严查随意堆放、倾倒行为。

（4）强化保护渔业资源整治。稳妥推进“五河”干流禁捕退捕，科学划定禁捕水域，有序开展资源利用，助力渔业绿色发展。加强禁捕水域市县渔政执法机构队伍建设，确保与长江“十年禁渔”任务相匹配。加强重点水域垂钓管理，细化各地重点水域禁钓区和可垂钓区，建立钓法、钓饵、钓具和钓获物的名录，严厉打击生产性垂钓行为，规范重点水域垂钓行为。加大退捕渔民职业技能培训、创业辅导和跟踪服务力度，完善并落实支持退捕渔民就业创业政策措施。加强全流程、全环节、全链条溯源打击，斩断非法捕捞、运输、销售的黑色产业链利益链。加快出台《江西省水生生物保护工程规划（2021—2025）》，建立健全全省水生生物资源调查监测体系和长江江豚保护救护体系。

（5）强化黑臭水体管理和治理。持续开展县级及以上城市建成区黑臭水体问题排查整治，加快推进已排查县级及以上城市黑臭水体整治工作；继续巩固设区市城市建成区黑臭水体治理成效，建立长效机制，加强水质监测，防止“返黑返臭”。持续排查并动态更新全省农村黑臭水体清单，有序推进农村黑臭水体治理。以房前屋后河塘沟渠和群众反映强烈的黑臭水体为重点，科学实施截污控源、生态修复、清淤疏浚和水系连通等工程，基本消除大面积黑臭水体。强化农村黑臭水体所在区域河湖长履职尽责，实现水体有效治理和管护，防止“返黑返臭”。

（6）强化船舶港口污染防治。推动落实船舶污染物船岸交接和联合检查制度，加强船舶污染物全链条管控，继续落实内河港口船舶生活垃圾免费接收政策。加快推进老旧船舶淘汰，鼓励和引导选用具有规模化应用前景和典型示范效应的优选新能源船型。加快船舶受电设施改造，同步推进码头岸电设施改造，提高港船岸电设施匹配度，全面提升信息化水平，稳步提高靠港船舶岸电使用率。

（7）强化破坏湿地和野生动物资源整治。认真贯彻实施《湿地保护法》，依法对湿地的保护、修复、利用等活动进行监督检查，严厉查处破坏湿地的违法行为。积极推进湿地资源运营机制创新试点以及小微湿地保护和利用示范点建设，进一步完善湿地生态效益补偿机制，促进生态效益向经济效益转化。持续开展鄱阳湖国际重要湿地和鄱阳湖南矶国际重要湿地生态状况监测，在鄱阳湖区域经常性开展湿地候鸟保护专项行动，切实维护鄱阳湖湿地生态安全。进一步压实野生动物保护责任，严厉打击破坏野生动物资源犯罪行为，健全野生动物保护管理长效机制。

（8）强化畜禽粪污资源化利用提质行动。持续实施绿色种养循环农业试点和畜禽粪污资源化利用整县推进项目，因地制宜推广“畜-沼-果”、第三方集中处理等模式，培育粪肥利用收贮运为一体的社会化服务组织，促进粪肥就近就地还田利用，巩固和提升畜禽养殖粪污资源化利用质量。开展粪肥还田补奖试点，扶持粪肥还田利用专业化服务组织，打通种养循环堵点。

（9）强化农药化肥减量化行动。以鄱阳湖周边地区为重点，引导病虫防治专业化服务组织开展统防统治，带动群防群治。推行绿色防控，集成示范生态调控、理化诱控、生物防治等绿色防控技术。改进施肥方式，推广侧深施肥、水肥一体化等施肥方式和缓释肥、水溶肥等新型肥料。强化有机肥推广使用，鼓励引导农民增施有机肥，因地制宜种植绿肥。培育扶持一批专业化服务组织，开展肥料统配统施社会化服务。鼓励农企合作推进测土配方施肥。

（10）强化河湖“清四乱”整治。强化河湖“四乱”问题清理整治，以长江干流江西段岸线利用项目和长江非法矮围专项整治为重点，巩固清理整治成果。持续推进河湖圩堤管理范围内建房问题整治，开展妨碍河道行洪突出问题排查整治，强化督查暗访，坚持问题导向，加强问题整改，建立动态销号，坚决制止和查处河湖管理范围内乱占、乱采、乱堆、乱建等违法行为。

（11）强化非法采砂整治。加强河湖采砂管理，全面落实采砂管理责任，科学编制采砂规划，加大现场监管力度，规范河道砂石利用管理。持续开展河道非法采砂专项整治，严厉打击非法采砂行为。

（12）强化水域岸线利用整治。结合“三区三线”划定，优化城镇建设空间布局，保护河湖蓝线。全面依法划定河湖管理范围，严格水域岸线分区管理和用途管制。开展五河一湖岸线利用项目清理整治，强化涉河建设项目许可，加强事中事后监管。维护岸线生态功能，对人工岸线进行必要改造，因地制宜建设各具特色的岸线景观带，打造生态岸线、最美岸线。

（13）强化入河排污口整治。开展长江入河排污口统一命名编码和溯源工作，做好规模化入河排污口监测工作；依法取缔违法设置排污口，清理合并污水散排口，规范管理保留排污口；依法依规完成排污口标识牌设置；严厉打击污水溢流直排等违法行为。

（14）强化河湖水库生态渔业整治。加大尾水治理建设力度，通过进排水改造、生物净化、人工湿地、种植水生蔬菜花卉等技术措施，推进养殖节水减排。结合水产绿色健康养殖技术推广“五大行动”，在全省推广池塘工程化循环水、工厂化循环水、稻鱼综合种养、鱼菜共生等特色、高效、健康水产养殖方式。

（15）强化饮用水源保护。制定实施饮用水安全保障提升专项行动方案，有序推进集中式饮用水水源保护区依法划定、违法问题排查整治、规范化建设，进一步健全和完善饮用水源地监测体系和监测能力，加强水源地执法监督，不定期开展巡查检查。

（16）强化河湖水域治安整治工作。明确相关机构和专业力量持续开展河湖水域治安整治；联合开展河湖水域治安专项整治行动；联合开展保护水域生态法制宣传活动；依法严厉打击破坏水域生态环境的违法犯罪行为。

4.4.3 劣Ⅴ类水专项整治

为全面实施“河长制”升级版，持续改善水环境质量，开展消灭劣Ⅴ类水专项整治行动，江西省人民政府办公厅印发了《江西省消灭劣Ⅴ类水工作方案》（赣府厅字〔2017〕73号）。

（1）制订治水实施方案。实施方案应与《水污染防治行动计划》《江西省水污染防治工作方案》及“河长制”相衔接，明确实施范围、工作目标、主要任务、重点项目、进度安排、监管手段、保障机制等内容，并将任务项目化、项目清单化，明确时间表、项目表、责任表，明确整治期限、责任人及达标时间，确保按时消灭劣Ⅴ类水。

（2）加强断面水质监测。按照《地表水和污水监测技术规范》（HJ/T 91—2002）、《环境水质监测质量保证手册》（第二版）和《国家地表水环境质量监测网监测任务作业指导书》要求，定期对全省295个国控、省控和县界断面开展监测；针对2016年以来出现过劣Ⅴ类和Ⅴ类水质的44个重点断面，除开展正常例行监测外，每月中下旬随机加密监测一次。工矿企业及工业聚集区污染治理。强化建设与运营并重，加大对水环境影响较大的工矿企业综合整治力度。2017年年底前，各设区市全面完成排查取缔造纸、制革、印染、电镀、农药等不符合环保要求的“十小”生产项目，完成工业集聚区污水集中处理设施建设，废水总排污口要安装在线监控装置并与环境保护部门联网。城镇生活污水治理。加快城镇污水处理设施建设与改造，完善配套管网建设，切实提高污水收集率、处理率和污水处理厂达标排放率。

（3）农村生活污水垃圾整治。强化农村生活污染源排放控制，不断提高污水处理设施的收集处理率，采取城镇污水管网延伸、集中处理和分散处理等多种形式，有效治理农村生活污水。

（4）农业面源污染防治。普及测土配方施肥技术，加快推广使用有机肥、配方肥、缓释肥、生物肥料等，努力减少化肥使用量。2017年年底前，依法关闭或搬迁禁养区内畜禽养殖场（小区）。推进规模化畜禽养殖场（小区）配套建设废弃物处理利用设施。以畜牧大县和规模养殖场为重点，以沼气和生物天然气为主要处理方向，以农用有机肥和农村能源为主要利用方向，强化责任落实，严格执法监管，全面推进畜禽养殖废弃物资源化利用。因地制宜开展水产养殖污染综合治理，严控水产养殖面积和投饵数量，推进健康生态养殖。充分利用大中型灌区、农田灌溉退水渠等现有沟、塘、坝等，配置水生植物群落、格栅和透水坝，建设生态沟渠、污水净化塘、地表径流集蓄池等设施，净化农田排水及地表径流。

（5）入河排污口整治。全面完成全省入河排污口排查，加强入河排污口设置审核，依法规范入河排污口设置。未依法办理审核手续的，2017 年年底要全面完成补办手续。全面清理非法设置、不合理设置、整治后仍无法达标排放的排污口；对可以保留但需整改的，2017 年年底要整治验收完成。保留的排污口和雨排口要设置规范的标识牌，实施“身份证”管理，公开排放口名称、编号、汇入主要污染源、整治措施和时限、监督电话等信息。

（6）实施生态保护与修复工程。加大稀土矿山环境综合治理与生态修复，妥善处理稀土开采的历史遗留问题，加强治理稀土矿环境污染及水土流失等问题。加大河流生态化整治，严禁采用调水以稀释污染物浓度等措施。积极开展生态清淤、河道驳岸生态化改造，推进河流生态化治理。

（7）提升环境风险防控水平。暂无劣Ⅴ类水消灭任务的市、县（市、区）政府，全面排查环境风险，严防出现劣Ⅴ类水。对于有下降趋势的断面，及时排查，分析原因，采取措施，加强监管，降低水质恶化风险。Ⅳ、Ⅴ类水质断面力争水质稳步提升，Ⅲ类及以上水质断面水质稳中向好不降类。将风险纳入常态化管理，构建全过程、多层级风险防范体系；建立风险防控工业企业实时监控体系，严格源头防控、深化过程监管，严厉打击污染治理设施不规范、不运行、偷排、漏排现象，强化事前督导和事后追责，落实企业主体责任；制定和完善水污染事故处置应急预案，落实责任主体，明确预警预报与响应程序、应急处置及保障措施等内容。

4.4.4 “清四乱”三年攻坚行动

根据《水利部办公厅关于深入推进河湖“清四乱”常态化规范化的通知》（办河湖〔2020〕35 号），为贯彻落实《关于纵深推进河湖“清四乱”常态化规范化的若干措施》（总河（湖）长令〔2023〕第 1 号）工作部署，进一步强化河湖管理保护，坚决清理整治河湖管理范围内“乱占、乱采、乱堆、乱建”等突出问题，推动河长制湖长制工作取得实效，以推动河长制湖长制“有名”“有实”为主线，深入推进河湖“清四乱”常态化、规范化，持续改善河湖面貌，努力建设幸福河湖。

持续深入推进河湖“清四乱”常态化、规范化，全面排查和清理整治全省河湖管理范围内乱占、乱采、乱堆、乱建等突出问题，做到及时发现、及时制止、及时处置。遏增量、清存量，做到“四乱”问题动态清零。“查、认、改、罚”四个环节，环环相扣、步步到位。建立健全河湖管理保护长效机制，构建美丽河湖、健康河湖，让每条河流都成为造福人民的幸福河。

“清四乱”整治范围为全省河道、湖泊管理范围内乱占、乱采、乱堆、乱建等突出问题，由大江大河大湖向中小河流、大中型灌区骨干渠系、农村河湖延伸，实现全省河湖全覆盖（无人区除外）。对于大江大河大湖，要突出整治涉河违建、非法围河围湖、非法堆弃和填埋固体废物等重大违法违规问题；大中型灌区骨干渠系、农村河湖要围绕乡村振兴战略，着力解决垃圾乱堆乱放、违法私搭乱建房屋、违法种植养殖问题，推进水环境和农村人居环境改善。主要整治内容包括：

“乱占”问题，主要为围垦湖泊；未依法经省级以上人民政府批准围垦河道；非法侵占水域、滩地；种植阻碍行洪的林木及高秆作物。“乱采”问题，主要为未经许可在河道管理范围内采砂，不按许可要求采砂，在禁采区、禁采期采砂；未经批准在河道管理范围内取土。“乱堆”问题，主要为河湖管理范围内乱扔乱堆垃圾；倾倒、填埋、贮存、堆放固体废物；弃置、堆放阻碍行洪的物体。“乱建”问题，主要为水域岸线长期占而不用、多占少用、滥占滥用；未经许可和不按许可要求建设涉河项目；河道管理范围内修建阻碍行洪的建筑物、构筑物。对群众反映强烈或媒体曝光的河湖其他违法违规问题，各地应主动纳入整治范围。

4.4.4.1 指导思想

以习近平新时代中国特色社会主义思想为指导，全面贯彻党的二十大精神，积极践行习近平总书记“节水优先、空间均衡、系统治理、两手发力”治水思路以及关于推动长江经济带发展系列重要讲话和指示批示精神，充分发挥河湖长制平台作用，纵深推进河湖“清四乱”常态化规范化，推动江西省河湖面貌持续改善，努力建设幸福河湖。

4.4.4.2 工作目标

全面摸清和清理整治河湖管理范围内乱占、乱采、乱堆、乱建等“四乱”突出问题，发现一处、清理一处、销号一处，坚决遏增量，清存量。2023 年底前完成河湖“四乱”问题全面排查，“清四乱”攻坚行动取得明显成效；2024 年起开始整治攻坚，逐年进行问题销号；2026 年 8 月底前基本完成攻坚行动任务，河湖面貌明显改善。在开展“清四乱”攻坚行动基础上，健全河湖管理保护长效机制，推动河湖“清四乱”工作常态化、规范化和制度化，不断构建美丽河湖、健康河湖江西样板。

4.4.4.3 主要工作内容

1. 行动范围

在全省河湖管理范围内全面排查“乱占、乱采、乱堆、乱建”问题。综合运用日常巡查、遥感监测、实地核查、群众举报等多种方式，做到横向到边、纵向到底，不留空白、不留死角，全面摸排查清。坚决清理整治河湖“四乱”问题，做到应改尽改、能改速改、立行立改以及动态清零。已纳入全省河湖圩堤管理范围内房屋问题整改等专项行动的，请各地按既定安排落实整改，不再纳入本次行动排查整治范围。

2. 整治原则

各地要统筹发展和安全，严守安全底线，聚焦河湖水域岸线空间范围内违法违规建筑物、构筑物，依法依规、实事求是、分类处置，不搞“一刀切”。要按照《水利部关于加强河湖水域岸线空间管控的指导意见》（水河湖〔2022〕216 号）要求，1988 年 6 月《中华人民共和国河道管理条例》出台前的涉水违建问题作为历史遗留问题，逐项科学评估，影响防洪安全的限期拆除，不影响防洪安全或通过其他措施可以消除影响的可在确保安全的前提下稳妥处置。1988 年 6 月《中华人民共和国河道管理条例》出台后至 2018 年底的涉水违建问题作为存量问题，依法依规分类处理，对妨碍行洪、影响河势稳定、危害水工程安全的建筑物、构筑物依法限期拆除并恢复原状；对桥梁、码头等审批类项目进行防洪影响评价，区分不同情况，予以规范整改，消除不利影响。2019 年 1 月 1 日以后出现的涉水违建问题作为增量问题，坚决依法依规清理整治。

3. 主要工作任务

“清四乱”攻坚行动工作任务主要包括全面排查、整治攻坚、长效巩固等内容，于 2023 年 8 月开始，2026 年 8 月底全面完成。

(1) 全面开展排查，建立“四乱”问题台（2023 年 12 月底前）。各地要结合管护巡查、巡河检查、水利部河湖遥感图斑核查等工作，按照《江西省河湖“清四乱”专项问题认定及清理整治标准（试行）》（赣河办字〔2018〕76 号）要求，以县（市、区）为单元开展地毯式排查，全面查清河湖“四乱”问题，逐河逐湖建立问题清单，对于技术力量不足的，各地可委托第三方运用卫星遥感、无人机等手段，协助开展全面排查工作。对河湖“清四乱”攻坚行动期间群众反映强烈或媒体曝光的河湖其他违法违规问题，各地应主动纳入攻坚行动整治范围。要按照《水利部关于印发河湖管理监督检查办法（试行）的通知》（水河湖〔2019〕421 号）中附件 1 及其他有关要求，划分问题严重程度，区分一般问题、较严重问题和重大问题，明确整改措施、时限和责任，全面建立所辖流域内问题及整改台账，形成河湖“四乱”问题及整改台账，在 2023 年 12 月 5 日前并上报至省水利厅。各地在全面排查阶段，对发现的违法违规问题要做到边查边改，及时发现、及时清理整治。对于在河湖遥感图斑核查工作中，已认定为问题的，需纳入“清四乱”攻坚行动排查整治问题清单，在当年完成整改销号。各设区市水利局要加强问题排查的督促指导，确保不留空白、不留死角。省水利厅将适时组织开展工作核查，对于核查发现存在有台账外的重大“四乱”问题，将在河湖长制考核中予以扣分。

（2）全力整治攻坚，及时完成问题销号（2026 年 8 月底前）。各地要压紧压实问题整改责任，针对全面排查发现的问题，逐项细化明确清理整治目标任务、具体措施、责任分工和进度安排，要按照水利部要求，依法依规、实事求是、分类施策、全力攻坚、逐步销号。整治攻坚要做到应改尽改、能改速改、立行立改。对于重点难点问题，要建立协调和督办机制。对处置过程中新发现、回弹、整治不到位的问题及时纳入整改台账持续整改直至销号。从 2023 年起，每年 12 月 15 日前提交下一年清理整治任务计划，各地当年清理整治任务完成原则上不得低于排查问题总数的 30%。各地要按照江西省河湖“清四乱”三年攻坚行动清理整治销号流程要求，及时履行整治销号手续，按照清理整治一个销号一个的原则，做到动态销号，原则上 2026 年 8 月底前基本完成排查问题的销号工作。对于不能按期销号的，经县级以上总河湖长审核同意，可在销号截止日期前 1 个月申请延期，延期时限不得超过 1 年，其中：一般问题不得延期；较严重问题应当经由县级总河（湖）长审核同意；重大问题应当经由市级总河（湖）长审核同意。对于整改进度严重滞后或整改不到位的将提级督办。

（3）健全长效机制，巩固攻坚行动成果。各地要以本次河湖“清四乱”攻坚行动为契机，不断夯实河湖管理基础，规范处置涉水违建问题，认真总结行动取得的成效、存在问题和经验做法，不断健全河湖管控长效机制，对“四乱”增量问题“零容忍”。加快河湖管理范围划定。力争在 2023 年年底前完成流域面积 $50km^2$ 以下（水利普查名录外）河湖划界工作，持续开展河湖管理范围划界成果复核，对于不依法依规，降低划定标准人为缩窄河道管理范围，故意避让村镇、农田、基础设施以及建筑物、构筑物等问题，督促各地及时整改，依法公告；对于因未开展河湖地形测量、水文分析等，导致前期划界成果与实际和法规不符的，要严格审查，依法依规修正。加强涉河建设项目管控。严格按照法律法规以及岸线功能分区管控要求等，对跨河、穿河、穿堤、临河的桥梁、码头、道路、管道、取（排）水等涉河建设项目，遵循确有必要、无法避让、确保安全的原则，严把受理、审查、许可关，不得超审查权限，不得随意扩大项目类别，严禁未批先建、越权审批、批建不符。要常态化开展涉河建设项目事中事后监管，对影响行洪安全、批建不符等苗头性问题，做到早发现、早制止、早处理。加大河湖管理执法检查。各级水行政主管部门要加大日常巡查监管和水行政执法力度，充分发挥省、市、县（市、区）、乡（镇、街道）、村级河湖长巡河巡湖机制，强化河湖日常管理。要加强与公安、检察机关互动，完善跨区域行政执法联动机制，完善水行政执法与刑事司法衔接、与检察公益诉讼协作机制，完善上下联动的河湖监督检查体系，防止已整治问题反弹，杜绝重大问题发生，不断提升水行政执法质量和效能。推进河湖智慧化监管。各级水行政主管部门要充分利用卫星遥感、视频监控、无人机、App等技术手段加强河湖管护，提高河湖监管的信息化、现代化水平。各地要利用全国“水利一张图”及河湖遥感本底数据库，组织及时将河湖管理范围划定成果、岸线规划分区成果、涉河建设项目情况上图入库，实现动态监管。

4.5 考评体系应用与改进

4.5.1 考核评价应用

随着河湖长制工作的不断推进，跨部门河湖长制成效考评体系构建自2016年以来不断得到应用和拓展，近几年先后开展的生态鄱阳湖流域建设行动、清河行动、劣Ⅴ类水专项整治和“清四乱”三年攻坚等多项专项行动，也是跨部门河湖长制成效考评体系的拓展与延伸。通过跨部门河湖长制成效考评体系构建，科学严谨的数据统计，解决不同考评人打分尺度不一、普遍高分等问题，实现11个地市100个县（市、区）成绩大排名，评定结果作为各指标反馈依据，发挥了河湖长制综合考评体系的引导、发展和激励作用。

（1）引导：通过水生态、水安全、水环境等指标的分类考评，引导相关责任单位形成目标一致性的共识。以往各单位容易从自身职责的视角出发理解目标，忽视本部门所承担的子目标与其他关联子目标、与总目标的关系，导致执行层面出现步调不同、结果质量要求不一致等情况，影响部门间协作的效果。考评体系构建后，通过明确各部门的职能范围，划分部门之间协作的范畴，引导跨部门相互配合，形成合力，更加针对性地解决问题。

（2）发展：通过综合考评，有效反映各地的优势、特色和短板，有利于在各级总河长的指导下，针对性发展，聚焦重点发力，统筹谋划、强化措施，层层分解责任，做好“盯黑板、补短板、锻长板、固底板、找跳板”，有力有序推动河湖长制有名有实有效。

（3）激励：结合“对河长制湖长制工作推进力度大、河湖管理保护成效明显的地方，综合考虑区域平衡及发展差异等情况，在分配年度中央财政水利发展资金时予以适当倾斜”，考评通过对日常管理工作、水环境质量、加分扣分等同步进行后，有效明确了工作发力点和积极性，全力打好河湖管理攻坚战，深入开展河湖“清四乱”专项整治、河湖采砂管理、河湖管理范围划定、河湖水环境水生态治理修复等重点工作，真抓实干、担当作为，河长制湖长制工作取得明显成效。

4.5.2 考核过程问题反馈

4.5.2.1 考核过程问题识别

在考核过程中，通过组织参与考核的工作人员对考核过程建立识别流程，包括问题的发现、报告和记录，并对问题按照不同类别进行分类，保证问题能够迅速传达到相关负责人，从而得到解决。以2016年考核过程为例，虽然形成了科学的跨部门多层级矩阵式考评体系，但在实际操作中，仍发现考核存在以下问题，如时间效率低、精确性不足、普适性不够、考核指标体系不够完善、指标权重设置公平性不够等。

4.5.2.2 问题分类与分析

针对以上考核过程中的问题进行深入分析，分别找出其根本原因。

1. 时间效率低

主要原因是由于组织技术基础不够，没有建立起支持电子化自动考核的系统或平台，导致考核数据收集和整理通过人工考核计算，每个步骤需要人工干预，考核流程过于繁琐，从而降低了考核的整体效率。

2. 精确性不足

主要原因是由于人工参与考核的过程中，考核指标存在模糊或不明确的定义，导致评估过程中的主观性和不一致性。另外由于人工考核计算，在数据采集、录入或处理环境容易引入错误，尤其是大量数据处理时，增加了数据准确性的风险。

3. 普适性不够

由于江西省河流水库众多、水系发达、河湖问题复杂多样，各地区发展不平衡不充分问题突出，各地区的基础条件各不相同，从单一的水质指标的好坏去考核各地的河长制工作过于定制化，缺乏各设区市对考核体系的参与反馈，导致设计不符合实际需求。

4. 考核指标不够完善

存在部分考核指标设置过于细碎，没有突出考核的重点和指向性，且部分指标设置更倾向选择体制机制建设、治理方案制定、主要任务完成情况等，对河湖健康状况及河湖管护成效方面的考核不够重视，比如对水质提升、是生态修复等河湖更深层次问题的关注不够多，不利于解决河湖面临的长期性、根本性问题。

5. 指标权重设置公平性不够

考核指标权重的设置可能在决策过程中缺乏一定的透明度，使得被考核对象对于权重的分配不理解，感觉不公平，即使做缺项处理，在总体得分上仍存在差异，导致权重设置不符合被考核对象的期望。

6. 考核激励和问责力度还有待加强

对于考核结果优秀的，奖励措施仅针对地区或部门进行项目和财政支持，缺乏对河湖长的个人激励。

4.5.2.3 建立问题反馈机制

设立多种问题反馈渠道，提供多样化的反馈途径，包括电子邮件、定期会议、电话反馈渠道等，以确保关键的考核过程中的问题能够迅速传达到相关人员，并定期对考核问题反馈进行归类整理，并对反馈的问题提出相应的解决和完善方案。

4.5.3 考核评价改进优化

跨部门河湖长制成效考评体系经过近十年的应用，许多创新机制对已有体制进行了优化完善，具体的考核评分指标也进一步得到精细和完善，其中水环境健康越来越受到重视，水环境质量考评所占分值越来重，因此，结合研究结果，负责水环境质量考评的责任单位省生态环境厅于2019年起单独对“水环境质量”部分进行考核评分，分值100分。2023年跨部门河湖长制成效考评指标以100分计分，总得分＝〔综合×70％＋水环境质量×30％〕－扣分项，则各项评价内容赋分分别为：水安全体系评价16.1分、水环境体系评价46.8分、水生态体系评价18.9分、水管理体系评价14.7分、水文化体系评价3.5分，具体详见表4－18。

表4－18　2023年跨部门河湖长制成效考评指标指标分值

目标层	准则层	指　标　层	评分值
2023年跨部门河湖长制成效考评A	水安全（23分×0.7）	强化水安全保障（省水利厅）	8分×0.7
		排查整治小水电风险隐患（省水利厅）	2分×0.7
		强化工业污染集中整治（省工信厅）	4分×0.7
		强化农药化肥减量增效（省农业农村厅）	3分×0.7
		强化入河排污口整治（省农业农村厅）	3分×0.7
		强化饮用水水源保护（省生态环境厅）	3分×0.7
	水环境（24分×0.7＋30分）	完成农村生活治理率年度目标（省生态环境厅）	1分×0.7
		城镇生活污水治理（省住建厅）	2分×0.7
		城乡生活垃圾治理（省住建厅）	2分×0.7
		强化城市黑臭水体管理和治理（省住建厅）	3分×0.7
		强化船舶港口污染防治（省交通运输厅）	4分×0.7
		强化畜禽粪养殖污染治理（省农业农村厅）	2分×0.7
		河湖“清四乱”三年攻坚行动落实（省水利厅）	10分×0.7
		水环境质量（省生态环境厅）	30分
	水生态（27分×0.7）	持续开展生态鄱阳湖流域建设（省水利厅）	1分×0.7
		推进山水林田湖草沙一体化保护修复（自然资源厅）	1分×0.7
		强化湿地资源用途管制（省林业局）	1分×0.7
		持续深化省内流域上下游横向生态保护补偿（省生态环境厅）	1分×0.7
		强化幸福河湖建设推进（省水利厅）	10分×0.7
		规范管理合法采砂（省水利厅）	3分×0.7
		持续强化渔政执法监管（省农业农村厅）	3分×0.7
		强化破坏湿地和野生动物资源整治（省林业局）	3分×0.7
		强化河湖水库生态渔业整治（省农业农村厅）	3分×0.7
		推进河湖健康评价（省水利厅）	1分×0.7
	水管理（21分×0.7）	创建省级节水型企业（省水利厅）	0.5分×0.7
		推进水资源集约节约利用（省水利厅）	1分×0.7
		创建省级节水型灌区（省水利厅）	0.5分×0.7
		部署节水和污水资源化利用工作（省发展改革委）	1分×0.7
		深化智慧河湖建设（省水利厅）	1分×0.7
		持续提升厨余垃圾能力（省发展改革委）	1分×0.7

续表

目标层	准则层	指 标 层	评分值
2023 年跨部门河湖长制成效考评 A	水管理（21 分×0.7）	完善河湖管理范围划界成果（省水利厅）	1 分×0.7
		持续加强重点渔村“一村一策”（省人社厅）	1 分×0.7
		健全野生动物保护管理长效机制（省公安厅）	1 分×0.7
		强化河湖水域治安整治工作（省公安厅）	4 分×0.7
		强化河湖长制组织和责任体系（省水利厅）	5 分×0.7
		发挥志愿者、社会团体及组织等作用（团省委）	1 分×0.7
		持续推行领导干部自然资源资产离任审计（省审计厅）	1 分×0.7
		强化河湖长制监督检查（省水利厅）	2 分×0.7
	水文化（5 分×0.7）	强化水文化传承（省文旅厅）	1 分×0.7
		河湖长制培训，河湖长制进党校（省水利厅）	1 分×0.7
		河湖长制宣传（省委宣传部）	2 分×0.7
		强化社会公众参与意识，强化中小学生河湖保护和涉水安全意识（省教育厅）	1 分×0.7

目前，跨部门河湖长制成效考评体系应用情况成效显著，考核情况符合真实、准确、完整的原则，体现了考评的价值导向，有效推进了河湖长制工作的走深走实。考核管理有序，考核指标根据不同工作特点，紧紧围绕高质量发展，易于理解，清晰明确。但考虑到工作要求的不断提升和调整，河湖长制成效考评体系指标不能一成不变，还需紧跟政策发展方向和需求，加强精细化、精准化发展，不断进行调整，并根据汇总考核指标后采用排序法，确定各级指标权重，提高河湖长制成效考评的针对性和有效性。

4.6 过程考核与系统研发

4.6.1 过程考核主要技术

4.6.1.1 总体介绍

围绕着河湖管理中的评价与考核问题，提出了基于幸福河湖、专项整治、河湖长制建设的综合评价与水环境质量评价的考核评价方法，初步构建了自动化评价算法库，将统计算法、AI识别算法、校验算法和计数算法等技术融入评价过程，实现了对评价指标的即时性分析和自动化算分。着重研究解决传统考核评价方法存在的时间效率低、精确性不足、综合性不强和标准化问题，通过自动化评价算法库，提高评价工作的效率，大幅减少人力资源的投入，多指标自动化评价流程示意如图 4-3 所示。同时，自动化评价算法的客观性和准确性，能够消除主观因素和主管部门个体差异的影响，提高评价结果的精确性。此外，通过定制化权重分配机制，建立了“多指标三层级两分类”为一体的河湖长制效能评估方法，综合考虑多个评价指标的重要性，使评价结果更全面，如图 4-4 所示。

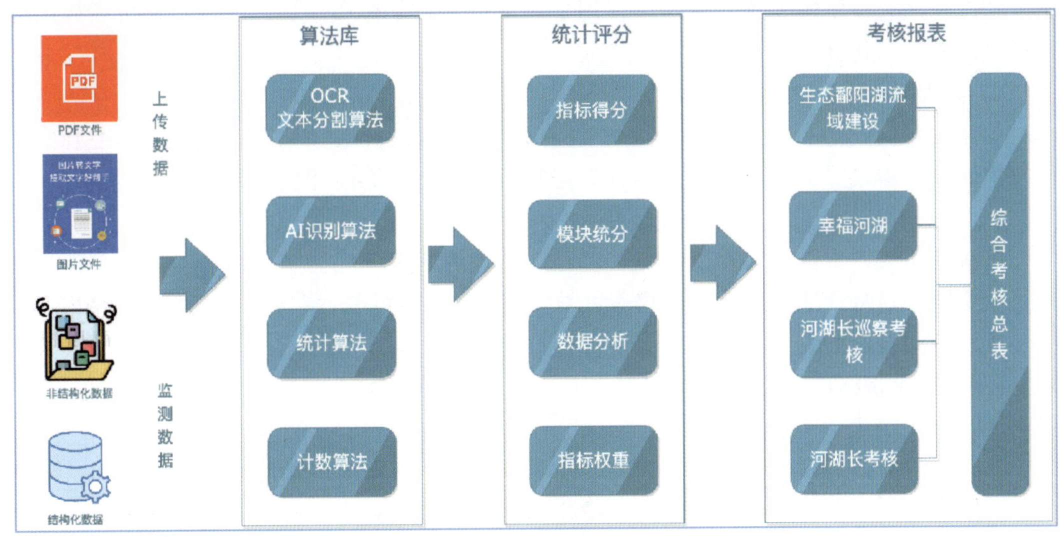

图 4-3 多指标自动化评价流程示意图

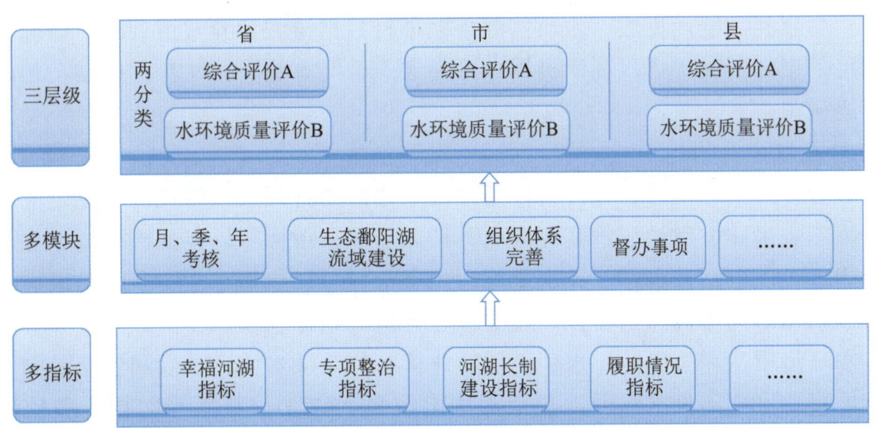

图 4-4 多指标三层级两分类

4.6.1.2 关键技术

1. 评价指标的确定

根据相关的法律法规和政府要求，确定评价指标体系，包括综合评价指标和水环境质量评价指标。综合评价指标可以包括河湖环境质量、水资源利用效率、水生态保护等方面的指标，水环境质量评价指标可以包括水质、水生态、水量等方面的指标。

2. 数据采集与处理

建立对河湖管理中的各个环节进行数据采集的机制，在评价过程中获取相关数据，包括监测数据、河湖管理行为数据、综合评价数据等。利用统计算法、AI 识别算法等技术对数据进行处理和分析，提取关键特征。

3. 自动化评价算法库的设计

根据评价指标的特点和要求，建立自动化评价算法库，包括统计算法、AI 识别算法、校验算法和计数算法等。这些算法可以用于评价指标的分析和计算，实现对评价指标的即时性分析和自动化算分。

4. 客观性和准确性的设计

在算法库的设计和实施过程中，注重提高评价结果的客观性和准确性。消除主观因素和主管部门个体差异的影响，通过客观数据和科学算法，提高评价结果的精确性。

5. 定制化权重分配机制和评价方法

根据具体的评价需求和环境特点，建立定制化的权重分配机制，综合考虑多个评价指标的重要性。同时，通过多指标三层级两分类的方法，将评价指标进行层级划分和分类，综合考虑不同指标的权重和关联性，使评价结果更加全面。

4.6.1.3 评价指标的确定

1. 数据收集与分析

收集相关数据是评价指标确定的关键步骤。首先，获取政府部门、环保机构和监测站点所提供的监测数据，这些数据包括水质监测、水量监测和生态监测等。此外，还可以利用遥感技术获取的河湖遥感影像数据，补充综合评价的数据来源。

利用统计分析和数据挖掘技术，对采集到的数据进行预处理和分析，以提取关键特征。例如，可以利用统计算法对水质监测数据进行数据清洗和异常值处理，以确保数据的准确性和可信度。同时，可以利用机器学习和人工智能算法，构建数据模型，预测和识别河湖的环境质量。

2. 评价指标体系构建

（1）综合评价指标：综合评价指标是评价整体河湖管理效果的关键指标，应该综合考虑河湖的生态、水质、水量、景观等方面。例如，水质指标可以包括溶解氧、总氮、总磷等；水量指标可以包括来水量、排水量等；生态指标可以包括水生态系统健康、物种多样性等。通过权衡不同指标的重要性，建立综合评价的指标权重。

（2）水环境质量评价指标：水环境质量评价指标是从水质、水量和生态等方面考察河湖的环境质量。水质评价指标可以包括水中溶解氧、COD、氨氮等参数；水量评价指标可以包括入湖入污水量、排污口数量等；生态评价指标可以包括湿地覆盖率、水生态系统完整性等。通过权衡各个指标的重要性和相关性，建立水环境质量评价的指标体系。

3. 指标数据处理与标准化

（1）指标数据处理：将采集到的指标数据进行处理和准备，包括数据清洗、归一化、数据插值等。数据清洗主要是处理异常值和缺失值，以确保数据的准确性和可靠性。归一化可以将不同数据指标的取值范围统一到相同的区间，方便不同指标的比较和综合评价。数据插值可以用于填充缺失数据，提高数据的完整性和连续性。

（2）指标标准化：针对不同的指标，制定相应的评价标准和阈值。评价标准可以参考国家和地方的相关规定、标准和指南，确保评价的科学性和准确性。通过将指标数据与评价标准进行对比和比较，将评价结果转化为定量化的分数或等级，方便进行综合评价和排名。

4. 评价指标的权重分配

针对综合评价指标和水环境质量评价指标，根据其重要性和相关性，建立相应的权重分配机制。权重可以参考相关政策文件、专家意见和公众参与的建议，通过专家评估、层次分析法或模糊数学等方法，确定不同指标的权重。确保权重的科学性和公正性，提高评价结果的准确性和可信度。

4.6.1.4 数据采集与处理

1. 数据来源与采集方式

数据来源涵盖多个方面，包括政府部门、环境监测站点、移动应用、遥感技术等。政府部门和环境监测站点提供的监测数据是河湖管理评价的主要数据源，包括水质监测、水量监测、生态监测等。移动应用可以通过公众的参与，收集实时的水环境数据，如水质状况、水生态信息等。遥感技术可以通过卫星或无人机对河湖区域进行遥感影像获取，提供综合评价的数据基础。

数据采集方式可以包括手动采集和自动化采集两种方式。手动采集是指人工对现场数据进行采集，包括水质监测仪器的使用、生态调查等。自动化采集是指利用传感器、监测设备等自动采集数据，实现数据的连续和自动化。应根据具体评价需求，合理选择采集方式，以保证数据的准确性和时效性。

2. 数据处理与分析

对采集到的数据进行预处理，包括数据清洗、异常值处理、缺失值填补等。数据清洗主要用于处理异常值和噪声，以确保数据的准确性和可靠性。异常值处理通常采用统计方法，如 3σ 原则或箱线图分析。对于缺失值，可以利用插值法进行填补，如线性插值、拉格朗日插值等。

将来自不同数据源的数据进行集成与整合，以建立完整的评价数据集。不同数据源的数据格式和结构可能有所差异，需进行数据转换和整合，建立统一的数据格式和数据模型。通过数据集成，使得评价工作可以基于全面和完整的数据进行。

利用统计分析、机器学习和人工智能等技术，对采集到的数据进行分析与挖掘，提取关键特征和信息。统计分析可以用于探索数据的分布规律、相关性分析、趋势分析等。机器学习和人工智能技术可以构建预测模型和分类模型，从数据中挖掘隐藏的规律和变化趋势。

3. 数据管理与共享

建立数据管理体系，包括数据存储、数据备份、数据更新和数据访问控制等。数据应以结构化的方式进行管理，包括建立数据库、数据仓库或数据湖等。同时，确保数据的安全性和可追溯性，以防止数据泄漏和滥用。

建立数据共享机制，促进相关部门之间的数据共享与交流。数据共享可以通过数据共享平台、API 接口、数据开放等方式进行。同时，要关注数据共享的隐私保护和合规性，确保数据共享的安全性和合法性。

4.6.1.5 自动化评价算法库的设计

自动化评价算法库的设计是为了实现河湖管理评价与考核过程中评价指标的自动计算和分析，提高评价工作的效率和准确性。

1. 基本框架与功能

自动化评价算法库的基本框架包括数据处理模块、评价指标计算模块、模型训练与应用模块以及结果展示与报告模块。数据处理模块用于数据的清洗、整合和预处理；评价指标计算模块用于根据数据进行指标计算和分析；模型训练与应用模块用于构建评价模型和进行预测与决策支持；结果展示与报告模块用于以图表、报告等形式展示评价结果。

自动化评价算法库应具有以下基本功能：

（1）数据导入与处理：能够导入不同格式的数据，进行数据清洗、整合、预处理和数据质量控制等操作。

（2）评价指标计算：根据已定义的评价指标体系，自动计算各个评价指标，并通过数据处理和分析方法提取关键特征和信息。

（3）模型训练与应用：基于训练数据，建立相应的评价模型，用于预测和决策支持。可以采用统计模型、机器学习、人工智能等方法构建模型。

（4）结果展示与报告：通过图表、报告等形式直观展示评价结果，并提供交互式查询和可视化工具，方便用户进行分析和决策。

2. 评价指标计算模块设计

根据评价指标的定义与计算方法，设计相应的算法实现指标的自动计算。可以根据指标的类型和特征，选择合适的算法和模型进行计算。例如，对于水质指标可以采用统计计算方法或基于机器学习的回归模型；对于景观指标可以采用遥感图像处理方法或基于深度学习的目标识别算法。

考虑到不同河湖管理需求的多样性，设计支持多样化评价指标的计算方法，并满足不同评价目标与环境特征的需求。可以通过可扩展的模块化设计，灵活添加或修改评价指标的计算方法。

3. 模型训练与应用模块设计

收集与河湖管理评价相关的历史数据，进行数据预处理、特征选择和数据归一化等操作，以准备模型训练所需的数据。合理选择训练数据的特征和样本，确保模型的训练效果和泛化能力。

根据评价目标和数据特征，选择合适的模型训练算法进行模型构建与训练。可以使用统计模型、机器学习算法或深度学习算法等方法，根据评价需求选择最佳算法。常见的算法包括线性回归、决策树、支持向量机、神经网络等。

利用已训练好的模型，对新的数据进行评价和预测。通过模型的应用，可以自动化分析评价指标，判断河湖管理的效果，并进行环境变化的预测。预测结果可以用于评估和指导河湖管理的决策制定。

4. 结果展示与报告模块设计

设计交互式图表、数据可视化和地理信息系统等工具，展示评价结果的图表、统计数据和地理分布等信息。用户可以通过交互式查询和可视化工具，自定义展示方式，实时浏览和分析评价结果。

根据评价结果，自动生成相应的评价报告，提供详细的分析和建议。报告应具有可读性和易懂性，结合图表和文本，以清晰的方式呈现评价结果和改进建议。

4.6.1.6 客观性和准确性的设计

客观性和准确性是评价体系设计和实施过程中需要高度关注的因素，确保评价结果的科学性和可信度。

1. 客观性设计

在确定评价指标时，应遵循客观性的原则，以确保指标的公正性和科学性。评价指标的选择应基于科学研究和数据支持，同时充分考虑相关专家和利益相关方的意见。指标的定义应明确、准确，并可被评价对象接受和理解。

数据的收集和处理过程应符合客观性的要求。采集数据时，应采用科学的方法和规范的监测操作，确保数据的准确性和可信度。数据处理过程中，应遵守数据处理原则，确保数据的公正性和可靠性，避免主观因素的干扰。

在评价过程中，需要建立明确的基准和参照标准，以便判断评价结果的客观性。基准可以是相关的法律法规、政策文件或行业标准，参照标准可以是同类评价实践的结果或国际通用的评价标准。通过依据基准和参照标准进行评价，确保评价过程的客观性。

评价人员的素质和专业能力对评价的客观性有重要影响。建立评价人员的专业队伍，确保其具备相关背景知识和技能。同时，定期组织培训课程，提高评价人员的专业水平和工作能力，进一步提高评价工作的客观性。

2. 准确性设计

数据质量是评价准确性的基础，需要建立数据质量控制和监测机制。在数据采集过程中，应严格执行质量控制措施，包括校准仪器、规范操作、重复测量等。同时，建立数据质量监测系统，定期检查数据的准确性和可靠性。

评价指标的计算方法应设计准确，确保评价结果的准确度和稳定性。评价指标计算方法应基于科学原理，结合实际情况进行优化和验证。为确保指标计算过程的准确性，可采用精确的算法和模型，并验证计算结果的一致性和稳定性。

如果评价过程中使用模型或算法，在使用前应进行验证和校准。模型验证是通过与实际数据进行对比，验证模型的适用性和准确性。模型校准是通过与准确的标准数据进行对比，调整模型参数，提高模型的准确性和预测能力。

为了增加评价的准确性和可靠性，可以邀请多个专家进行评审和咨询。专家的意见和建议可以提供对评价结果的专业鉴定和正确性验证。通过专家的参与，可以纠正评价中的潜在错误和偏差，提高评价结果的准确性。

4.6.1.7 定制化权重分配机制和评价方法

定制化权重分配机制和评价方法是为了满足不同评价对象各自特殊需求的权重分配和评价准则的设计。

1. 基本框架与功能设计

定制化权重分配机制和评价方法的基本框架包括权重分配模块、评价准则制定模块、评价结果计算模块以及反馈与调整模块。权重分配模块用于根据需求和特殊性分配各评价指标的权重；评价准则制定模块用于制定特定评价对象的评价准则；评价结果计算模块用于根据权重和评价准则计算评价结果；反馈与调整模块用于根据结果反馈进行权重和准则的调整。

定制化权重分配机制和评价方法应具有以下基本功能：

（1）定制化权重分配：根据评价对象的特殊需求和属性，支持灵活的权重分配方式，以在评价准则中反映不同指标的重要性和相关性。

（2）定制化评价准则：支持根据评价对象的特殊需求和属性定制评价准则，确保评价指标的权重和评价标准能够符合实际情况。

（3）权重与准则的调整：通过反馈和调整机制，根据评价结果和用户需求，灵活调整权重和评价准则，以提高评价结果的准确性和适应性。

（4）可视化与交互功能：提供图表、报表等方式展示权重和评价准则的分配情况，并支持用户对权重和准则进行交互式的调整和修改。

2. 定制化权重分配机制设计

对评价对象进行全面的特性分析，包括评价对象的属性、重要性、相关性等。根据评价对象的特性，确定评价指标的分类和数量，并考虑指标间的关系和权重分配的合理性。

根据评价对象特性和评价指标的重要性，确定权重分配的方法。可以采用定性和定量相结合的方法，如专家访谈、问卷调查、层次分析法、主成分分析等。通过权重分配方法，为各个评价指标分配合适的权重，确保权重的准确性和可靠性。

根据评价结果的反馈，定期进行权重和准则的调整。通过用户反馈和专家建议，收集改进建议和调整需求，及时修改权重分配和评价准则，以使评价结果更加准确和有针对性。

3. 定制化评价准则制定模块设计

根据评价对象的特定需求，分析评价准则的制定要求。例如，考虑特定的环境因素、经济指标、社会影响等。对于不同特定需求的评价对象，制定相应的准则，确保评价准则的可靠性和适应性。

根据特定需求和评价对象的属性，制定相应的评价准则。评价准则应包括评价指标的权重、评价标准的分类和分级以及标准的具体描述。准则的制定可以结合相关法律法规、行业标准以及专家经验，确保评价准则的科学性和可行性。

在制定评价准则时，考虑基准和参照标准的设定。基准可以是行业标准、法律法规或相关政策文件，参照标准可以是同类评价实践的结果或国际通用的评价标准。通过依据基准和参照标准进行评价，确保评价准则的客观性和准确性。

4. 评价结果计算模块设计

根据评价准则，对采集到的数据进行处理和转换，包括数据清洗、无效值填补、数据归一化等操作，以确保数据的准确性和一致性。

根据权重分配和评价准则，采用适当的加权计算方法计算评价结果。可以采用加权求和、加权平均等方法，确保各个评价指标的权重和准则被充分体现。

根据评价结果，通过图表、报告等方式直观展示评价结果。评价结果应准确且易于理解，同时提供详细的数据和分析，以支持决策和调整。

5. 反馈与调整模块设计

建立用户反馈机制，接收用户对评价结果和评价准则的反馈意见。通过问卷调查、用户访谈等方式，了解用户需求和意见，以改进权重和准则的分配。

邀请专家参与评价结果和评价准则的评审，以提供专业意见和建议。通过专家评审和讨论，增加评价结果的信任度和准确性，获取专业角度的改进建议。

根据用户反馈和专家评审，针对性地调整权重分配和评价准则。权重的调整可以通过问卷调查、专家访谈等方式进行；准则的调整可以通过修改评价标准和分类进行。

定期对定制化权重分配机制和评价方法进行评估和更新。通过监测评价结果的准确性和实用性，及时发现和解决问题，并灵活调整和更新权重和准则，以使评价体系持续适应评价对象的需求。

4.6.2 河长制平台系统设计

4.6.2.1 研究目标

为适应繁重的河长制管理任务和高效、便捷的工作要求，解决中枢运转过慢、信息真空等问题，确保河长制在江西落地生根，江西省开展河湖管理地理信息化平台建设工作，以信息化技术来丰富管理手段，完善技术抓手，加强“河长制”管理的技术支撑力量。江西省河长制河湖管理信息平台将以河湖保护管理为核心，突出水污染防治、水资源保护、水生态维护、河湖健康保障等核心业务。以各级党委、政府以及村级组织多级联动为驱动力，围绕河长主治、源头重治、系统共治、工程整治、依法严治、群防群治的工作方法，以河长制专题数据中心、信息化网络、基础设施云为技术支撑平台，建立河湖保护管理的长效机制，加强对全省河湖的管护能力，为江西省全面贯彻落实河长制打好基础。

4.6.2.2 系统架构图

河长制产品架构图如图 4－5 所示，Web 端功能结构图如图 4－6 所示，移动端功能结构图如图 4－7 所示。

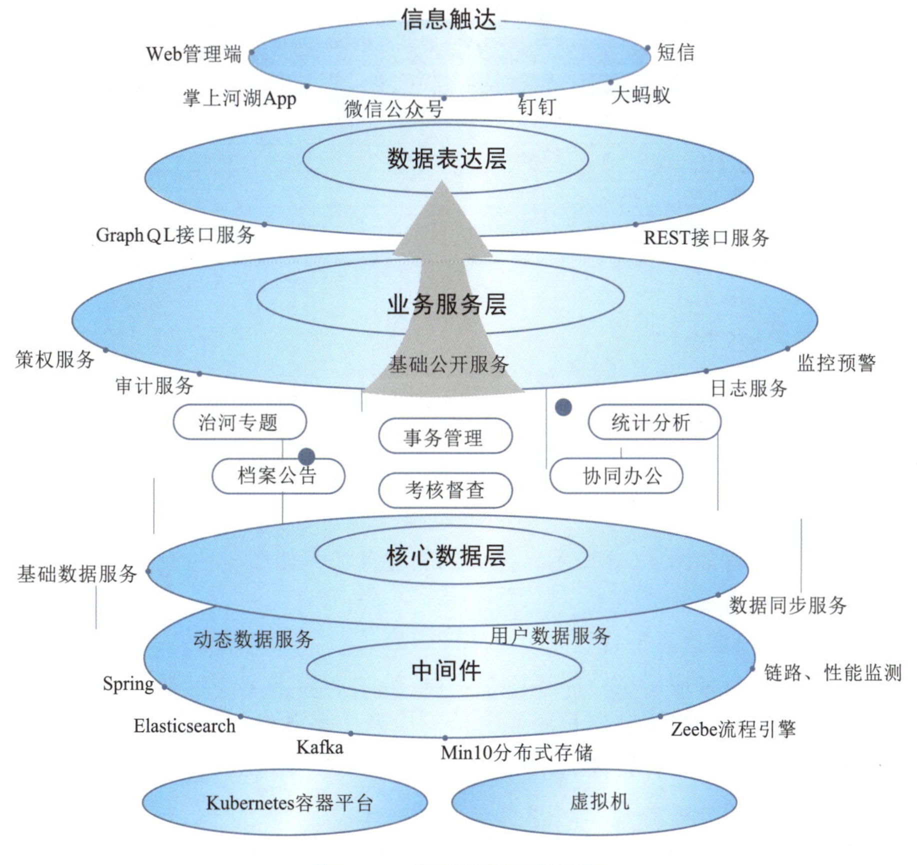

图 4－5 河长制产品架构图

- 江西省河长制河湖管理地理信息平台
  - 河长工作台：河段统计、河湖长履职、河长办管理
  - 河长办工作台：河道信息统计、待签收事宜、办理中事宜、事务统计、水质信息、水质告警、通知公告、河湖长巡查统计
  - 大屏展示：综合首页、V类及劣V类治理、专题行动、流域生态综合治理、事务处理情况、河长巡查统计
  - 一张图：水利一张图、部件图层、河段信息、部件信息
  - 巡查管理：河湖长巡查、保洁员巡查、专管员巡查、巡查员巡查、企业河长巡查、民间合作巡查
  - 治河专题：专题行动、V类及劣V类治理、流域生态综合治理、报表上报、生态鄱阳湖建设行动统计、扶贫攻坚、流域工作专报、河湖保洁、幸福河湖
  - 问题管理：巡查问题管理、专项督察问题管理、清河行动问题管理、投诉举报问题管理、督办管理
  - 协同办公：通知公告、视频会议、实时协同会商、河湖监控预警、应急预案响应
  - 考核管理：考核资料管理、考核扣分项管理
  - 信息发布：治水新闻、典型案例、法律法规、通知公告、水利读物、图集管理、视频管理、信息管理
  - 信息管理：行政区划管理、湖泊管理、水库管理、河流管理、河湖库段管理、流域管理、部件管理、公示牌管理、视频监控、数据同步
  - 河小青管理：团体管理、用户管理、团体审核、用户审核、巡查记录
  - 水利部对接：工作进展填报、旬报、双月报、年报、清四乱督查、暗访督查、河档河策
  - 统计分析：平台使用情况、基础信息完整率统计、巡查管理统计、事件汇总统计、河湖管护人员统计、水利部对接信息统计、河湖长信息统计、生态鄱阳湖流域统计、断面水质上报统计、专题行动统计、考核统计
  - 系统管理：岗位管理、机构管理（系统）、机构、用户、角色权限、资源管理、字典管理、配置管理、日志管理、用户注册审核

图 4-6 Web 端功能结构图

- 移动端
  - 掌上河湖
    - 首页统计：巡查统计、问题统计、排行榜、巡查
    - 工作台：我的巡查记录、本级巡查记录、下级巡查记录、河湖长巡查记录、保洁员巡查记录、巡查员巡查记录、专管员巡查记录、企业河长巡查记录、民间河长巡查记录、巡查问题管理、必巡问题管理、专题问题-问题整改、专题问题-问题指派、专题问题-延期申请、投诉举报-问题核实、投诉举报-问题处理、清河行动问题、督办函管理、通知公告、断面水质、视频监控、巡查配置、巡查排行榜
    - 河湖信息：河湖地图、河道部件
    - 我的：个人信息、宣传培训、版本信息、系统设置
  - 微信公众号
    - 首页：轮播图、治水新闻、法律法规、典型案例
    - 河道信息：河段信息、河湖长信息
    - 投诉：投诉举报、我的投诉举报
    - 我的：个人信息、我的收藏、建言献策、版本信息、设置

图 4-7 移动端功能结构图

4.6.2.3 典型业务流程图

专题问题业务流程如图 4-8 所示，巡查问题业务流程如图 4-9 所示，投诉举报问题业务流程如图 4-10 所示。

4.6.2.4 河湖长制地理信息平台

在江西省河长制日常应用运行的环境中，PC 端功能需求主要包括河长办工作台、河长工作台、大屏展示、一张图、河长履职、治河专题、事务管理、协同办公、考核管理、信息发布、信息管理、河小青管理、系统管理模块。

1. 河长办工作台

河长办工作台实现河长办人员对本级河长和下级河长的履职情况、工作实时动态、事务响应处理、实时数据查看等，将河长办人员关注的、紧要处理的业务事项通过工作台的

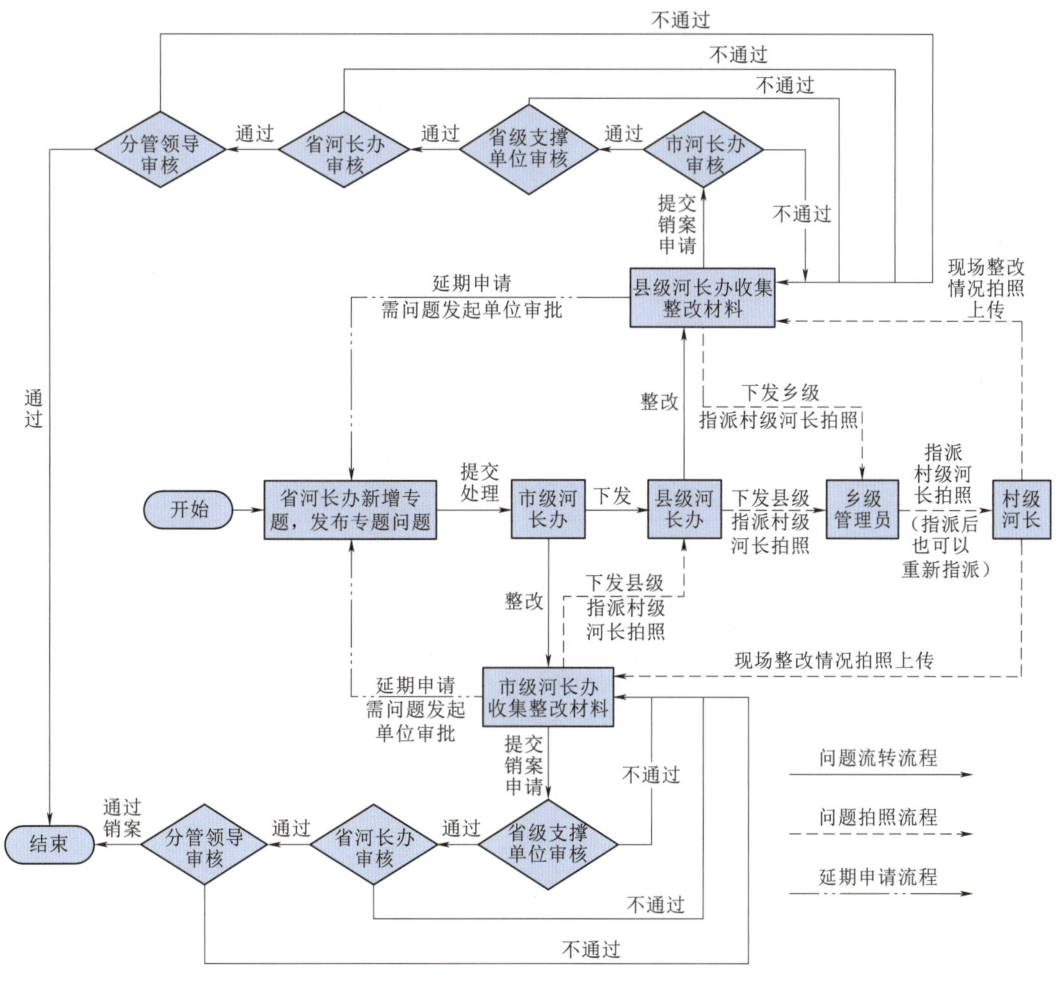

图 4-8　专题问题业务流程图

形式呈现出来，功能包括信息统计、待签收事务、办理中事务、通知公告、事务统计、水质信息及水质告警、巡河统计。河长办工作台首页如图 4-11 所示。

河长办工作台分上中下三部分，由信息统计、待签收事务、办理中事务、通知公告、事务统计、水质信息及水质告警、巡河统计七大功能板块组成，各版块内容选中点击即可查看详情，工作台集中展示关注重点、紧急待办、实时跟进的事务及其统计信息。

（1）信息统计功能实现对用户辖属河段总数、河长总数、公示牌总数、系统访问量实时统计信息展出到信息统计区域，支持用户鼠标移动到功能区域浮动展示统计总数的各部分组成，支持点击河段总数、河长总数、公示牌总数、系统访问量统计数字跳转到详情列表页面，可进行单条信息详情查看。

（2）待签收事务功能实现统计待签收的治河专题、上报事件的数量及展示对应类型最新的 6 条待签收的事务，支持点击治河专题、上报事件切换展示区域的事件类型，事件按发送时间倒序以列表形式展示，点击更多支持查看对应类型的所有事务，单条事务展示问题描述、发送部门、发送时间和操作栏。选中单条事件或点击操作栏详情按钮可查看事件

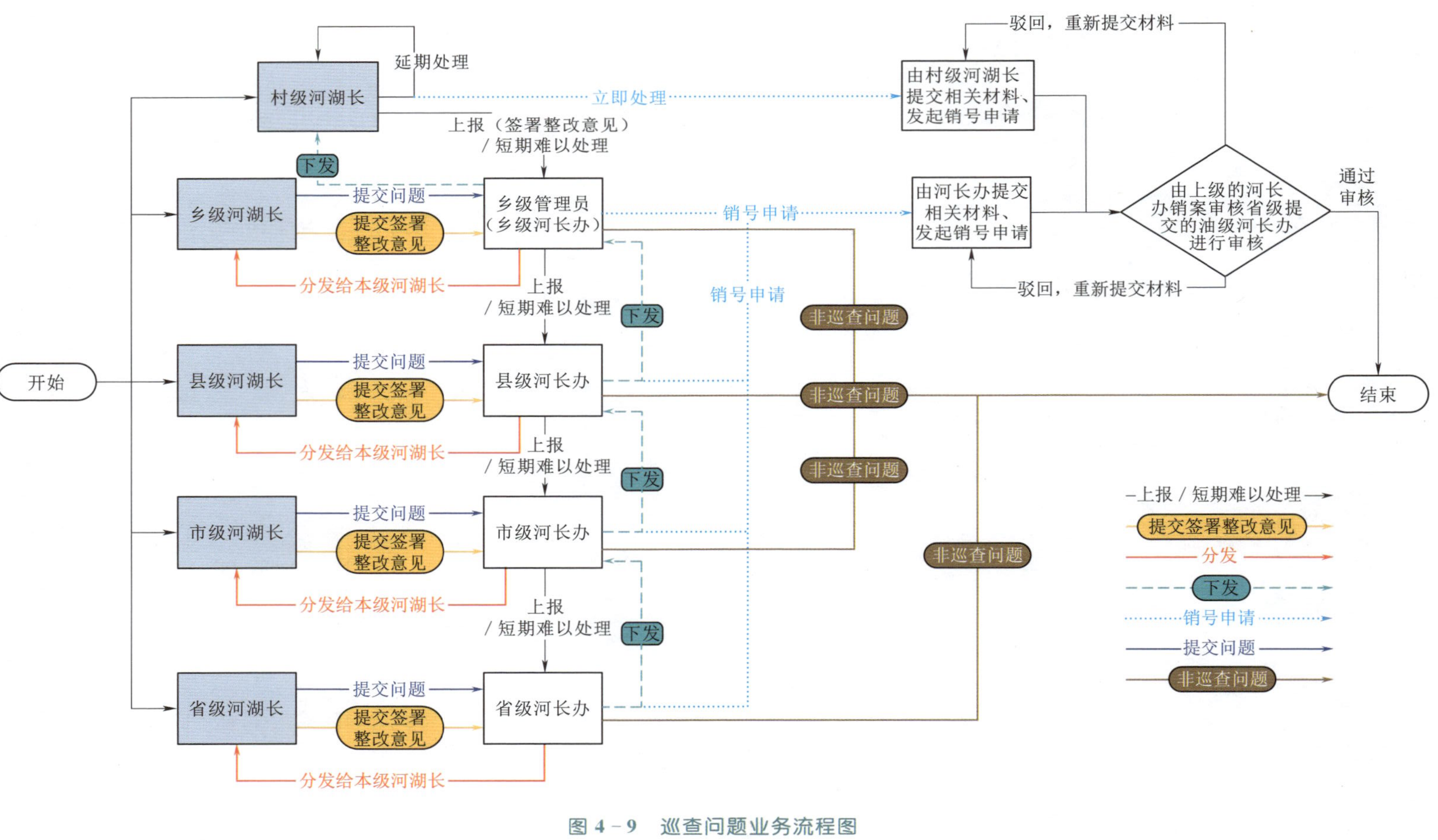

图 4-9 巡查问题业务流程图

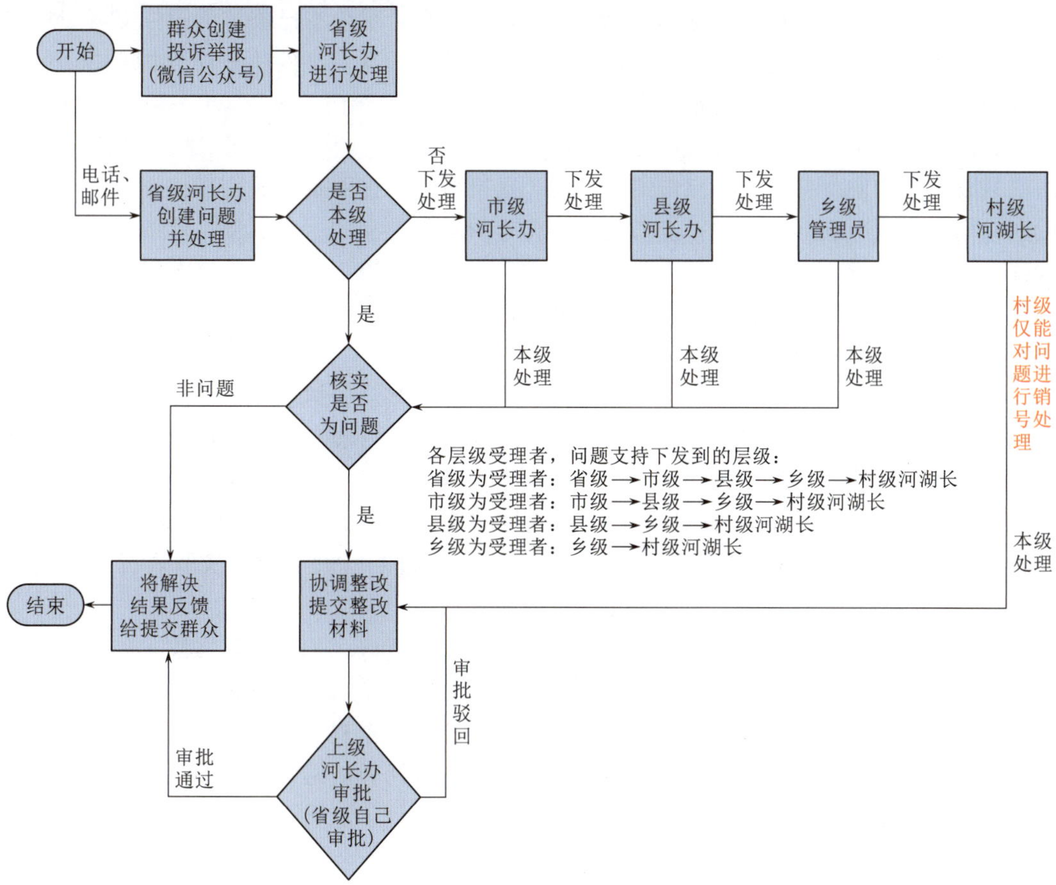

开始
群众创建投诉举报（微信公众号）
省级河长办进行处理
电话、邮件
省级河长办创建问题并处理
是否本级处理
否
下发处理
市级河长办
下发处理
县级河长办
下发处理
乡级管理员
下发处理
村级河湖长
村级仅能对问题进行销号处理
是
本级处理
本级处理
本级处理
非问题
核实是否为问题
各层级受理者，问题支持下发到的层级：
省级为受理者：省级→市级→县级→乡级→村级河湖长
市级为受理者：市级→县级→乡级→村级河湖长
县级为受理者：县级→乡级→村级河湖长
乡级为受理者：乡级→村级河湖长
是
本级处理
结束
将解决结果反馈给提交群众
协调整改提交整改材料
审批驳回
审批通过
上级河长办审批（省级自己审批）

图 4-10 投诉举报问题业务流程图

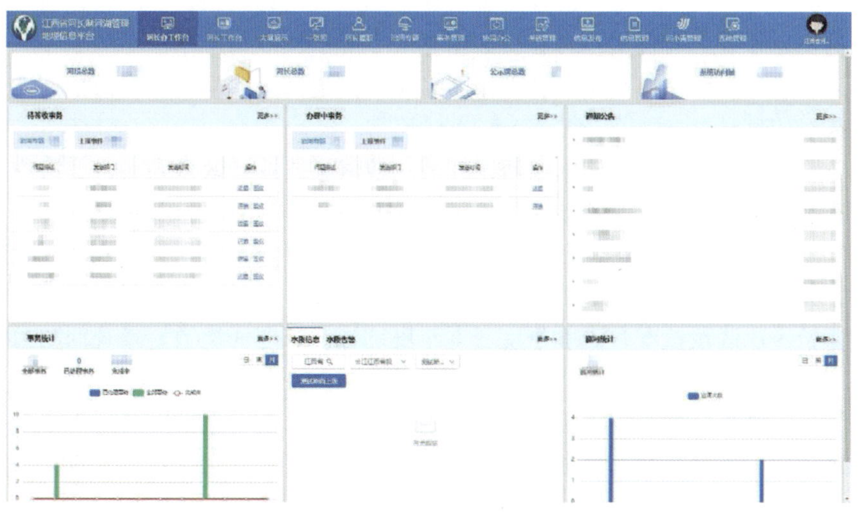

图 4-11 河长办工作台首页

的处理流转记录、事件信息及地图展示、处理进展信息，事件中已添加的附件支持用户在线预览和下载。操作栏签收功能支持用户点击完成签收处理，事件状态转至办理中，可至办理中事宜中进行后续响应处理操作。

（3）办理中事务功能实现统计办理中的治河专题、上报事件的数量及展示对应类型最新的 6 条办理中的事务，支持点击治河专题、上报事件切换展示区域的事件类型，事件按发送时间倒序以列表形式展示，点击更多支持查看对应类型的所有事务，单条事务展示问题描述、发送部门、发送时间和操作栏。选中单条事件或点击操作栏详情按钮可查看事件的处理流转记录、事件信息及地图展示、处理进展信息，事件中已添加的附件支持用户在线预览和下载，支持用户补录处理进展信息。

（4）通知公告功能实现为河长办用户展示最新的通知公告信息，公告按发布时间倒序以列表形式展示，点击更多支持查看所有公告，单条事务仅展示标题，选中单条公告可公告标题、发布单位、发布时间、正文内容、附件内容，公告中添加的附件支持下载。

（5）事务统计功能实现对辖区内全部事务、已处理事务、完成率以“日”“周”“月”进行统计，点击更多支持查看所有事务的列表，统计结果以数字和柱状图及折线形式展示，统计数字、柱状图支持点击跳转至事务详情列表。

（6）水质信息及水质告警功能实现用户边便捷查看行政区划、河道河段、监测断面的水质监测情况，水质监测统计情况以折线图的形式进行展示，水质超标后将把当前断面的监测数据展示到水质告警列表中，引起河长办人员的高度重视。

（7）巡河统计功能实现河长办人员掌握本级及下级河长的巡河情况和巡河日志提交情况，支持河长办用户选择以“日”“周”“月”来进行统计，点击更多支持查看所有巡河记录的列表，统计结果以数字和柱状图形式直观展示。

2. 河长工作台

河长工作台实现河长对本级河段和下级河段的河长履职情况、河长办管理统计情况查看，将河长关注的河段及其事务统计通过工作台的形式呈现出来，功能包括河段统计、河长履职、河长办管理。河长工作台首页如图 4-12 所示。

（1）河段统计区域左部展示水利一张图底图、河道河段空间位置，河段支持用户点击查看河段基本信息。

（2）河段统计区域右部展示河道河段列表，搜索栏支持行政区划切换、河道河段关键字输入筛选展示的河道河段，单条河段展示名称、河长、下级河长数量、长度、Ⅴ类及劣Ⅴ类、本年度事件总数、本年度已处理总数、完成率信息，支持河道河段选中左部地图定位到并高亮显示该河段。

（3）河长履职区域按本月、本季度、本年度统计河长巡河次数、发现问题数，点击统计柱状图可跳转至巡河记录列表、下级巡河问题清单。

（4）河长办管理区域展示本级行政区划事件总数、已结案总数、办理中总数，柱状图展示已结案总数、办理总数、完成率数据，点击柱状图可跳转至河长办管理详情界面。

3. 大屏展示

大屏展示模块基于地图实现河湖管理空间数据、河湖管理重点场景直观的关联展示，展示内容根据场景中领导重点关注的内容入手，力求以最简洁明了的方式凸显各场景的特

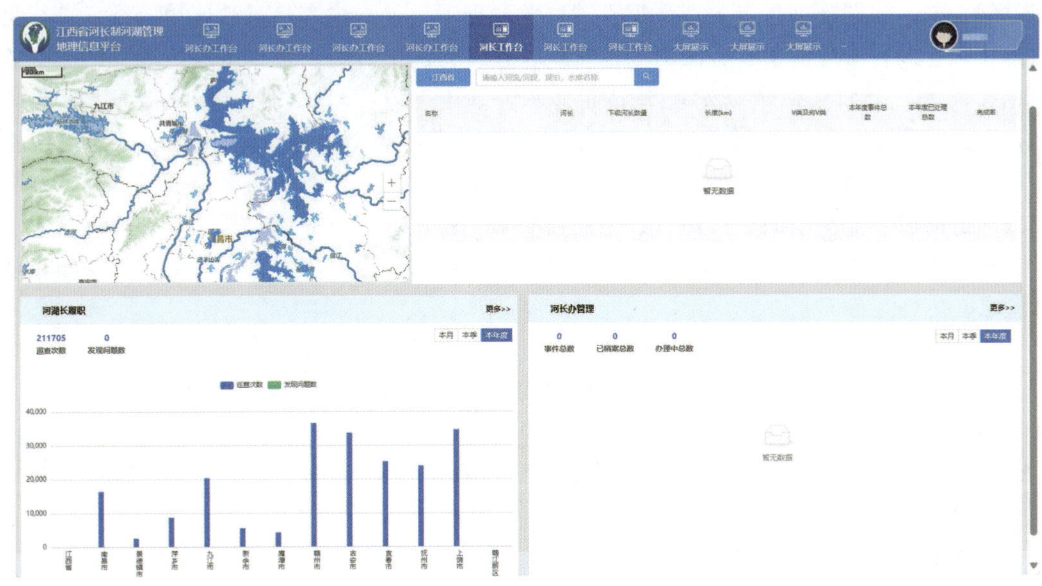

图 4-12　河长工作台首页

点。大屏展示包括首页、Ⅴ类与劣Ⅴ类治理、专题行动、流域生态综合治理、事件处理情况、巡河情况六种展示场景。

（1）Ⅴ类与劣Ⅴ类治理功能设计。Ⅴ类与劣Ⅴ类治理实现将Ⅴ类与劣Ⅴ类治理数量统计、水质治理成效、水质告警、实时进展信息分块展示，各区域内的信息可与中部地图区域联动。

（2）专题行动功能设计。专题行动场景实现以专题行动为主线，分别展示专题行动介绍及问题统计、整治进度统计、区域问题整治统计、问题整治进度统计，各统计信息可与中部地图区域联动。

（3）流域生态综合治理功能设计。流域生态综合治理模块实现对流域生态治理项目的数量、区域金额、区域进度、实施情况进行统计分析展示。

（4）事件处理情况功能设计。事件处理情况模块实现以“年度”“季度”“月度”为周期进行统计事件，从事件来源、领导督办、事件反馈、整改进展几个方面进展统计展示。

（5）巡河情况功能设计。巡河情况模块实现将辖区内巡河情况以总数、区域统计、排行榜、巡河记录的维度进行统计展示。

4. 一张图

大屏展示模块基于地图实现河湖管理空间数据、河湖管理重点场景直观的关联展示，展示内容根据场景中领导重点关注的内容入手，力求以最简洁明了的方式凸显各场景的特点。大屏展示包括首页、Ⅴ类及劣Ⅴ类治理、专题行动、流域生态综合治理、事件处理情况、巡河情况六种展示场景。

基于 Spring Boot 的方式进行开发，采用公用 Spring Cloud 的基础组件技术、GIS 技术等前端技术，建设基于 GIS 底图的一张图。整合河湖管理相关数据，制作出一系列专题图层，采用统一地理服务形式对内、对外提供。基于一张图实现基础地理数据、河湖管理空间数据、河湖管理重点关注数据直观、关联展示，展示内容从行政区域的维度进行河道网格化管理，实现省市县各级河湖监管单位在一张图上查看、查询本级行政下的河湖监管相关数据，全面掌握数据情况。界面显示，基于 SVG、Canvas、WebGL 及 CSS3 技术，在浏览器中呈现河长制一张图的完美视觉效果。左侧显示搜索栏和行政区划切换按钮，底图为省水利一张图矢量底图，右上角为图层、图例、还原刷新、全屏工具栏，底图加载河道河段、监测断面、排污口、工业污染源、畜禽养殖、城镇农村污水处理厂、取水口、集中式水源地、水文水位站、水闸、泵站、水电站、橡胶坝、公示牌、监控视频、矮圩图层。

5. 河长履职

大屏展示模块基于地图实现河湖管理空间数据、河湖管理重点场景直观的关联展示，展示内容根据场景中领导重点关注的内容入手，力求以最简洁明了的方式凸显各场景的特点。大屏展示包括首页、Ⅴ类及劣Ⅴ类治理、专题行动、流域生态综合治理、事件处理情况、巡河情况六种展示场景。

6. 治河专题

（1）专题行动功能设计。

1）专题行动模块上部显示搜索栏，内容区域显示专题行动列表及新增专题。

2）搜索栏支持输入专题名称、发起单位、开始时间、结束时间条件进行筛选专题行动列表展示内容。

3）新增专题支持填写专题行动类型、发起单位、专题名称、发起时间、结束时间、专题描述、附件，支持对新增专题行动配置操作管理、备份计划。

4）专题行动列表以时间倒序的列表展示，单条专题行动显示专题名称、专题描述、发起单位、发起时间、问题总数、完成率和操作栏。选中单条专题行动可查看行动详情和问题列表，问题列表支持查看问题详情、问题整改进程、流转记录等信息。

5）汇总统计模块上部显示搜索栏，内容区域显示专题行动问题统计及导出。

6）搜索栏支持输入专题名称、流域、区域、协调单位、问题类型条件进行筛选专题行动列表展示内容。

7）导出功能支持将当前统计的所有专题行动列表信息以 excel 形式导出，支持用户修改文件名称。

8）汇总统计中问题总数按照专题行动名称汇总成列表展示，单条数据显示专题名称、问题总数、整改完成数、整改完成率、未完成数、未完成率等信息，问题总数支持点击查看问题详细列表。

（2）Ⅴ类及劣Ⅴ类治理功能设计。

1）上部搜索栏支持输入断面名称、断面所属区域、责任单位、所属专项行动、整改进展、投资额条件筛选展示的Ⅴ类及劣Ⅴ类治理项目列表。

2）新增功能支持用户新增Ⅴ类及劣Ⅴ类治理项目信息，按照要求填入断面名称、项目实施地点、责任单位、投资额、治理措施、所属专项行动、完成时限、实时进展。

3）下载导入模板后填入内容信息，支持点击导入按钮将信息汇总到系统进行管理，导入后可查看详情、编辑、删除。

4）导出功能支持将当前搜索条件查找到的所有行动信息以 Excel 形式导出，支持手动修改文件名称。

5）Ⅴ类及劣Ⅴ类治理项目内容以列表形式展示，单条内容展示断面名称、断面所属区域、责任单位、治理措施（项目名称）、投资额、所属专项行动、项目实施具体内容、项目实施地点、整合进展和操作栏。

6）操作栏详情支持用户查看Ⅴ类及劣Ⅴ类治理项目信息详情，可在线查看文字、文档、图片、视频等信息，附件支持下载。

7）操作栏编辑支持用户自行编辑Ⅴ类及劣Ⅴ类治理项目详情及新增、修改实施进展。

（3）流域生态综合治理功能设计。

1）上部显示搜索栏，支持输入项目名称、所在流域、设区市、投资额条件进行筛选展示的项目列表。

2）中部新增功能支持用户自主新增项目信息，支持文字、及添加文档、图片等附件。

3）中部导入功能支持用户自主下载导入模板，内容填写完毕后可通过导入功能汇总到系统中。

4）中部导出功能支持将当前搜索条件查找到的所有项目信息以 Excel 形式导出，支持手动修改文件名称。

5）项目以列表形式展示，单条项目内容展示项目名称、所在流域、所在县（市、区）、项目总投资额、子项目总数、操作栏。

6）选定单条信息，直接点击或点击操作栏中详情按钮可查看项目信息详情，主要包括项目名称、所属流域、所在县市区、项目驻地经纬度、地图展示驻地位置、总体方案批复文号、上报单位、项目总投资额、地方自筹金额、总体方案批复文件、附件等基本信息和子项目列表。子项目列表中项目支持选中或点击详情按钮查看子项目详细情况，包括所属项目信息、子项目信息、前期工作、水利建设内容、实施情况。

7）操作栏修改功能支持用户修改项目基本信息和添加图片、文档、视频、压缩包等附件。

8）操作栏删除功能支持用户删除权限内可操作的项目。

9）操作栏子项目列表功能支持用户查看流域生态综合治理项目下建设的子项目清单，子项目列表界面支持新增子项目，单个子项目支持选中查看详情、修改、删除操作。

（4）生态鄱阳湖流域功能设计。

1）计划上报界面上部显示搜索栏，支持输入填报日期、上报区域、标题、状态、上报时间条件进行筛选展示的计划列表。

2）中部新增功能支持用户按照月度新增行动计划，按照实际情况根据模板填写主要任务、牵头单位、责任单位、根据工作实际填报的年度重点工作任务、具体工作进展情况，进度评价，系统根据填写内容情况自动判定填写完整度。

3）中部导出功能支持将当前选中的行动计划工作表以压缩包形式导出，支持手动修改文件名称。

4）行动计划按上报的时间倒序以列表形式展示，单条行动计划内容展示填报日期、上报区域、标题、完整率、状态、上报时间和操作栏。

5）选定单条信息，直接点击或点击操作栏中详情按钮可查看行动计划的详情，主要包括标题、上报区域、填报日期、十大行动、主要任务、牵头单位、责任单位、年度重点工作任务、具体工作进展情况、进展评价。

6）修改功能支持对已编写未上报的草稿行动计划修改更新内容，修改完毕后可选择保存为新的草稿或直接上报，上报后不可修改，若操作失误确需修改，需联系上级河长办。

7）退回功能支持退回下级河长办提交的行动计划。

8）上报统计界面上部显示搜索栏，支持输入填报日期、上报状态条件进行筛选统计行动计划情况。

9）上报统计界面内容区域展示根据搜索栏条件统计结果，统计结果按照行政区划代码升序排列，单条结果展示填报日期、上报区域、上报情况、完整率信息。

（5）扶贫攻坚功能设计。

1）左部为行政区划树，列表树实现省市县乡村四级关联，支持关键字精确查找行政区划，内容区域同步显示符合条件保洁员信息列表。

2）上部显示搜索栏，支持输入姓名、身份证号、建档立卡贫困户类型条件进行筛选展示的保洁员信息列表。

3）中部新增功能支持用户按照月度新增保洁员信息，可填写所属区域、排序码、姓名、身份证号、建档立卡贫困户类型信息，其中所属区域支持关键字精确查找和行政区划树选定。

4）保洁员信息展示根据搜索条件、按排序码升序以列表形式展示，单条行动信息内容展示姓名、身份证号、所属区域、建档立卡贫困户类型、操作栏。

5）选定单条信息，直接点击或点击操作栏中详情按钮可查看信息详情，包括排序码、姓名、身份证号、所属区域、建档立卡贫困户类型信息。

6）修改功能支持对已汇总的保洁员信息进行更改，可修改信息包括排序码、姓名、身份证号、所属区域、建档立卡贫困户类型信息。

7. 事务管理功能

（1）投诉举报管理功能设计。投诉举报管理实现平台用户管理投诉举报事件，管理操作包括筛选、新增、详情浏览、修改、删除、提交。投诉举报主要内容有事发地区、详细地址、事发时间、事件描述、联系电话、协调单位、短信接收人、短信内容等信息，事件处于草稿状态用户可进行修改、删除、上报操作，上报后只可查看事件详情、处理进展和流转记录。

（2）待签收事宜功能设计。待签收事宜功能处理下级上报的专题行动和上报事件两种类型事宜，支持用户筛选、单个处理和批量处理，事件签收后转至办理中状态，用户可至办理中事宜进行事件的后续响应处理。

（3）办理中事宜功能设计。办理中事宜功能实现处理下级上报的专题行动和上报事件两种类型的事宜，支持用户线上进行交办、上报、下发、转交、整改的处理操作，过程中事件在多部门、多流程中进行流转处理，处理完成后转至已办结状态，用户可至已办结事宜中对事件进行查看和重新发起处理。

（4）已结案事宜功能设计。办理中事宜功能实现处理下级上报的专题行动和上报事件两种类型的事宜，支持用户线上进行交办、上报、下发、转交、整改的处理操作，过程中事件在多部门、多流程中进行流转处理，处理完成后转至已办结状态，用户可至已办结事宜中对事件进行查看和重新发起处理。

（5）我的协办功能设计。我的协办功能实现职能部门处理同级流转的专题行动和上报事件两种类型的事宜，支持用户线上进行交办、上报、下发、转交、整改的处理操作。

（6）综合查询功能设计。

1）顶部类型切换栏支持用户点击，实现专题行动和上报事件内容的切换显示。

2）专题行动搜索栏支持输入问题类型、问题清单、事发地点、问题时间条件筛选展示的专题行动事件列表。

3）专题行动事件按时间倒序以列表形式展示，单条事件展示问题类型、问题清单、问题描述、事发地点、时间、受理单位、状态和操作栏，当事件出现延期、重新发起、超出截止日期、待补录情况时，在对应的序号区域则将用“延”“重”“超”“补”字图标进行标识。

4）选中单条专题行动事件或点击操作栏详情按钮可查看事件的问题信息及地图展示、整改信息、整改进展情况、所属信息、流转记录，事件中已添加的附件支持用户在线预览和下载，整改进展情况支持补录。

5）上报事件搜索栏支持输入事件来源、事件类型、事发地点、事发时间、状态条件筛选展示的上报事件列表。

6）上报事件按事发时间倒序以列表形式展示，单条事件显示事件来源、事件类型、事发地点、事发河道、事件描述、事发时间、状态和操作栏，当事件出现延期、重新发起、超出截止日期、待补录情况时，在对应的序号区域则将用“延”“重”“超”“补”字图标进行标识。

7）选中单条上报事件或点击操作栏详情按钮可查看事件的事件信息及地图展示、处理进展、流转记录，事件中已添加的附件支持用户在线预览和下载，整改进展情况支持补录。

（7）领导督办 & 批示功能设计。领导督办 & 批示功能实现领导对专题行动、上报事件问题进行线上督办、批示，督促加快整治。

（8）建言献策功能设计。建言献策功能实现对公众和团体通过掌上河湖公众版、河长制微信公众号、河小青提交的建言献策内容进行管理，支持进行在线回复。

8. 协同办公

实现河长制相关的通知信息的发布和公告，主要面向社会公众，及时发布河长制动态信息，宣传河湖管理保护相关政策法规，交流各地经验做法，宣传河湖保护知识。

9. 信息发布

（1）信息发布功能设计。信息发布模块实现各级河长办、河长发布治水新闻、典型案例、法律法规、通知公告、水利读物等相关新闻资讯，信息支持各级审核流转，经过审核后可根据情况选择在河湖长制地理信息平台、掌上河湖管理版、掌上河湖河长版、掌上河湖公众版、掌上河湖公众号、河小青等平台开放给用户阅览传颂，加快推进河湖长制事业的发展步伐。

（2）信息管理功能设计。信息管理模块实现对流程流转至自己的信息进行处理，支持不通过及意见反馈、通过和详情查看操作。

4.6.2.5 河长制微信公众号

1. 河道功能设计

河道功能查看可以对外公示的河道河段列表及河道详情信息。

（1）辖区河道河段以列表形式展示，河段名称支持关键字查询。

（2）选中单条河道河段信息展示河道河段的详情，包括河段基于地图展示空间位置和河段的河道名称、河道起点、河道长度、河长职责、治理措施、治理目标、投诉电话等。

2. 投诉功能设计

投诉举报功能支持投诉举报事件，事件支持文字、图片、视频等方式投诉上报事件。

（1）投诉举报功能支持用户匿名进行。

（2）支持用户选择事发地区、事发河道、事发类型、实发事件、详细地址、事件描述及附加多媒体资料，多媒体资料包含图片、视频两种，可现场拍摄或本地选择。

（3）河段所属及上级机构对投诉举报事件进行处理，可在我的投诉记录中查看投诉举报事件的信息，可跟踪查看投诉举报事件处理进展。

3. 智能助理功能设计

智能助理功能解答公众对河长制的专有名词、政策的疑问。

（1）智能助理支持河湖信息、公示信息、河长职责、河流信息、湖泊信息等方面的解答。

（2）选择“河流信息”，智能助理即答复对应的信息介绍。

4.7 小结

基于江西省河湖管理现状，分析了江西省涉水相关部门的管理事项，阐明了江西省河湖管理存在的问题，构建了跨部门河湖长制成效考评指标体系，结合指标体系设置情况，制定了生态鄱阳湖流域建设行动、清河行动、劣Ⅴ类水专项整治、“清四乱”三年攻坚行动等专项行动方案，建立了河湖长制考评体系，开展了江西省 100 个县市区河湖长制考核评价应用，针对考核评价出现的问题进行了针对性改进，并根据考核评价的特点，设置了过程考核评价体系并进行了针对性系统研发，提出了基于幸福河湖、专项整治、河湖长制建设的综合评价与水环境质量评价的考核评价方法，初步构建了自动化评价算法库，建立了“多指标三层级两分类”为一体的河湖长制效能评估方法，解决了河湖长制管理日常工作管理中的过程考核难题。从河湖长制日常管理事项分析、问题探究、考评体系构建、专项行动计划制定、考评体系应用改进、过程考核与系统研发等方面，突破研发了跨部门河湖长制成效考评技术并在实际考评过程中得到了广泛的应用和改进，为河湖长制管理体系创新实践提供了关键理论和技术支撑。

第 5 章

“制度-标准-科普”河湖长制综合性支撑体系

5.1 技术路线

江西省在全面推进河湖长制体系创建与集成工作形成了一套具有江西特色的技术路线，包括“多规合一”的河湖长制工作规范体系、“议、报、督、考、察”制度体系、地方标准及法规体系、科普体系等，为河流湖泊的管理保护和水资源的合理利用提供了有力支撑，推动全省河湖长制工作的持续发展和提升。“制度-标准-科普”河湖长制综合性支撑体系路线如图 5-1 所示。

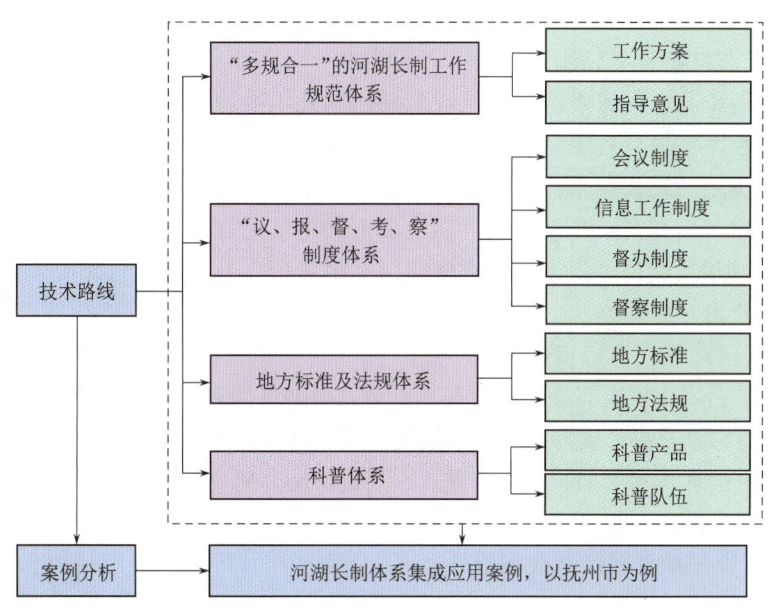

图 5-1 “制度-标准-科普”河湖长制综合性支撑体系路线

5.2 河湖长制工作规范体系

围绕保护水资源、防治水污染、改善水环境、修复水生态等主要任务，以建设造福人民的幸福河湖为目标，在全省范围内制定“多规合一”的河湖长制工作规范体系，包括河长制工作方案、湖长制工作方案、流域生态综合治理指导意见、建设幸福河湖指导意见等工作规范，明确了不同阶段河湖长制的总体思路、实施范围、基本原则和主要目标，致力于实现河湖功能永续利用。

5.3 河湖长制制度体系

江西省河湖长制制度体系颁布了多项制度，包括但不限于《江西省河长制湖长制省级会议制度》《江西省河长制湖长制信息工作制度》《江西省河长制湖长制工作督办制度》《江西省河长制湖长制工作督察制度》等。这些制度的颁布，是为了规范江西省内河流、湖泊的管理，加强河湖资源的保护，促进生态文明建设。

5.3.1 会议制度

为了进一步规范和推进河湖长制省级会议的召开和议事规则，根据《水利部办公厅关于加强全面推行河湖长制工作制度建设的通知》（办建管函〔2017〕544 号）和《省委办公厅 省政府办公厅关于印发〈江西省全面推行河湖长制工作方案（修订）〉的通知》（赣办字〔2017〕4 号）、《省委办公厅 省政府办公厅印发〈关于在湖泊实施湖长制的工作方案〉的通知》（赣办字〔2018〕17 号）等文件要求，结合工作实际，建立了河湖长制工作会议制度，包括省级总河湖长会议、省级河湖长会议、省级责任单位联席会议等制度，为全省河湖长制工作的推进提供了指导和保障。

5.3.1.1 省级总河湖长会议制度

省级总河湖长会议由省级总河湖长或副总河湖长主持召开，会议原则上每年年初召开一次。会议按程序报提请省级总河湖长或副总河湖长确定召开，由省河湖长办公室筹备。会议主要研究决定河湖长制重大决策、重要规划、重要制度，研究确定河湖长制年度工作要点和考核方案，研究河湖长制表彰、奖励及重大责任追究事项，协调解决全局性重大问题，经省级总河湖长或副总河湖长同意研究的其他事项，并形成会议纪要，经省级总河湖长或副总河湖长审定后印发。

5.3.1.2 省级河湖长会议制度

省级河湖长会议由省级河湖长主持召开，会议根据需要召开，并按程序报请省级河湖长确定，会议由省河湖长办公室筹备。会议主要是贯彻落实省级总河湖长会议工作部署，专题研究所辖河湖保护管理和河湖长制工作重点、推进措施，研究部署所辖河湖保护管理专项整治工作，经省级河湖长同意研究的其他事项，并形成会议纪要，经省级河湖长审定后印发。

5.3.1.3 省级责任单位联席会议制度

省级责任单位联席会议由省河湖长办公室主任主持召开。会议定期或不定期召开，定期会议原则上每年一次，不定期会议根据需要随时召开。会议由省河湖长办公室或省级责任单位提出，按程序报请省河湖长办公室主任确定。会议研究涉及河湖长制的重要事项，主要包括以下内容：根据党中央、国务院和省委、省政府要求，研究确定河湖长制工作的总体部署、责任分工和落实意见；听取各省级河湖长制责任单位落实河湖长制工作情况的汇报；讨论审议提请省级总河湖长会议审定的年度河湖长制工作总结及有关提请事项；研究审议拟提省级总河湖长会议审定的河湖长制年度重点工作任务；研究审议拟提请省级总河湖长会议审定的河湖长制年度考核工作方案及上一年度河湖长制工作考核结果；研究审议拟提请省级总河湖长会议审定的专项文件。会议形成的会议纪要经省河湖长办公室主任审定后印发。

5.3.1.4 省河湖长办公室办公会议制度

省河湖长办公室办公会议由省河湖长办公室常务副主任主持召开，由省河湖长办公室提出，经省河湖长办公室常务副主任同意后，不定期召开。会议主要听取、调度省河湖长办公室组成人员所在部门贯彻落实河湖长制工作、清河行动以及鄱阳湖生态环境专项整治工作情况；研究、确定省河湖长办公室需要重点推进的工作事项；其他需要讨论通报、调度的河湖长制有关具体工作事项。会议纪要经省河湖长办公室常务副主任审定后印发。

5.3.1.5 省级责任单位联络人会议制度

省级责任单位联络人会议由省河湖长办公室专职副主任主持召开，会议由省河湖长办公室或相关责任单位提出，经省河湖长办公室专职副主任同意后，不定期召开。会议通报省级责任单位河长制湖长制工作情况；研究、讨论河长制湖长制日常工作中遇到的一般性问题；研究、讨论各省级责任单位河长制湖长制的专项工作问题；协调督导各省级责任单位落实联席会议纪要工作情况等。联络人会议研究、讨论的相关问题的意见、建议，由省河湖长办公室形成书面材料，报告省河湖长办公室主任。会议研究、讨论并形成的一致意见，由有关省级责任单位分别落实。

5.3.2 信息工作制度

《江西省河湖长制湖长制信息工作制度》规定了河湖长制信息的收集、整理、发布和共享机制，加强了各级部门之间的信息沟通和协作。

5.3.2.1 信息公开制度

县级以上河湖长办公室负责定期向社会公开应让公众知晓的河湖长制湖长制相关信息。

（1）主要内容：河（湖）长名单、河（湖）长职责、河湖管理保护情况等。

（2）公开方式：政府公报、政府网站、新闻发布会以及报刊、广播、电视、公示牌等便于公众知晓的方式。

（3）公开频次：河（湖）长名单原则上每年公开一次；其他信息按要求及时更新。

5.3.2.2 信息通报制度

省河湖长办公室根据全省河湖长制湖长制工作，主要针对河（湖）长履职不到位、地方工作进度严重滞后、河湖管理保护中的突出问题等实行通报。

（1）通报范围：河湖长制湖长制省级责任单位，各设区市、县（市、区）人民政府。

（2）通报形式：公文通报、《河湖长制湖长制工作通报》等。

（3）整改要求：被通报的单位应在10个工作日内整改到位并提交整改报告，确有困难的需书面说明情况。

5.3.2.3 信息共享制度

通过实行基础数据、涉河工程、水域岸线管理、水资源监测、水质监测等信息共享制度，为各级河（湖）长和相关单位全面掌握信息、科学有效决策提供有力支撑。

（1）实现途径：江西省河湖长制河湖管理信息平台。

（2）共享范围：各级河（湖）长，河湖长制湖长制责任单位，各级河湖长办公室。

（3）共享内容：河湖水域岸线、水资源、水质、水生态等方面的信息。按部门职责划分，主要共享信息有：

1）省水利厅：全省河湖基本情况，河湖水资源数据，河湖水域及岸线数据及专项整治情况，采砂规划及非法采砂专项整治情况，入河湖排污口设置及专项整治情况，水库山塘情况及水库水环境专项整治情况，水土流失现状及治理情况。

2）省环保厅：河湖水质数据，饮用水水源保护，市、县备用水源建设情况。

3）省住房城乡建设厅：城镇生活污水治理情况，地级及以上城市建成区黑臭水体基本情况及治理情况。

4）省农业厅：县级畜禽养殖现状及污染控制情况，化肥、农药使用及减量化治理情况，渔业资源现状及保护、整治情况。

5）省新村办、省住房城乡建设厅：农村生活垃圾及生活污水现状及整治情况。

6）省工信委：工业园区污水处理设施（管网）建设情况及工业企业污染控制和工业节水情况。

7）省交通运输厅：船舶港口基本情况及污染防治情况。

8）省林业厅：林地、湿地、野生动植物基本情况及非法侵占林地、破坏湿地和野生动物资源等违法犯罪的整治情况。

9）其他需要共享的信息。

共享的信息原则上不予公开，确需公开的应报经河湖长制湖长制省级责任单位审批同意。

（4）共享流程：按照《省委办公厅省政府办公厅关于印发〈江西省全面推行河湖长制工作方案（修订）〉的通知》（赣办字〔2017〕24 号）明确的职责分工，河湖长制湖长制责任单位定时更新上报涉及河湖管理保护的相关信息，由省河湖长办公室审核发布后实行共享。河湖长制湖长制责任单位已建成的相关监测端口接入江西省河湖长制河湖管理信息平台。

5.3.2.4 信息报送制度

（1）报送主体：河长制湖长制省级责任单位，各设区市、省直管试点县（市）河湖长办公室。

（2）报送程序：各单位将河长制湖长制日常相关信息以及年度工作总结上报至省河湖长办公室。日常相关信息经省河湖长办公室选取编辑至《河长制湖长制工作简报》《河长制湖长制工作专报》，由省河湖长办公室常务副主任或专职副主任审签。各单位年度工作总结经省河湖长办公室汇总形成总的年度工作总结，按有关程序上报。

（3）报送范围：水利部、生态环境部、长江水利委员会、珠江水利委员会，省委、省人大、省政府、省政协、河长制湖长制省级责任单位，各设区市、省直管试点县（市）党委、政府及河湖长办公室。

（4）报送频次：《河长制湖长制工作简报》每月报送 1～2 次；《河长制湖长制工作专报》视情况而定；年度工作总结于每年 12 月 31 日前报送。

（5）信息主要内容：贯彻落实上级重大决策、部署等工作推进情况；河长制湖长制重要工作进展；河长制湖长制工作中涌现的新思路、新举措、典型做法、先进经验及工作创新、特色和亮点；反映本部门、本单位河长制湖长制工作新情况、新问题和建议意见等。

（6）审核要求：一是及时，早发现、早收集、早报送；二是准确，实事求是，表述、用词、分析、数字务求准确；三是高效，及时为各级河（湖）长掌握情况、科学决策提供服务和借鉴。

5.3.3 督办制度

《江西省河长制湖长制工作督办制度》明确了督办事项的范围、程序和责任，有利于推动河湖长制工作的落实。

5.3.3.1 督办范围及实施

本制度适用于河长制湖长制工作省级督办。由省河湖长办公室负责协调、实施督办工作。

5.3.3.2 督办主体及对象

督办分为责任单位督办、河湖长办公室督办、河（湖）长督办。

（1）责任单位督办。省级责任单位负责对职责范围内需要督办事项进行督办；督办对象为对口下级责任单位。

（2）河湖长办公室督办。省河湖长办公室负责对省级总河（湖）长、副总河（湖）长、河（湖）长批办事项，涉及省级责任单位、设区市政府、县（市、区）政府需要督办的事项，或省级责任单位不能有效督办的事项进行督办。督办对象为省级责任单位、下级河（湖）长、下级河湖长办公室。

（3）河（湖）长督办。省级总河（湖）长、副总河（湖）长、河（湖）长对省河湖长办公室不能有效督办的重大事项进行督办。督办对象为省级责任单位主要负责人和责任人，下级总河（湖）长、副总河（湖）长。

5.3.3.3 督办分类

（1）日常督办。河长制湖长制日常工作需要督办的事项，主要采取定期询查、工作通报等形式督办。

（2）专项督办。河长制湖长制省级会议要求督办落实的重大事项，或者省级总河（湖）长、副总河（湖）长、河（湖）长批办事项，由有关省级责任单位专项督办。

（3）重点督办。对河湖保护管理中威胁公共安全的重大问题，主要采取会议调度、现场调度等形式重点督办。

5.3.3.4 督办要求

（1）任务交办。主要采用“督办函”“河（湖）长令”等书面形式交办任务，责任单位“督办函”由省级责任单位主要负责同志签发；省河湖长办公室“督办函”由省河湖长办公室常务副主任或专职副主任签发；省级“河（湖）长令”按程序由省级总河（湖）长、副总河（湖）长或相应的省级河（湖）长签发。督办文件明确督办任务、承办单位和协办单位、办理期限。

（2）任务承办。承办单位接到交办任务后，应当按要求按时保质完成。督办事项涉及多个责任单位的，牵头责任单位负责组织协调，有关协办责任单位积极主动配合。在办理过程中出现重大意见分歧的，由牵头责任单位负责协调；意见分歧较大难以协调的，牵头责任单位应当报请省河湖长办公室协调。

（3）督办反馈。省级责任单位应当定期将本单位督办情况报省河湖长办公室。督办任务完成后，承办责任单位及时向省河湖长办公室书面反馈。在规定时间内未办理完毕的，应当及时将工作进展、存在问题、下步安排反馈省河湖长办公室。

（4）立卷归档。督办单位应当对督办事项登记造册，统一编号。督办任务完成后，及时将督办事项原件、领导批示、处理意见、督办情况报告等资料立卷归入相应河（湖）的档案。

5.3.4 督察制度

《江西省河长制湖长制工作督察制度》规定了督察的原则、内容、方式和程序，通过会议督察、现场督察、暗访督察等形式，对各地河湖长制工作进行督察，及时发现和解决问题。

5.3.4.1 督察组织

（1）根据省级河（湖）长指示要求，由相关部门、单位牵头开展以流域为单元的督察。

（2）省河湖长办公室负责牵头对全省河长制湖长制工作开展专项明察暗访，原则上每年不少于 2 次。

（3）省级相关责任单位按照“清河行动”分配的工作任务和职责分工，负责牵头对相关专项整治行动开展督察，原则上每年不少于 1 次。

5.3.4.2 督察对象

（1）各设区市、县（市、区）人民政府。

（2）各设区市、县（市、区）河湖长办公室。

（3）各设区市、县（市、区）河长制湖长制相关责任单位。

5.3.4.3 督察内容

（1）贯彻落实情况。省级总河（湖）长会议、省级河（湖）长会议及省级联席会议等会议精神，省级河（湖）长及地方各级领导相关指示精神的贯彻落实情况；各地结合实际，对《中共江西省委办公厅江西省人民政府办公厅印发〈关于以推进流域生态综合治理为抓手打造河湖长制升级版的指导意见〉的通知》《省委办公厅省政府办公厅关于印发〈江西省全面推行河湖长制工作方案（修订）〉的通知》《省委办公厅省政府办公厅印发〈关于在湖泊实施湖长制的工作方案〉的通知》精神的落实情况；各级河（湖）长履职情况。

（2）基础工作情况。各地方案修订出台，河湖名录确定，一河（湖）一策、一河（湖）一档的建立，组织体系建立，相关制度完善，信息平台建设，河湖长办公室设置及人员经费落实、河长制湖长制宣教等基础性工作。

（3）任务实施情况。统筹河湖保护管理规划、落实最严格水资源管理制度、加强水污染综合防治、加强水环境治理、加强水生态修复、加强水域岸线管理保护、加强行政监管与执法、完善河湖保护管理制度及法规等 8 项任务，严格湖泊水域空间管控、强化湖泊岸线管理保护、加强湖泊水资源保护和水污染防治、加大湖泊水环境综合整治力度、开展湖泊生态治理与修复、健全湖泊执法监管机制、完善湖泊保护管理制度及法规等 7 项任务的实施情况。

（4）整改落实情况。省级和地方各级部门检查、督导发现问题以及媒体曝光、公众投诉举报问题的整改落实情况；各责任单位牵头的“清河行动”、鄱阳湖生态环境专项整治中问题整改落实情况；省河湖长公室督办问题的整改情况等。

5.3.4.4 督察形式

（1）会议督察。通过召开相关会议，听取工作情况汇报进行督察。

（2）现场督察。通过派出督察组，翻阅资料、实地查看情况进行督察。

（3）暗访督察。通过不发通知、不打招呼、不听汇报、不用陪同接待、直奔基层、直插现场的形式进行督察。

5.3.4.5 督察结果运用

（1）督察结果纳入全省河长制湖长制工作年度考核，作为河长制湖长制工作年度考核和表彰奖励的依据，并将督察结果抄告省级责任单位。

（2）督察过程中发现的新经验、好做法，通过《河长制湖长制工作简报》《河长制湖长制工作通报》《河长制湖长制工作专报》等平台肯定成绩，总结推广经验，表扬相关单位和个人。

（3）督察过程中发现的工作落实不到位、进度严重滞后等问题，由省河湖长办公室下发督办函，并抄报省级河（湖）长，必要时通报全省。

5.3.4.6 督察要求

（1）督察根据工作需要可组建专项督察组或联合督察组，根据实际情况对督察组成员进行必要的培训。

（2）督察要坚持实事求是的原则，准确掌握工作进展情况及取得的成效，总结归纳出好经验做法，深入查找存在的问题及根源，提出针对性、操作性强的意见建议或措施。

（3）督察结束10个工作日内，牵头单位向省河湖长办公室提交督察报告。省河湖长办公室按一市一单方式，将督察发现的问题及相关意见和建议反馈相关设区市和县（市、区）。

5.3.5 实施效果

"议、报、督、考、察"制度体系的构建有力地推动了全省河湖长制工作的落实，提高了河流湖泊的管理水平，促进了生态文明建设。召开河湖长制相关会议55次，编印工作简报、通报、专报94期，省市县三级河湖长办针对重点问题下发督办函694件，督察发现影响河湖健康突出问题159个，如图5-2所示。江西省河湖长制工作因成绩突出，2020—2022年连续三年获得国务院督查激励表彰推荐名额，如图5-3所示。

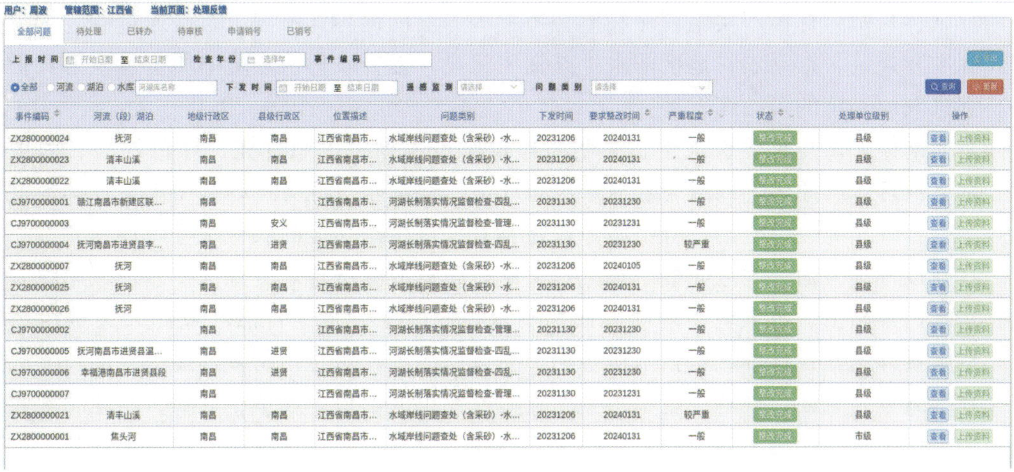

用户：周波　管辖范围：江西省　当前页面：处理反馈

全部问题　待处理　已转办　待审核　申请销号　已销号

上报时间 开始日期 至 结束日期　检查年份 选择年　事件编码

全部　河流　湖泊　水库 河湖库名称　下发时间 开始日期 至 结束日期　遥感监测 请选择　问题类别 请选择　查询　重置

事件编码	河流（段）湖泊	地级行政区	县级行政区	位置描述	问题类别	下发时间	要求整改时间	严重程度	状态	处理单位级别	操作
ZX2800000024	抚河	南昌	南昌	江西省南昌市…	水域岸线问题查处（含采砂）-水…	20231206	20240131	一般	整改完成	县级	查看 上传资料
ZX2800000023	清丰山溪	南昌	南昌	江西省南昌市…	水域岸线问题查处（含采砂）-水…	20231206	20240131	一般	整改完成	县级	查看 上传资料
ZX2800000022	清丰山溪	南昌	南昌	江西省南昌市…	水域岸线问题查处（含采砂）-水…	20231206	20240131	一般	整改完成	县级	查看 上传资料
CJ9700000001	赣江南昌市新建区联…	南昌		江西省南昌市…	河湖长制落实情况监督检查-四乱…	20231130	20231230	一般	整改完成	县级	查看 上传资料
CJ9700000003		南昌	安义	江西省南昌市…	河湖长制落实情况监督检查-管理…	20231130	20231231	一般	整改完成	县级	查看 上传资料
CJ9700000004	抚河南昌市进贤县李…	南昌	进贤	江西省南昌市…	河湖长制落实情况监督检查-四乱…	20231130	20231230	较严重	整改完成	县级	查看 上传资料
ZX2800000007	抚河	南昌	南昌	江西省南昌市…	水域岸线问题查处（含采砂）-水…	20231206	20240105	一般	整改完成	县级	查看 上传资料
ZX2800000025	抚河	南昌	南昌	江西省南昌市…	水域岸线问题查处（含采砂）-水…	20231206	20240131	一般	整改完成	县级	查看 上传资料
ZX2800000026	抚河	南昌	南昌	江西省南昌市…	水域岸线问题查处（含采砂）-水…	20231206	20240131	一般	整改完成	县级	查看 上传资料
CJ9700000002		南昌		江西省南昌市…	河湖长制落实情况监督检查-管理…	20231130	20231230	一般	整改完成	县级	查看 上传资料
CJ9700000005	抚河南昌市进贤县温…	南昌	进贤	江西省南昌市…	河湖长制落实情况监督检查-四乱…	20231130	20231230	一般	整改完成	县级	查看 上传资料
CJ9700000006	幸福港南昌市进贤县段	南昌	进贤	江西省南昌市…	河湖长制落实情况监督检查-四乱…	20231130	20231230	一般	整改完成	县级	查看 上传资料
CJ9700000007		南昌		江西省南昌市…	河湖长制落实情况监督检查-管理…	20231130	20231231	一般	整改完成	县级	查看 上传资料
ZX2800000021	清丰山溪	南昌	南昌	江西省南昌市…	水域岸线问题查处（含采砂）-水…	20231206	20240131	较严重	整改完成	县级	查看 上传资料
ZX2800000001	焦头河	南昌	南昌	江西省南昌市…	水域岸线问题查处（含采砂）-水…	20231206	20240131	一般	整改完成	市级	查看 上传资料

图5-2　督察发现问题

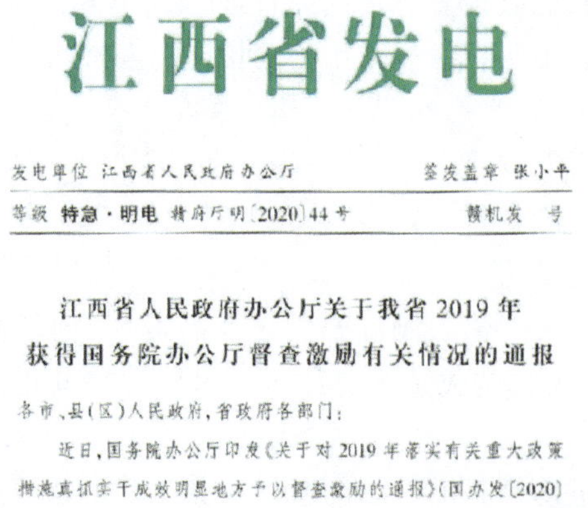

江西省发电

发电单位 江西省人民政府办公厅 签发盖章 张小平

等级 特急·明电 赣府厅明〔2020〕44 号 赣机发 号

江西省人民政府办公厅关于我省 2019 年
获得国务院办公厅督查激励有关情况的通报

各市、县(区)人民政府,省政府各部门:

近日,国务院办公厅印发《关于对 2019 年落实有关重大政策措施真抓实干成效明显地方予以督查激励的通报》(国办发〔2020〕

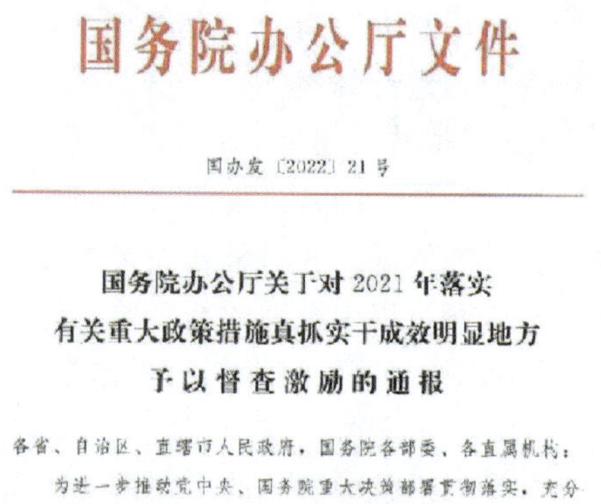

国务院办公厅文件

国办发〔2022〕21 号

国务院办公厅关于对 2021 年落实
有关重大政策措施真抓实干成效明显地方
予以督查激励的通报

各省、自治区、直辖市人民政府,国务院各部委、各直属机构:

为进一步推动党中央、国务院重大决策部署贯彻落实,充分

图 5-3 国务院办公厅督查激励表彰

5.4 河湖长制标准及法规体系

为了推动河湖长制工作从“有章可循”到“有法可依”再到“按章办事”，促进地方规范开展河湖长制工作，提高河湖管理保护成效，增强社会大众的环境获得感和幸福感，为国家生态文明试验区建设和打造富裕美丽幸福现代化江西提供更有利的支撑和保障。江西省创制了《水生态文明村建设规范》《水生态文明村评价准则》、河湖（水库）健康评价导则等地方标准体系，加强了河湖长制工作模式、要求、流程规范化建设。形成了《江西省实施河长制湖长制条例》《江西省湖泊保护条例》《江西省流域综合管理暂行办法》等地方法规体系，标志着江西省河湖长制从“有章可循”迈进“有法可依”。

5.4.1 地方标准

5.4.1.1 水生态文明村建设规范

《水生态文明村建设规范》（DB36/T 1184—2019）主要规定了江西省水生态文明村建设的原则、目标、标准、实施程序和监督考核等方面的内容。该规范旨在通过制定统一的建设标准和规范，推动农村地区的水生态文明建设，提升农村水环境的质量和生态保护水平，促进农村经济的可持续发展。

具体来说，该规范要求水生态文明村建设应当遵循“生态优先、绿色发展、因地制宜、综合治理”的原则，以改善农村水生态环境、保障水资源可持续利用为目标，通过科学规划、合理布局、综合治理等措施，打造具有良好生态功能的农村水生态环境。

在建设标准方面，规范明确了水生态文明村建设应当符合水资源保护、水域岸线管理保护、水污染防治、水环境治理等方面的要求，同时结合当地自然环境和人文资源的特点，制定具体的建设标准，包括水质指标、生态岸线率、水生生物多样性等方面。

在实施程序方面，规范规定了水生态文明村建设的申报、评审、立项、实施和验收等环节的具体要求，明确了各级政府和相关部门在水生态文明村建设中的职责和任务。

在监督考核方面，规范要求对水生态文明村建设进行定期监督检查和评估，对不符合建设标准的地区进行整改和处罚，同时建立奖惩机制，对表现优秀的地区和个人进行表彰和奖励。

5.4.1.2 水生态文明村评价准则

《水生态文明村评价准则》(DB36/T 1183—2019)是为了规范和指导江西省水生态文明村的评价工作,促进农村水生态文明建设,根据《江西省水生态文明建设规划》和《江西省水生态文明建设管理暂行办法》而制定的。该准则主要内容包括评价原则、评价目标、评价内容、评价方法、评价等级与评定等。在评价原则方面,强调以客观公正、科学规范、系统综合为原则,注重定量评价与定性评价相结合,注重实效性和可持续性。

评价目标主要是为了全面掌握水生态文明村建设情况,推动水生态文明村建设工作,提高农村水环境质量,促进农村经济发展和生态保护的协调发展。

评价内容主要包括水资源保护、水域岸线管理保护、水污染防治、水环境治理、水生态修复等方面,同时结合当地自然环境和人文资源的特点,制定具体的评价指标和标准。

评价方法采用综合指数法,通过对各项指标的加权平均计算得出综合指数,根据综合指数值进行等级划分和评定。

评价等级分为优秀、良好、合格和不合格四个等级,对于不同等级的水生态文明村建设应当采取不同的奖惩措施,以激励优秀的地区和个人,同时对不合格的地区进行整改和处罚。

5.4.1.3 河湖(水库)健康评价导则

《河湖(水库)健康评价导则》主要规定了江西省河湖(水库)健康评价的指标、标准和方法。根据河湖(水库)生态状况、社会服务功能以及二者的相互协调性进行评价,包括水文水资源、物理结构、化学、生物和社会服务功能等属性状况的5大项指标。对5大项指标进行细化,并给出了每类细化指标的评价标准。最后,以对河湖(水库)各评价指标开展调查监测的年份为评价年,物理结构、水化学、水生物于平、丰、枯三个水文期各开展一次调查监测。河湖(水库)健康评价赋分采用分级指标评分法,逐级加权,综合评分。

5.4.2 地方法规

5.4.2.1 江西省实施河长制湖长制条例

《江西省实施河长制湖长制条例》于2018年11月29日由江西省第十三届人民代表大会常务委员会发布。2022年7月26日,江西省第十三届人民代表大会常务委员会第四十次会议对该条例进行了第一次修正,属于地方法规。

1. 适用范围

该条例适用于在本省行政区域内实施河长制湖长制,所称河长制湖长制,是指在江河水域设立河长、湖泊水域设立湖长,由河长、湖长对其责任水域的水资源保护、水域岸线管理、水污染防治和水环境治理等工作予以监督和协调,督促或者建议政府及相关部门履行法定职责,解决突出问题的机制。

2. 主要内容

《江西省实施河长制湖长制条例》共七章五十三条,主要内容包括总则、河湖长职责、工作机制、考核评价、法律责任等方面。该条例的制定旨在加强河流湖泊的管理保护,促进水资源的高效利用,推进生态文明建设,促进经济社会可持续发展。河湖长的主要职责包括巡查河流湖泊、协调解决问题、参与制定保护方案等，工作机制包括信息共享机制、协调调度机制、监督检查机制等，考核评价制度则用于激励各级河湖长更好地履行职责，法律责任则对不履行职责的河湖长以及违反规定的单位和个人设定了相应的处罚措施。

5.4.2.2 江西省湖泊保护条例

《江西省湖泊保护条例》于 2018 年 4 月 2 日由江西省第十三届人民代表大会常务委员会第二次会议审议通过并公布的，自 2018 年 6 月 1 日起开始施行。2021 年 7 月 28 日，江西省第十三届人民代表大会常务委员会第三十一次会议对该条例进行了第一次修正，属于地方法规。

1. 适用范围

本省行政区域内的湖泊。在保护名录内的湖泊，其规划、保护、治理、利用和监督管理活动，都适用本条例。同时，如果法律、法规对鄱阳湖、湿地、风景名胜区内湖泊以及自然保护区内湖泊的保护另有规定的，从其规定。

2. 主要内容

实施健全了江西省生态文明制度体系，是打造“河湖长制”升级版的重大举措。《江西省湖泊保护条例》共七章五十条，以问题为导向，针对存在的非法围垦、填湖造地、侵占湖泊水域、乱排乱放污染湖泊水质及湖泊管理单位不清、责任不明，导致湖泊保护不力，出现湖泊面积减少、功能衰退等共性问题，结合江西省实际作出普遍性规定。该条例对湖泊内涵进行了延伸，将部分水库纳入保护对象。秉持应保尽保、杜绝先污染后治理的指导思想，防止在湖泊立法中出现保护对象指向不明、实践中操作性不强的问题，该条例通过建立湖泊保护名录制度方式明确湖泊保护对象，并授权县级以上人民政府可以根据需要将其他人工湖泊列入湖泊保护名录。同时，设定“一湖一档”制度。要求县级以上人民政府湖泊保护主管部门会同有关部门，定期组织湖泊普查，对湖泊资源变化情况进行监测，建立包括湖泊名称、位置、面积、容积、水质、调蓄能力、主要功能等内容的湖泊档案。

5.4.2.3 江西省流域综合管理暂行办法

为了加强流域综合管理和保护，推进生态文明建设，促进经济社会可持续发展，根据《中华人民共和国水法》《中华人民共和国水污染防治法》等法律法规的规定，结合本省实际，制定本办法。

1. 适用范围

该办法适用于本省区域内从事流域水资源保护、河湖水域岸线管理保护、水污染防治、水环境治理、水生态修复，以及相关监督管理等活动。流域是指赣江、抚河、信江、饶河、修河的干流、支流和鄱阳湖，以及长江、东江等在江西境内的集水区域。

2. 主要内容

《江西省流域综合管理暂行办法》总共包括七章四十三条，主要内容包括适用范围和定义、管理原则、管理体制、规划与计划、保护与治理、利用与发展以及监督管理与责任追究等方面。该办法旨在加强流域综合管理和保护，推进生态文明建设，促进经济社会可持续发展，通过明确适用范围和定义、管理原则和管理体制等方面的内容，为江西省的流域综合管理提供了指导和规范。

5.4.3 实施效果

全省各级河湖长巡河巡湖 233 万余人次，推动解决重点问题 2.9 万余个，有效改善河湖面貌，河湖长制成效显著。全省开展省级水生态文明村试点和自主创建 966 个，共创共治共管的水生态文明建设格局形成，农村人居环境得到明显改善，人民群众的环境获得感不断增强。根据江西省环境监测中心的数据，近年来江西省湖泊水质总体稳定，达到或优于三类的比例超过 80%。这表明江西省湖泊水质得到了显著改善，湖泊保护工作取得了实质性成效。2022 年、2023 年各级河湖长巡查统计如图 5-4、图 5-5 所示。

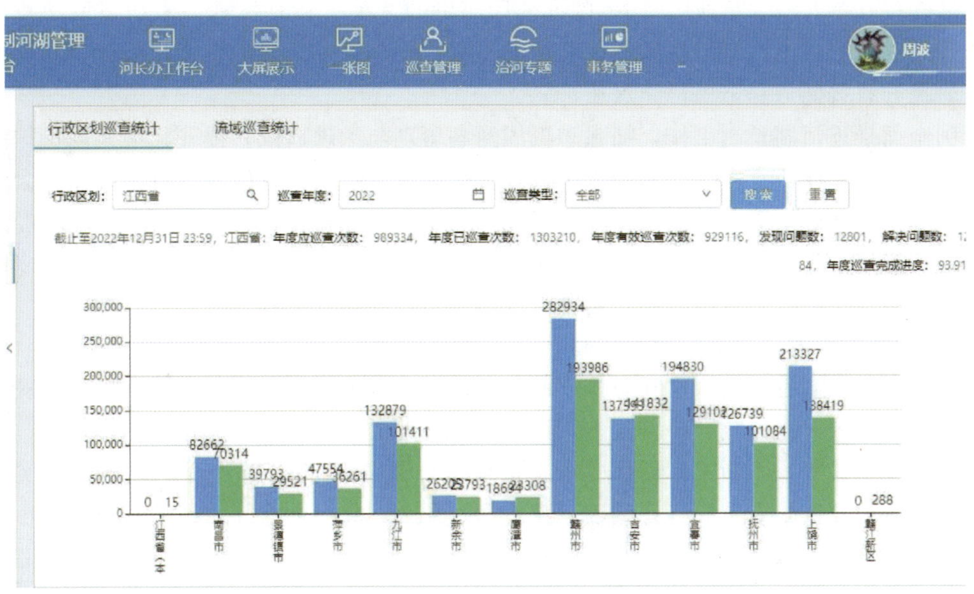

图 5-4　2022 年各级河湖长巡查统计

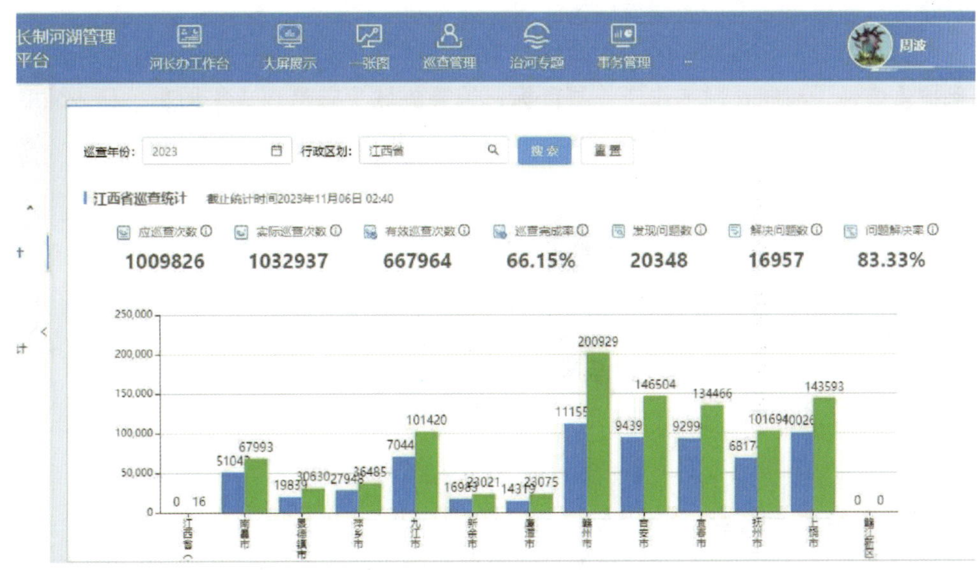

图 5-5　2023 年各级河湖长巡查统计

5.5 河湖长制科普体系

科普是创新人才培养和促进科技成果转化成社会生产力的重要手段；科普对提高全民科学素质、穿透政治与意识形态壁垒、讲好中国故事具有积极作用。习近平总书记高度重视科技创新和科学普及工作，强调“科技创新、科学普及是实现创新发展的两翼，要把科学普及放在与科技创新同等重要的位置”，要“加强国家科普能力建设”“带动更多科技工作者支持和参与科普事业”。国务院办公厅印发的《关于新时代进一步加强科学技术普及工作的意见》提出，坚持把科学普及放在与科技创新同等重要的位置，强化全社会科普责任，提升科普能力和全民科学素质。

为全面推进河湖长制工作，加强和巩固河湖管理与治理成效，提升社会共同保护河湖的意识与责任，江西省围绕科普创作、科技传播渠道、科学教育体系、科普工作社会组织网络、科普人才队伍等多方面，聚焦科普宣传大众化、经常化、社会化、立体化，经过多年努力，构建了省市县三级联动、全地域覆盖、多媒体传播、全民参与共享的全域多维立体科普宣传体系，打造江西河湖长制科普宣传、示范、特色品牌。

5.5.1 丰富创作载体，夯实科普基础

多年来，江西省不断探索新媒体下的河湖保护文化建设。为满足科普实现多层次、多渠道、多视点的“立体化”科普宣传，深挖江西各地的水文化要素，通过创作精品、深耕阵地、活化形式等，不断丰富创作“水文化载体”，以物聚力、深入浅出，不断夯实能满足不同科普对象实际需求的科普基础。在传播媒介上，先后创建江西河湖长制、水生态文明等公众号（图 5-6），专人管理，定期开展河湖长制工作宣传；与地铁宣传、香港商报等合作，广泛宣传江西河湖保护成效；在科普内容上，先后出版《江西省河湖长制工作指南》，从河湖长制出台背景、江西省河湖概况、河湖长工作实务、河湖长制工作效能评价、河湖长制考核指南等多个方面全面阐述江西河湖长制工作，分析河湖长制工作重难点以及解决方式，是指导市县顺利开展工作的技术手册；制作宣传视频与展板，通俗易懂地展示河湖保护重要性、河湖长制工作任务与目标；编纂流域生态治理成果图集、研发宣传册、指甲剪、围裙、宣传袋等周边产品（图 5-7～图 5-9），不断深化科普内容。

图 5-6 公众号宣传

5.5.2 深化资源覆盖，强化科普多元服务

在“世界水日”“中国水周”“科普日”等期间，通过省、市、县三级联动，建立科普队伍，以进社区、进农村、进党校、进校园等方式（图 5-10～图 5-13），精准化、优质

图 5-7 宣传手册

图 5-8 书籍与画册

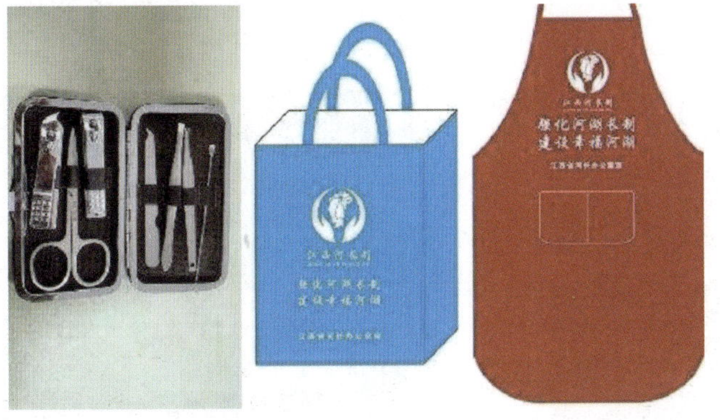

图 5-9 科普周边产品

图 5-10 科普进社区

图 5-11 科普进农村

图 5-12 科普进党校

图 5-13 科普进校园

化地开展科普知识宣讲、河湖保护课堂、技术推广宣传等活动，充分发挥科普工作者科普服务的中介和催化剂作用，构建高质量科普服务体系，全方位形成省、市、县全面覆盖的区域化科普网络。科普服务反响好，受到普遍欢迎。活动多次被江西卫视等多媒体报道（图 5－14），如今科普服务已实现主动服务向受邀科普转变。

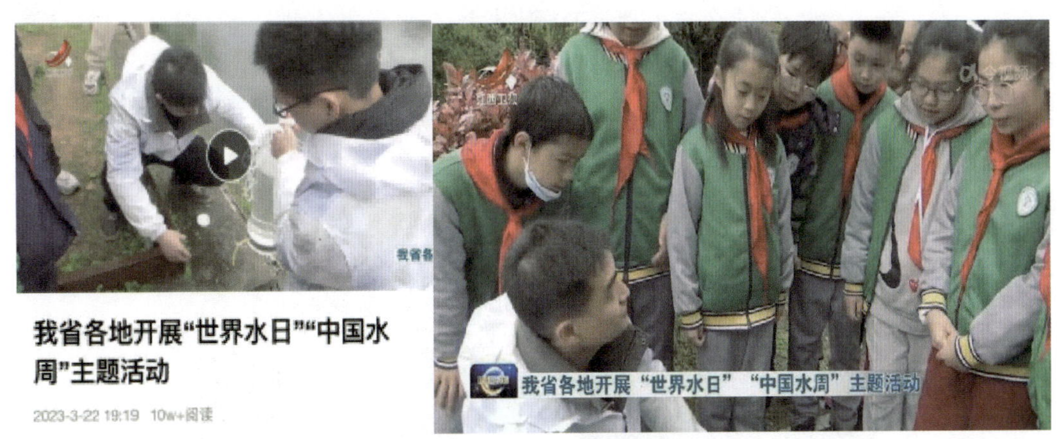

图 5－14　江西卫视报道科普进校园活动

5.5.3　拓展科普渠道，构建多维媒体传播矩阵

充分利用新时代多媒体强大信息输出能力以及传播模式可复制、易推广的优势，选取覆盖面广的地铁宣传平台、微信公众号、小程序等，先后开展河湖保护、河湖长履职评价问卷调查、流域生态治理成效图片征集等活动，营造全民互动的浓厚科普氛围。如：每年的"世界水日""中国水周"，江西省利用南昌市地铁 1～4 号线，开展为期一个月的河湖长制公益宣传片播放，科普人次达 3000 万以上，为河湖保护意识的形成提供强有力保障；开展"快来为您家乡的河湖长打分啦""今天你是主考官"等市县级河湖长履职评价问卷调查，充分调动群众参与的积极性，收获问卷近 3 万份，有效赢得全民关注和参与河湖保护工作的积极性，如图 5－15 所示。

图 5－15　公益宣传及问卷调查

5.5.4　全民参与共享，打响河湖长制科普特色品牌

在打造特色科普品牌体系方面，全省各地深耕河湖长制精神内涵和文化底蕴，以"科

普＋成效”为主体，以“人水和谐”为主旨，结合各地河湖长制工作特色、水系情况、文化资源及建设成效等，在融入展示、科普、宣传等功能基础上，突出河湖长制主题特色，融入河湖长制科普元素，开拓思路、敢于创新，充分依托各种载体及形式，多角度展示河湖长制内容，多样化展示水文化、水生态，多渠道延伸公众互动模式。目前已积极打造南昌、九江、吉安、抚州等 11 个地市 153 个河湖长制主题文化公园，亮点纷呈，深受广大群众欢迎，部分河湖长制主题文化公园如图 5 - 16 所示。一幅幅生态文明建设的美丽画卷，让当地居民真实体会到幸福感、获得感和收获感，共享生态文明建设成果的同时，不断提升水生态保护意识，积极参与生态保护。

图 5 - 16　部分河湖长制主题文化公园

5.6　体系集成应用案例分析

抚州市是江西省的一个重要城市，该市在推行河湖长制方面取得了显著的成效。本节将以抚州市为例，对江西省河湖长制体系集成应用进行分析。

5.6.1 背景介绍

抚州市位于江西省东部，属亚热带湿润季风气候，年均降水量1688mm，境内江河纵横，拥有丰富的水资源。然而，随着城市化的加速和工业化的发展，水资源污染和生态破坏问题日益严重。为了保护水资源、治理水环境、维护水生态、保障水安全，抚州市积极推行河湖长制，通过政府主导、部门联动、社会参与的方式，全面推进河湖长制工作。

5.6.2 案例分析

5.6.2.1 河湖长制组织架构

抚州市的河胡长制实行市、县、乡三级河湖长。全市设立了138名河湖长，其中市级河湖长10名，县级河湖长36名，乡级河湖长92名。各级河湖长负责组织领导相应河道的管理工作，包括水资源保护、水污染防治、水环境治理、水生态修复等。同时，抚州市还设立了河湖长制办公室，负责协调推进全市的河湖长制工作。

5.6.2.2 河湖长制政策措施

（1）制定河湖长制实施方案。抚州市政府制定并发布了《抚州市全面推行河湖长制实施方案》，明确了河湖长制的组织结构、工作目标、任务和实施步骤。各级河湖长根据实施方案，组织领导相应河道的水资源保护、水环境治理、水污染防治、水生态修复等工作。

（2）建立河湖长制管理制度。抚州市建立了河湖长制管理制度，明确了各级河湖长的职责、任务和工作要求。各级河湖长要定期巡查河道，及时发现和解决问题，确保河道管理到位。同时，管理制度还强调了河湖长之间的协调配合，促进信息共享和问题解决。

（3）完善法规和标准体系。抚州市政府积极推动相关法规和标准的制定和完善，以保障河湖长制工作的顺利实施。例如，政府出台了《抚州市抚河流域水污染防治条例》，严格控制污染物排放，加强水资源保护。此外，政府还制定了《抚州市河道管理条例》，明确了河道管理的要求和处罚措施，为河湖长制实施提供了法律保障。

（4）加强信息化管理。抚州市建立了河湖长制信息化平台，实现了信息共享和数据互通。各级河湖长可以通过信息化平台进行信息报送、问题跟踪和数据分析等工作。同时，政府还积极推广智能监测设备的应用，实时监测河道水质、水量等指标，提高管理效率。

（5）强化考核评价和监督机制。抚州市建立了完善的考核评价机制，对各级河湖长的管理工作进行定期评估和考核。政府还加强了对河湖长制工作的监督检查，对管理不力的河湖长进行问责处理。同时，政府还鼓励社会监督，通过媒体、公众平台等方式及时公开河道管理信息，接受社会监督和评议。

（6）推动社会参与和宣传教育。抚州市政府积极推动社会参与河湖长制工作，鼓励企事业单位、社会团体和个人参与河道管理。政府还加强了宣传教育力度通过举办宣传活动、开设公益课程等方式，提高公众对水资源保护和水生态修复的认识和理解。同时，政府还建立了举报奖励制度，鼓励公众参与监督和举报河道管理问题。

（7）促进区域合作和联动。抚州市积极推动跨区域合作和联动通过与其他地区分享管理经验和技术手段，共同解决跨界河流的管理问题。同时，政府还加强了与上下游地区的沟通协调，共同制定管理方案和政策措施，形成协同发展的良好局面。

5.6.2.3 河湖长制工作成效

(1) 水资源保护方面：抚州市通过实施河湖长制，严格用水总量控制，推广节水技术，加强水资源管理，全市用水总量控制指标完成率达到 98%，万元 GDP 用水量下降了 25%，水资源得到了更加合理的利用。

(2) 水环境改善方面：抚州市通过实施河湖长制，加强对工业企业、农业面源、生活污水等污染源的监管，实施排污口整治和入河排污口设置审批，全市地表水环境质量优良率达到 90%，主要河流断面水质达标率达到 95%，水环境得到了明显改善。

(3) 水污染防治方面：抚州市通过实施河湖长制，加大对水污染防治的力度，加强对涉水企业的监管，全市共关闭搬迁 36 家污染严重的企业，全市重点断面水质达标率达到 98%，有效保障了水体的环境质量。

(4) 水生态修复方面：抚州市通过实施河湖长制，积极推动河道治理工程，加强水土流失治理和湿地保护工作。全市共实施河道治理工程 32 项，完成水土流失治理面积 $42km^2$，恢复湿地 $6km^2$，水生态得到了有效修复和维护。

(5) 公众参与方面：抚州市通过实施河湖长制，加强宣传教育和推动社会参与力度。全市共举办宣传活动 300 余次，开设公益课程 100 余次，建立举报奖励制度，鼓励公众参与监督和举报河道管理问题，公众参与度明显提高。

5.6.3 特色亮点

抚州市的河湖长制实施过程中，涌现出许多特色亮点。其中，临川区的“智慧河长”App、南城县的“一河一策”治理模式、宜黄县的“河权改革”以及资溪县的“两山银行”备受关注。

(1) 临川区的“智慧河长”App：该 App 通过信息化手段实现了河湖长巡河巡湖、问题发现、问题处置、监督考核等功能，提高了河湖长工作效率和公众参与度。目前，“智慧河长”App 已经在全市范围内推广使用。

(2) 南城县的“一河一策”治理模式：该模式针对每一条河流的实际情况，制定相应的治理方案，实现了河流治理的精准化和科学化，该模式得到了上级部门的肯定和推广。

(3) 宜黄县的“河权改革”：宜黄县的“河权改革”旨在明确河道资源的管理权和经营权，通过承包经营的方式，让当地村民、集体或个人参与河道的管理和经营，实现水资源的优化配置和高效利用。这一改革措施的实施，有利于加强河道管理，提高水资源利用效率，促进经济发展和生态环境的改善。同时，承包经营的方式还可以激发当地村民、集体或个人的积极性和创造力，推动河道资源的保护和开发。

(4) 资溪县的“两山银行”：为推进生态文明建设、保护生态环境、实现绿色发展而成立的一家特殊目的公司。其主要业务包括但不限于生态修复、环境治理、绿色产业投资、生态资源资产经营等。“两山银行”以“绿水青山就是金山银山”为理念，致力于将生态资源转化为生态资本，通过发挥其平台作用，链接政府、企业、社会各方资源，引导社会资本流向生态治理和绿色产业发展等领域。同时，“两山银行”还提供了一系列创新金融产品和服务，如绿色信贷、绿色债券、生态基金等，以满足生态文明建设的多元化金融需求。此外，“两山银行”还积极推动生态产品价值实现机制的探索和创新，通过开展生态产品价值评估，实现生态产品的资产化、资本化，打通“绿水青山”与“金山银山”

的转化通道。

5.6.4 案例启示

抚州市在推行河湖长制的过程中，积累了很多宝贵的经验启示。在智慧河长方面，抚州市积极引入现代化技术手段，建立智慧河长平台，实现河道管理的信息化和智能化。通过实时监测河道水质、水量、流速等信息，为河道治理和保护提供科学依据。

在“一河一策”方面，抚州市针对不同河流的特点和问题，制定个性化的管理方案，实现河流的精细化管理。通过明确责任主体、落实目标任务、强化考核评价等措施，确保管理方案的有效实施。

在河权改革方面，抚州市积极探索河道资源管理权和经营权的分离，通过承包经营等方式激发社会各方参与河道管理的积极性。同时加强监管和考核，确保河道资源的合理利用和保护。

在“两山银行”方面，抚州市充分发挥金融杠杆作用，推动生态产品价值实现机制的探索和创新。通过开展生态产品价值评估，实现生态产品的资产化、资本化，打通“绿水青山”与“金山银山”的转化通道。同时，“两山银行”还提供了一系列创新金融产品和服务，满足生态文明建设的多元化金融需求。

这些经验启示表明，推行河湖长制需要结合实际情况和特色亮点，注重实践操作和政策引导的相互促进。同时要充分发挥现代化技术手段的作用，加强社会参与和社会共治，形成政府、企业、社会共同参与的河道管理新格局。

5.7 小结

通过建立完善的组织架构和协调机制，制定科学合理的政策措施和技术标准，加强宣传教育和公众参与，持续监测和评估等措施的实施，推动了河流湖泊的管理保护和水资源的合理利用。

一是建立了完善的组织架构和协调机制。江西省建立了省、市、县、乡、村五级河湖长组织体系，各级河湖长均由当地政府主要领导或分管领导担任，确保了各级河湖长的高度重视和有力推进。同时设立了河湖长办公室等协调机构，负责处理河湖长的日常事务，协调相关部门和单位推进河湖长制工作。这种协调机制确保了各部门之间的信息共享和协同工作，形成了河流湖泊管理保护的合力。

二是持续监测和评估。江西省对河湖长制工作进行持续的监测和评估，发现问题并及时采取措施进行改进。通过建立考核机制和指标体系，对各级河湖长和管理机构的工作进行全面考核和评价，并将结果与奖惩机制挂钩，激励各级河湖长和管理机构更好地落实河湖长制工作。

三是科学制定政策措施和技术标准。江西省根据实际情况和需求，制定了一系列政策措施和技术标准，包括《江西省实施河长制湖长制条例》《江西省全面推行河湖长制工作方案》等，明确了河湖长制工作的目标、任务、考核办法、督察制度等要求，为工作的推进提供了有力的政策保障和技术支持。

四是加强宣传教育和公众参与。江西省通过多种渠道宣传河湖长制工作的意义和成效，提高了公众的认识和支持。通过开展水文化宣传教育活动、鼓励志愿者参与河流湖泊管理等方式，增强了社会公众的环保意识和参与度。同时，通过建立信息共享平台和数据管理系统，实现了各级部门之间的信息共享和协同工作，方便了社会公众的监督和参与。

通过江西省河湖长制体系创建与集成工作的实施，河流湖泊的水资源得到了更加合理的开发和保护，水生态环境得到了明显改善。同时，社会公众的环保意识和参与度得到了提高，形成了社会共治的良好氛围。

第 6 章

典型实践与成效分析

6.1 典型案例

6.1.1 江西靖安县——有一种责任叫河长

靖安县位于江西西北部，国土面积 1377km^2，总人口 15 万人，辖 11 个乡镇 75 村，距省会南昌 37km，是全国首批“国家生态文明建设示范县”和“绿水青山就是金山银山”实践创新基地、全省首个国家级生态县、省第一批生态文明示范县，生态环境优越。2018 年 5 月 19 日，习近平总书记在全国生态环境保护大会上，对靖安县“一产利用生态、二产服从生态、三产保护生态”发展模式予以了肯定。

靖安县水资源较为丰富，多年平均降雨量 1725mm，水域面积 43.2km^2，北潦河贯穿全境，长 102km，境内流域面积 671km^2，2km 以上支流 35 条。2015 年，靖安县被水利部列为全国首批河湖管护体制机制创新试点县，其河湖管护体制机制创新工作被载入《中国改革年鉴》；北潦河一级支流北河获得了“2018 年长江经济带最美河流”称号，也是江西省唯一获此殊荣的河流，河长制工作一直位列全省前茅。

2019 年，靖安县北潦河被水利部遴选为全国首批示范河湖建设名单。在水利部、长江委和省、市水利部门的精心指导下，县委县政府高位推动，成立了北潦河示范河湖建设领导小组，由县委书记、县级总河长担任组长，28 个职能部门主要负责同志为成员。2019 年 12 月，编制完成《靖安县北潦河示范河湖建设实施方案》并报省水利厅批准，从责任体系、制度体系、基础工作、管理保护、空间管控、管护成效等 6 个方面开展示范河湖建设，共涉及 64 项工作任务，投资估算 30434.43 万元。截至 2020 年 10 月底，确定的投资计划和目标任务全面完成，河湖管护组织体系、制度体系、责任体系进一步健全，河湖监管信息化水平不断提高，基本实现“河畅、水清、岸绿、景美、人和”的建设目标。

靖安县相关荣誉如图 6－1 所示。

1. 全面构建“有名有实有特色”的河流管护体制机制

以河为贵，建立“街区化”管护长效机制。坚持生态立县，全面践行“以河为贵”的工作理念，把河道当街道管理，把库区当景区保护。建立与河长制相结合的“1＋2＋3＋市场”管护模式，构建以河长制为核心的党政首长负责制，充分整合资源，形成“治水”合力。通过实施城乡垃圾一体化处理工程，做到“垃圾不落地”；通过实施镇村生活污水处理工程，做到“污水不入河”；通过实施生态质量提升工程，做到“黄土不见天”；通过

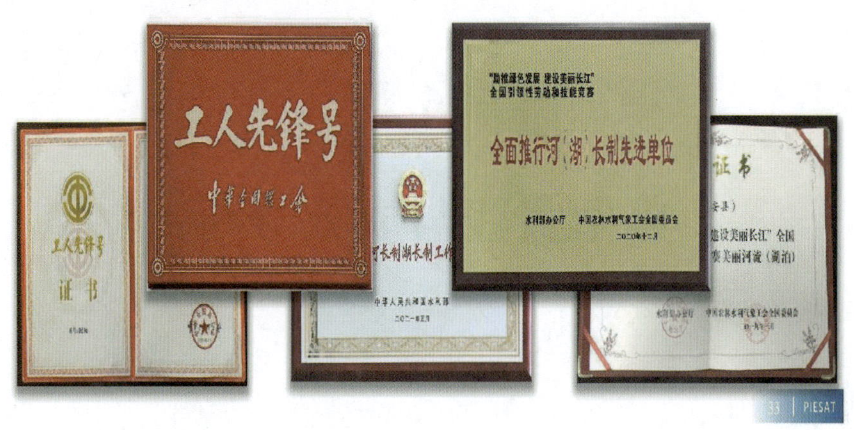

图 6-1 靖安县相关荣誉

全面推行环保负面清单制度，做到“责任不落空”。

凝聚合力，落实河湖综合执法机制。明确县河湖管护委员会为 1 个管护主体，下设河长办和综合执法协调办公室 2 个职能单元。综合执法协调办公室由县政府牵头，有关部门组成，负责全县涉水综合执法。按照“严管、勤查、联动、重罚”的要求，定期开展联合执法，将破坏水生态、水环境行为遏制在萌芽状态，改变过去“多头执法”不见成效的现象。将县河长办升格由政府分管副县长担任主任，直接调度开展联合执法，确保了综合执法机制落到实处，保障了涉水案件执法到位。

创新模式，推行全民认领河长机制。2017 年 6 月开始实行“党员示范、群众认领”新模式，对境内的河道及长度 2km 以上支流，中型、小（1）型、小（2）型水库及 1 万 m^3 以上山塘实行“认领制”管理，将日常管护职责落实到“认领河长”。对河长认领人落实“两优先”“五减免”“一补贴”奖励措施。截至目前，全县共有认领河长 128 人，其中党员 36 人，贫困户 17 人，极大提升了全民护河的积极性。

整合资源，实行“山水林田湖”生态综合管护机制。2019 年底开始，陆续整合河长制、路长制、林长制、村庄长效管护等人员及资金，设立生态管护员，实行“山水林田湖”生态综合管护。生态管护员实行统一管理和属地管理相结合、动态监管和上下联动相结合的方式。打通了基层生态管护人力分散、工资待遇不高等堵点，促进了河长制长效管护机制的落实。

2. 深入践行习近平总书记“节水优先、空间均衡、系统治理、两手发力”治水思路

积极打造丰水地区的节水模式。积极创建节水型社会，以“实施国家节水行动，建设节水型社会”为主题，以县域节水型社会达标建设工作实施方案内容为建设目标，积极建立和完善节水型社会的体制和机制，大力实施节水工程，加大节水宣教和执法，开创节水型社会建设工作新局面。实行最严格水资源管理制度、水资源消耗总量和强度双控行动确定的控制指标全部达到年度目标要求。2019 年万元国内生产总值用水量 172.2m^3，较 2015 年下降 26.4%；万元工业增加值用水量 30m^3，较 2015 年下降 52.5%。

有效运用均衡发展的引调水模式。加强水资源配置工程建设，完成 5 座小（1）型水

库、17 座小（2）型水库的除险加固，进一步提升水利工程蓄调水能力。坚持精准施策科学调度，中型水库小湾水库自投入运行以来，在防汛及灌溉方面发挥了较大效益，在 4 次遭遇特别干旱年份，最小入库流量仅 0.2m^3/s 的情况下，按照不小于 5m^3/s 出库，保障灌溉和生态流量。6 次遭遇大洪水年份均不同程度削减洪峰，确保下游防汛安全。2019 年降雨极不均匀，出现冬汛以及严重秋旱，但经过科学调度，确保了灌溉用水及生态流量。新建潦河灌区解放闸（图 6-2），因地制宜设计集传统钢闸门和橡胶坝优势于一体的气盾坝，满足灌区取水、汛期泄水、城区段综合整治水面景观等多方面实际需求。通过以水定需、量水而行、因水制宜，最终实现“空间均衡”。

图 6-2 潦河灌区解放闸

统筹推进流域生态综合治理模式。坚持系统治理思维，以生态增值为导向、转型升级为路径、项目整合为抓手，促进流域内的生态效益、经济效益、社会效益全面提升。以流域为单元，整合水利、生态环保、农业农村、林业、交通运输、文化旅游等项目，打捆形成流域生态保护与综合治理工程，统筹推进流域水资源保护、水污染防治、水环境改善，水生态修复，协同推进流域新型工业化、城镇化、农业现代化和绿色化，努力实现河湖健康、人水和谐、环境保护与经济发展共赢，打造真正造福人民的幸福河湖。北潦河流域生态保护及综合治理已完成投资 19450.57 万元，包含仁首镇防洪工程、香干左堤、双溪镇曹山等 10 个工程项目。

大胆探索社会资本参与投资模式。在争取财政投入的基础上，积极拓宽融资渠道，鼓励引导央企、民间资本、世界银行贷款项目等社会资本参与。农村基础设施提升项目总投资 3.7 亿元，其中 3 亿元为国开行融资，7600 万为地方自筹；充分利用世界银行贷款用于江西鄱阳湖流域重点城镇污染综合治理与生态安全项目，贷款金额 1.58 亿元，2019 年项目中期调整到 1.68 亿元。利用地方政府债券 2.45 亿元，用于高标准农田建设、生活垃圾分类及乡镇环境整治、城乡供水等。撬动社会资本 18.85 亿元投入中源悦榕府、九岭山运动休闲（滑雪）旅游度假区、江西省海溢园生态农业项目。

3. 积极实践“绿水青山就是金山银山”的现实路径

抓“一产”减面源污染。大力发展有机农业，立足生态禀赋和特色产业基础优势，加速促进农旅深度融合。加快点状有机农业向全域有机农业发展，整县打造有机农业基地。

建设一批标准化生产示范基地，打造一批集生态农业、智慧农业、设施农业、休闲农业于一体的现代农业示范园；开展农药化肥减量行动。完成测土配方施肥技术推广，建立化肥减量增效示范。积极探索绿色有机农业发展的种植模式，实现农药使用量负增长。制定并发布早稻施肥技术指导意见，开展早稻施肥指导，落实绿色防控示范区建设点；积极争取农用地安全利用项目。整合资金 20 万元用于低积累水稻种子、土壤改良剂等物质储备，并制定了《靖安县受污染耕地安全利用工作总体方案》和《靖安县 2020 受污染耕地安全利用实施方案》。目前，已完成种植结构调整面积 847 亩，对 753 亩田块实施土壤调酸措施，耕地土壤安全利用实施率达 100%。

图 6-3 靖安县积极实践"绿水青山就是金山银山"

控"二产"保河湖水质。实行最严格的项目环评准入制度，先后整顿和关闭木竹粗加工企业 127 家。全县无化工园区，仅有的一家化工企业已完善污水处理设施并安装污染源自动监控设施，确保污水达标排放。同时，严格建设项目环境保护负面清单制度，全面禁止审批潦河等重点河流干流 1km 范围内新上化工项目。将工业主攻方向锁定在新材料、新光源等绿色低碳行业，先后有合力照明、江钨合金、杰浩工具、超维新能源、飞尚科技等一批企业落户，新上企业超过 80%是绿色低碳工业企业，形成了绿色照明、硬质合金、清洁能源、机械铸造为主体的产业格局。坚持招商机制不变、招商要求不变，围绕"生态+大健康"首位产业、新动能产业等方向招商。

依"三产"助生态富民。以全域保护提升全域生态，以全域生态助推全域旅游，以美丽示范村庄为"珍珠"、以百里潦河风光带为"项链"、以特色小镇为"背景"，大力发展康疗养生、文化创意等产业，使得全县处处都是景点。大力发展"亲水"经济，对北潦河两岸河堤景观进行升级改造，逐步实现由"河清"到"河景"的转变。特别是围绕打造幸福健康产业示范区，大力推进百香谷农旅医康养园、东白源生态养生谷、宝峰禅意养生乐园等康养项目建设。这些项目都与水息息相关，依托北潦河良好的水生态环境来建设点"绿"成"金"。今年国庆中秋长假全县共接待游客 78.3 万人次，同比增长 12.3%，实现生态与富民双赢。

4. 努力形成"群策群治群力"的大管护格局

(1) 横向互通，注入强大的司法力量。配套设置河道警长，落实县级警长 1 人、乡级

图 6-4　靖安县积极实践“绿水青山就是金山银山”

图 6-5　依“三产”助生态富民

警长 11 人，通过公安机关提供执法支持，打击涉河违法行为。同时建立“河长＋检察长”协同推进河湖管理保护工作机制，落实检察长 4 人。充分发挥检察机关法律监督职能与行政执法管理职能的合力作用，积极构建检察机关在河湖长制工作中的司法介入和助推机制，更好服务河湖水资源保护、水污染防治、水生态修复、水环境改善和经济社会高质量发展。

（2）上下联通，实行严格的生态补偿。与北潦河下游奉新县签订《北潦河流域上下游横向生态保护补偿协议》，基本形成“成本共担、效益共享、合作共治”的北潦河流域保护和治理长效机制，促进北潦河流域生态环境质量不断改善。因靖安县属北潦河源头，补偿的执行标准更加严格，即：交界断面需在全年 12 次检测中全部达标且有至少 5 次Ⅰ类才可获补。2019 年交界断面水质 5 次达Ⅰ类、7 次达Ⅱ类，靖安县获得奉新县补偿资金 200 万元。2020 年水环境质量继续保持优良，有望再获补偿。

（3）纵向贯通，执行实效的考评体系。县河长办采取定期或不定期抽查相结合的方式，每季度开展一次河长制工作考评，考评分低于 60 分的予以通报批评，主要领导要向县委、县政府做出说明；考评分低于 90 分的不予评先。同时，考核内容纳入县政府对乡镇高质量发展考核评价和对县直单位绩效考核体系，各级河长履职情况作为领导干部年度考核述职的重要内容。另外，每年根据考评结果举行一次“两美四佳”表彰评选，评选出“十美河段”“十美水库”“十佳河长”“十佳库长”“十佳巡查员”和“十佳保洁员”，对评选出的“两美四佳”给予精神和物质奖励。

(4) 内外融通，挖掘深层水文化内涵。以河长制工作为抓手，推动水文化走向社会、走近群众，增强人民群众对水文化的认知度、赞誉度。创新设立“河长日”活动，通过“入户、入脑、入心”三入宣传、“小手拉大手”等河长制进校园、“河小青”巡河护河、招募志愿者社会实践活动等，营造水环境共治共享氛围，实现“我家在靖安，人人是河长”全民参与氛围。2020年建成潦河灌区文化展馆，从人文、历史、工程、生态多个角度，全面诠释了潦河灌区的文化内涵，展现潦河灌区的千年风采、现代英姿，让更多人了解坝渠建设的艰辛历程、难忘往事，水利与农业的相伴相生。

6.1.2 江西宜水流域——绘就人水和谐画卷

宜黄县地处江西省中部偏东，因县治设于宜水、黄水汇合处而得名。县域面积1944km²，下辖8镇4乡以及1个省级工业园区，常驻约20余万人。宜水全域位于宜黄县境内，主要涉及神岗乡、圳口乡、棠阴镇、凤冈镇4个乡镇。依托优越禀赋优势，坚定不移走生态优先、绿色发展之路，先后获批全国典型地区再生水利用配置试点城市、江西省首批碳达峰试点县、江西省卫生县、江西省革命文物保护利用示范县，观音山水库被列入全国红色基因水利风景区名录，宜黄工业园被评为江西省两化融合示范园区，生态文明建设红利持续释放。

宜黄县境内水系发达，河流众多，有大小河流216条，其中流域面积10km²及以上河流46条。因河湖长制工作推进有力，河湖管理保护治理成效明显，2019年获全国引领性劳动和技能竞赛全面推行河湖长制先进单位，2021年获全国第十届“母亲河奖”优秀组织奖、“以河养河”经验做法入选水利部全面推行河长制湖长制典型案例。

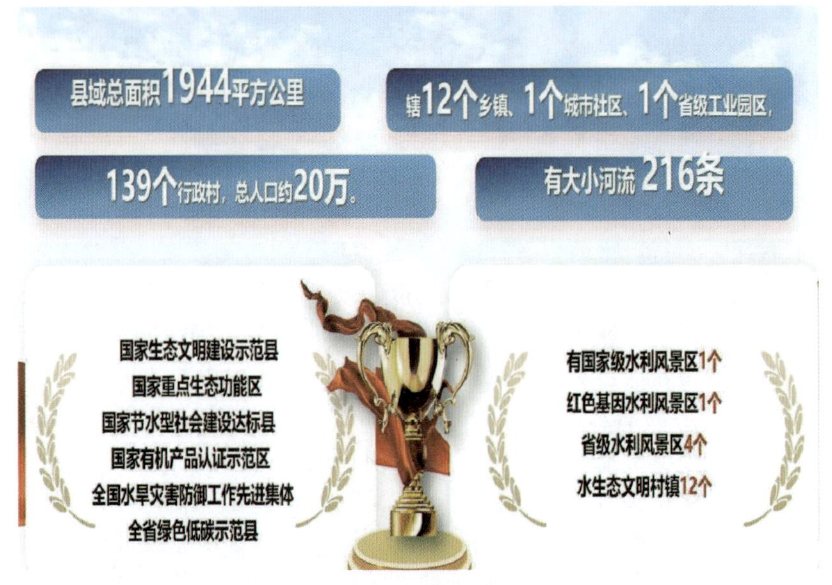

图6-6 江西宜水流域简介

2022 年 4 月，宜黄县宜水被水利部遴选为全国首批幸福河湖建设名单。在水利部、长江委和省、市水利部门的精心指导下，县委县政府的全力推动下，宜水幸福河湖建设项目推进有序。2022 年 5 月，编制《江西省抚州市宜黄县宜水幸福河湖建设实施方案》（后文简称实施方案）报水利部进行审查。2022 年 6 月，水利部以“办河湖函〔2022〕546 号”文印送了《实施方案》审查意见，明确围绕“防洪保安全、优质水资源、健康水生态、宜居水环境和先进水文化建设”等五大目标，重点推进“河道综合整治、河湖空间带修复、生态廊道建设、建设数字孪生流域、水文化挖掘与保护、提升流域生态产品价值”等六项建设任务，规划总投资 3.64 亿元，其中中央补助资金 1.0977 亿元。截至 2023 年 9 月 23 日，确定的投资计划和目标任务全面完成，项目竣工验收，“安全宜水、生态宜水、智慧宜水、经济宜水、文化宜水”的美好图景逐步实现，“亲水、近水、悦水”的宜水流域城市名片愈发闪亮。

1. 坚持“提质”为基，夯实筑牢水安全屏障

突出流域特点，因地制宜，科学制定治理方案。神岗乡位于河道上游，河床坡降达到 5%，两岸河床摆动剧烈，崩塌严重，给两岸村庄和农业生产带来严重威胁。整治以稳固河岸为主，共整治河道 13.2km，采用生态护岸 17.2km；圳口、棠阴河段蜿蜒曲折、河岸植物丰富，滩地淤积严重，整治以清淤疏浚畅通河道为主，累计清淤疏浚 15 个节点，总长 2.6km；凤冈河段地处下游与县城接壤，产业集聚，人群密集，整治以提升完善原有防洪堤为主，对原有防洪堤进行生态化改造，达到美观又安全的治理成效。同时，对流域内涉及的 1 座中型水库、2 座小（2）型水库和 5 座山塘全面进行了除险加固，使流域内河流“大雨大灾、小雨小灾”的局面得到彻底改变，保障了流域居民的生命财产安全，为幸福河建设奠定了坚实的安全基础。

2. 坚持“整治”为核，持续改善水生态环境

按照“表象在水体，根源在陆域”的治理思路，通过在沿河大力实施“十大”重点行业专项清洁化改造、集镇生活污水处理、农村生活污水集中治理、沿线 5 万亩农业面源污染治理和畜禽养殖污水处理等综合整治行动，有力保障了宜水河道水质安全，恢复了山石嶙峋、深潭浅滩、茂林修竹的自然生态景观，流域水质长期保持在Ⅱ类及以上标准。坚持“原生态河道为主，人工景观措施为辅”的原则，以“微创式”修复方式，结合宜水本土化特色，打造了人水和谐生态廊道，以宜水为主轴，由南向北围绕红色文化、田园文化、历史文化、自然山水风光做文章，形成了“一轴三片、多点成链”的水乡共生格局。一轴即以宜水为发展轴；三片为依托地形地貌、水系功能、产业特色，生态廊道范围划分的自然涵养区、水生态修复区及水文化展示区 3 个片区；多点是以改善农村人居环境、促进乡村产业发展、加快美丽乡村建设、融合乡村振兴战略为目标，由沿河两岸多个新农村建设、现代农业观光、当地特色文化、水系治理展示等项目串联成链的 4 个景观节点。通过整治修复，宜水流域更加河畅水清岸绿景美，沿河 12.21 万居民人居环境得到改善提升。

3. 坚持“引智”为媒，全面构建水智慧体系

积极探索“智慧化”治水模式，围绕防洪、水资源调配、河湖管理等为引领的水利业务，完善监测监控感知单元，通过运用物联网、卫星遥感、无人机、视频监控、智能识别等技术，构建覆盖全流域天空地一体化的水利感知网，实现流域水情、雨情、工情、灾

情、旱情、水质、生态等水信息全要素的实时感知；畅通数据传输道路，利用国家公共通信网的4G、5G和专用通信网的光纤、卫星、微波等通信技术手段，以有线、无线融合互补的方式，组建形成覆盖流域的高速宽带互联信息网络；提升数字孪生平台智慧水平，构建水利专业、智能（AI）、可视化等模型，运用知识图谱和机器学习等技术，实现对水利对象关联关系和水利规律等知识的抽取、管理和组合应用，为数字孪生宜水提供智能内核，真正实现管理数字化、自动化、智能化，为防洪、供水、生态“三大安全”提供有力支撑保障。

4. 坚持“众志”为本，着力推动水价值转化

充分挖掘河湖自身资源，聚力打造宜水“棠阴夏布绿色产业示范带”，生产的纯麻、麻棉、麻绦、麻晴、麻绢、麻粘、麻毛等7大系列产品远销海外，年总产量达2400余t；大力培育新型设施，提升蔬菜产能，打造“产业园＋企业＋制种大户”的全闭环模式，棠阴镇民主村被评为第一批省级“一村一品”（红薯粉丝）示范村镇；结合流域优势和特点，广泛推行有机茶叶、百合、白莲等特色产业规模种植，建设大棚蔬菜和杂交水稻制种等产业示范基地，打造了各具特点的示范村镇，水生态产品价值实现有效转化。2022年10月以来，共接待县内外观光游客11.2万人次，有效带动了沿岸居民增收致富，人民群众获得感、幸福感显著增强。

5. 坚持“雅致”为要，不断强化水文化引领

宜水作为自然之河、人文之河，孕育了灿烂文化，养育了沿河两岸一方百姓。幸福河湖试点建设开展以来，宜水水文化传播的组合拳更是施展的自信大方、优雅脱俗。充分挖掘文化资源，神岗乡以佛教文化、禅文化为重点，圳口乡以红色文化、村落文化为重点，棠阴镇以新石期文化、夏布文化、古建筑文化为重点，凤冈镇以乡土文化、戏曲文化为重点，摸清遗产数量、分布情况、保护利用情况等文化“底蕴”；推动水利工程与文化深度融合，对传统水利工程进行文化改造提升，对新建水利工程在规划、设计、建设过程中充分融入水文化元素，切实做好文化“传播”；丰富水文化展现形式，依托百花洲河长制公园，通过雕塑、景观、展板等，充分展示多元水文化，系统阐述幸福建设历程、工作做法、成效经验以及前景展望，引领流域居民进一步增强文化自觉、坚定文化“自信”。

6.1.3 江西湘东区——赣湘合作催化幸福源泉

湘东区位于江西省西部，为萍乡市的市辖区，地处赣湘边境，西南与湖南醴陵市、攸县交界，素有“赣西门户”“吴楚通衢”之称。境内主要分为萍水河和草水河两大流域，全区有大小河流37条，其中流域面积200km^{2}以上的河流有3条，共有小型水库69座。

2022年，湘东区完成了《萍乡市湘东区佳沙洲至黄花桥幸福河湖建设实施方案》的编制，并经区级总河湖长审定印发实施。《方案》摒弃以往单纯的以河治河、筑堤防洪的治理观念，用“系统治水”的理念，实施“646”工作思路（6个结合，即与城市建设推进相结合、与产业发展相结合、与人居环境改善相结合、与水环境整体提升相结合、与赣湘合作相结合、与全面推行河长制湖长制工作相结合；4个治理方式，即政府主治、政企合治、流域联治、多元共治；6个强化，即强化水安全保障、强化水岸线管控、强化水环境治理、强化水生态修复、强化水文化传承、强化可持续利用），构建流域统筹、部门联动、区域协同、群众参与的幸福河湖治理管理新格局。

1. 构筑防洪减灾体系，强化水安全保障能力

（1）防洪排涝工程建设。通过五河治理项目、国家重点地区中小河流治理项目、亚行的萍水河冷潭湾水厂至萍钢坝段河道治理项目以及萍乡市湘东区萍水河防洪工程（鲈鹚嘴至冷潭湾水厂段）（PPP 项目）等工程的治理，建成了萍水河 20km 防洪标准均达到 20 年一遇，河道行洪能力显著提高；新建排涝建筑物，设置穿堤防处排水涵管、对河道进行清淤疏浚等，提升城区行洪排涝能力。此外，完成了 66 座水库除险加固工程。

（2）沿河城镇道路建设。在防洪工程、流域综合治理工程、中小河流治理等项目建设的基础上，结合城镇建设发展的需要，开展了萍水河沿河基础设施建设，建成多处沿河绿色生态廊道，沿河基础设施基本完善，充分保障了沿河广大居民亲水、近水的迫切需要。截至 2022 年，规划区内已建成沿河城镇道路 20.84 km，同步设置了沿河游步道 20.84km，绿化景观带 20.84km；此外，在居民游憩较为集中的地方还设置多处下河阶堤、亲水平台，供居民亲水、戏水。

2. 科学划定管理范围，强化水域岸线空间管控

（1）明确水域岸线空间管控边界。组织编制了《湘东区萍水河 老关镇仁村村陂头洲至麻山镇小桥村老屋里河道管理范围划界报告》，完成了萍水河（湘东区段）河湖管理范围划界工作，共划定河道管理线长度 60.003km，设置并安装界桩 331 根、告示牌 14 个。

图 6-7 防洪排涝工程

图 6-8 沿河城镇道路

（2）严格岸线分区分类管控。为合理开发利用岸线资源，组织编制了《萍水河（湘东区段）岸线保护和利用规划报告》，将萍水河（湘东区段）岸线功能区划分为开发利用区及控制利用区，划定了岸线、岸线临水边界线和岸线外缘边界线，并就不同分区提出了功能区管控要求、岸线边界线管控要求，提出了岸线管控能力建设措施，岸线保护利用调整要求，将河湖岸线保护作为岸线利用的前提，统筹协调城镇发展、产业开发、生态保护等方面对岸线的利用需求。

（3）持续开展河湖“清四乱”专项行动。以全面实施河（湖）长制为抓手，全面开展“清河行动”和河湖“清四乱”专项行动，对全区乱占、乱采、乱堆、乱建等突出问题开展专项清理整治行动。印发《湘东区河湖圩堤管理范围内房屋问题整改工作方案》，萍水河干流河道范围内 1200 余户建筑物进行拆除。2022 年排查河湖“四乱”问题 7 个，并全部完成整改。全区河道采砂全部退出。

3. 突出源头管控，强化水环境治理

（1）强化工业企业水污染防治。对渌水流域国考金鱼石、沿塘断面 10km 范围内所有入河排污口开展排查、监测、溯源等工作；推进湘东陶瓷工业园区污水集中处理设施建设，扩大管网覆盖率，做到污水应纳尽纳，11 家废水排放重点单位安装了自动监测设备，做到了应装尽装；对萍乡市湘东区苏氏食用油加工厂进行取缔，对萍乡市湘东区湘绿投资管理有限责任公司涉嫌超标排放水污染物案处罚款 25 万元。

图 6-9 沿河公园

（2）强化城乡生活污水整治。深入开展污水管网问题排查整治，推进污水管网建设改造，完成了黄花污水处理厂二期扩建工程和一期提标改造工程以及城区市政主次干道雨污管网改造项目 18 个片区的污水收集管网建设；因地制宜，已建成农村生活污水处理设施 31 个，农村污水得到有效管控。

（3）加强规模化畜禽养殖污染治理。关闭了禁养区范围内所有的规模化畜禽养殖场及养殖专业户，全面完成改造全区 69 家大型规模养殖场（小区）畜禽粪污处理设施，同时引进萍乡市普惠泰安生物科技有限公司，建成湘东区病死畜禽无害化集中处理中心，病死畜禽无害化集中日处理能力 10t。

（4）加强饮用水源地治理与保护。完成了区域范围内千吨万人、百吨千人农村饮用水源保护区的规范化建设工作，落实饮用水水源水质监测制度，建立了饮用水源保护区县（区）、乡镇、村三级网格化巡查制度，确保饮用水安全。

4. 系统治理顺自然，强化水生态保护与修复

（1）加强流域生态综合治理。累计投入 14.57 亿元对萍水河湘东段干流及其支流进行河道疏浚及生态清淤、防洪堤及岸线修复、城镇污水改造、农业面源污染治理、河滨缓冲带生态建设工程，减少氮磷等富营养化物质对水体的影响，同时恢复河段特色生境，为水生生物营造适宜的栖息环境，增加生物多样性。

图 6-10 萍水河夜景

（2）强化矿山生态修复。统筹推进萍水河（佳沙洲—黄花桥段）流域矿山生态环境修复，目前已完成湘东镇巨源村废弃矿山生态修复综合治理项目——花冲坡片区治理工程，总建设规模 516.09 亩，其中生态修复建设规模 314.41 亩，土地整治建设规模 201.68 亩。

（3）保障河湖生态流量。根据《湘东区小水电清理整改“一站一策”工作方案》，萍水河（佳沙洲—黄花桥段）流域小水电共计 13 座，通过采取生态化改造，增设生态流量

下泄设施、生态流量监测设施，并完善合规手续等措施进行整改，对已保留水电站按不低于河道天然多年平均流量的10%确定最小生态流量，安装了生态流量泄放和监测设施，保障了河流生态流量。

（4）强化保护渔业资源整治。巩固重点水域禁捕退捕成果，持续加大渔业资源保护力度，依法严厉打击渔业非法捕捞，通过“以鱼净水、以鱼调水”的方式，不断改善、提升湘东区水生生物资源和水域生态环境，保护生态平衡。2022年在萍水河滨河花园开展增殖放流活动，投放了四大家鱼、萍乡红鲫以及黄尾密鲴等品种共200万尾。

（5）强化湿地保护与修复。实施了麻山镇双月湾公园湿地建设，依托麻山河，以展现农村田园风光和自然花卉为主题，进一步打造融保护、科普、休闲等多功能于一体的生态园实施了江西省萍乡市湘东区陈家湾湿地公园建设项目，包括萍水印象和桃源溪径南岸两大区域，总面积约10万m^2。

5. 治理与开发有机结合，强化水文化传承

（1）引入山水文化。依托萍水河流域丰富的山水资源和文化资源，开展萍水河治理与开发，建成了“萍水十景”，吸引了“零799”艺术区、三石竹艺中心等项目落地，30多位国内著名美术家、艺术家签约入驻，建立名家工作室、艺术家工作室和艺术展厅。

（2）挖掘历史文化。以浏市商贸码头主题文化为切入点，对街上的古民居、古建筑进行保护、提升、改造和修缮，重建浏市浮桥，找回“乡愁”。

（3）注入河湖文化。将民间河长、河小青志愿者、全国最美环保志愿者、最美河湖卫士等事迹和保护河湖相关知识，结合萍水河支流樟里河的生态治理，建成展示和学习河湖长制工作的主题公园。利用萍水河20km生态走廊，建成幸福河湖文化展示长廊。

6. 建立健全管理制度，强化可持续利用

（1）健全河湖管理制度。建立了区、乡、村三级河湖长组织体系；设立区、乡镇（街道）、村级河长160名，聘请民间、企业河长15名。积极探索跨区域河长制工作协作机制、河长湖长＋检察长＋警长的协作机制、清河行动常态化机制及区级河湖长督办机制。通过购买市场化服务，全区水域共有365名人员进行管护保洁。同时，成立“河小青”志愿者队伍7支，志愿者总人数逾1000人。民间河长、“河小青”志愿者、返乡大学生志愿者等持续开展护水巡河，形成了全民爱水护水的浓厚氛围。

（2）实行最严格水资源管理。获评全国第三批节水型社会建设达标县（区）。规范开展了节水型灌区、学校、企业、公共机构、小区等创建，42家企事业单位获得节水型单位称号。2020年，万元GDP用水量较2015年降低28.9%。打造了22个省级水生态文明村、1个省级水生态文明示范镇。

（3）积极探索流域水生态产品价值实现。一是推进水权交易。完成了萍乡安源钢铁向萍乡市旺盛供水转让50万m^3取水交易。二是获得生态补偿。赣湘两地签订了《渌水流域横向生态保护补偿协议》，明确渌水流域上下游省份各自的职责和义务，积极搭建流域上下游合作共治的平台。按照约定，目前湖南已兑现给江西首轮补偿金共3000万元。三是带动产业振兴。萍水河幸福河湖的建设，带动“零799”艺术区、三石竹艺中心、海绵城市植物培育基地、花草基地等项目落地，昔日没有集体经济的江口村如今年经营性收入超过30万元。麻山镇双月湾湿地公园、白竺乡和平农场等体验性田园休闲旅游综合体，

推动“农旅研学＋乡村振兴示范带”协同发展，实现村民增收致富。投资近 6000 万元的传统煤炭企业萍乡市富盛工贸有限公司成功转型为绿色食品企业江西省富盛食品有限公司，并已建成投产，带动 100 余名劳动力就业。

6.2 实践成效与效益分析

6.2.1 江西河湖长制实践成效

江西围绕“河湖长巡查与履职、河湖综合治理、协调管理与成效考评、工作体系创建”等重要环节的智慧化应用，历经七年的技术攻关和实践探索，有效提升了河湖管理保护治理效能。因成效明显，江西省河湖长制工作连续 3 年获国务院督查激励表彰名额，河长制改革经验被中央深改组在全国推介，河湖长制责任落实机制被国家发展改革委列入国家生态文明试验区改革举措和经验做法推广清单。江西省全面推行河长制体系框架如图 6－11 所示。

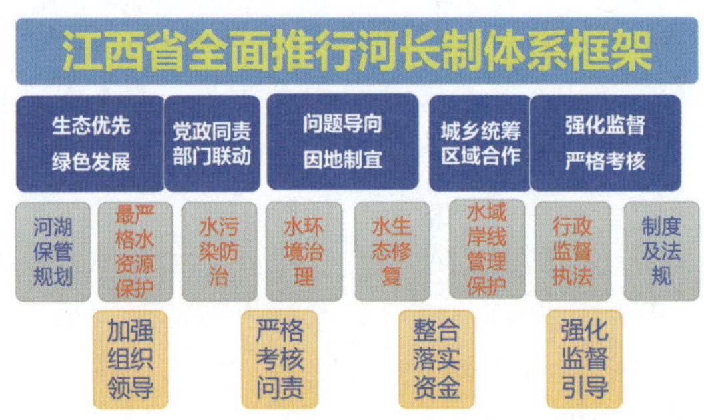

图 6－11 江西省全面推行河长制体系框架

6.2.2 技术实践

1. 河湖长巡查履职监管体系构建

利用天上看、空中探、地面查的“天-空-地”一体化协同巡查方法，结合全省五级共 2.5 万余名河湖长、9.42 万人河湖管护、保洁人员的河湖管护体系，实现了河湖“四乱”问题进行精准识别和精确打击。自 2018 年平台有数据统计以来，五级河湖长依托数字平台开展有效巡河巡湖 233 万余人次，推动解决河湖问题 2.9 万余个。建立“区域流域制＋四级督查制＋履职评价制＋过程考核制”的河湖长监管体系，创新建立出台《河湖长制履职评价及述职规定（试行）》《河湖长履职评价细则（试行）》等制度，并通过“月抽查、季通报、年考核”等手段进一步压实各级河湖长职责，极大提升了河湖长巡查及问题处置效率。

2. 河湖水生态持续改善提升

围绕水资源、水灾害、水环境等涉河湖问题，创新建立了河湖管护状态评价体系。依托评价体系，全面开展河湖综合治理。印发《江西省五河一江一湖流域保护治理规划》，对各主管流域保护治理工作进行顶层设计，并按《规划》对一河一策、一湖一策进行修编，协调各地治理保护步伐，要求每个县至少打造一条以上示范河流，拉动项目总投资超 889 亿元，有效带动了流域居民增收致富，为乡村振兴注入强劲动力。持续推进水生态文明村建设，累计完成966个省级水生态文明村试点和自主创建工作，打造了一批生态宜居的美丽乡村。积极响应习近平总书记“建设造福人民的幸福河”伟大号召，全面启动第一批108条（段）幸福河湖建设，覆盖所有市县，预计总投资667亿元。因基础扎实、工作突出，江西省宜黄县宜水、南昌市长棱河先后入选水利部幸福河湖建设试点。

3. 河湖长制考核评估愈发科学规范

依托25个省级责任单位，省、市、县三级的全流域跨部门多层级矩阵式考评体系，用好成效考评—动态分析—过程核算的河湖长制综合考评管理平台，以数字技术打破信息壁垒，全面提升河湖长制协同管理的整体水平和效能。全省11个设区市、100个建制县均按要求建立了河湖长制工作体系，并按要求开展自检，合格率高达95%。构建了数据“一张图”到评价“一张网”，从最初建立的基础数据，到如今的融合数据，自动研判数据完整性、配套率、规范性，自动计算生成考核名次，使考核流程更加公正、便捷、高效。据调查结果显示，智能考评系统使用满意度高达90%。地理信息系统效果如图6-12所示。

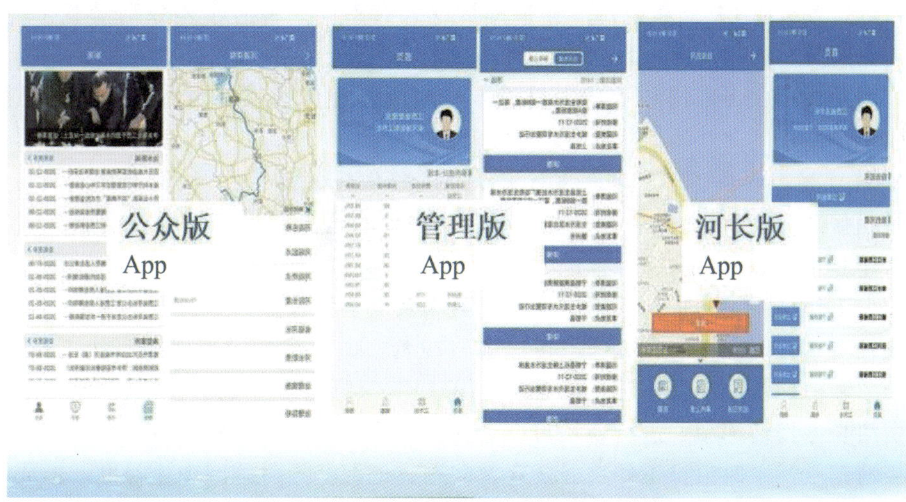

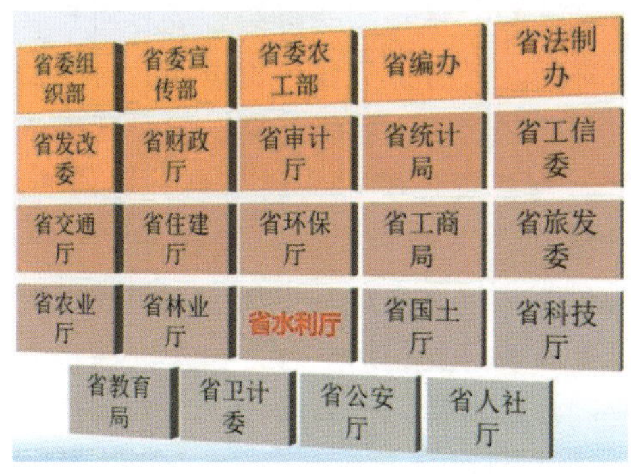

图6-12 地理信息系统效果图

4. 河湖管护体系逐步健全完善

在全国率先出台河长制会议、信息、督办、考核、督察、验收、表彰办法等制度，在全国较早制定颁布《江西省实施河长制湖长制条例》，发布全国首个河湖制工作省级地方标准《河长制湖长制工作规范》。全面实施全流域生态补偿机制，全省补偿资金34.44亿元。强化流域联防联控，全省各市县间签订联防联控协议 200 个。深化“河湖长＋检察长”协作机制，全省联合办案 326 件，铁腕治水成效初显。抚州市生态产品价值实现机制试点、宜黄县河道经营权改革等经验成效广获好评。大力推进生态环境综合执法，全省开发河湖巡查、保洁等公益性岗位助力 1.7 万余名建档立卡贫困人口脱贫。组织开展 2 届河湖长制工作省级表彰，此做法得到水利部的高度肯定，江西省也是经国家批复同意对河长进行表彰奖励的唯一省份。

6.2.3 应用成效

1. 科技赋能，构建了“一个”完整的河长制湖长制组织体系

依托“区域流域制＋四级督查制＋履职评价制＋过程考核制”的河湖长监管体系，创立了“区域＋流域”的纵向到底、横向到边的最高规格的、完整的河湖长制组织体系。江西省在省市县乡村均设立河湖长，较国家方案的四级多了一级，真正形成了纵向到底的河长制组织体系，将工作落实到基层。从横向看，将涉及河湖长制工作的部门确定为河湖长制责任单位，省级由 25 个部门，市县根据情况各有不同。各河段还分别设置了巡河员、监督员、保洁员。同时，通过设立民间河长、企业河长、认领河长、党员河长、“河小青”志愿者等，发挥各职责部门和社会力量投入到河湖管理保护工作当中，真正做到横向到边，形成了河湖长制“江西模式”，受到众多省份效仿。

2. 合纵连横，形成了“两个”运行有效的工作体制机制

依托涵盖 25 个省级责任单位，省、市、县三级的全流域跨部门多层级矩阵式考评体系，创新建立水利部门内部综合推进的内部大循环和水利与有关部门合作治水的内部外部双循环两大工作机制。从水利部门内部看，县级及以上河长办公室设在水利部门。水利部门内部涉及河湖管理保护的相关部门按照各自职责，做好河湖管理保护工作。遇到重点、难点，如河湖清四乱、非法采砂等，靠水利部门一家推动不了的，提交给河长办进行督办，或由河长办提请河湖长进行现场督办。同时，省级由一位厅领导带一个处室专门对接一位省级河湖长，平时汇报工作进展及存在问题，巡河督导时陪同现场督办，形成了水利部门内部的工作合力。从外部来看，每年年初将经省级总河长会议审定的河湖长制年度重点工作任务分解落实到有关部门，各有关责任单位按照各自职责做好河湖管理、保护、治理的相关工作，河长办通过部门联席会、联络员会、联合开展清河行动、通报简报、督办函、河长制信息平台等方式，与各责任单位互通信息、协调工作推进。同时，还建立了“河长＋警长”、“河湖长＋检察长”等机制，充分发挥公安、检察等司法机关的作用。为促进部门履职，我们还由省政府将年度重点工作任务的完成情况纳入到政府对部门的年度绩效考核内容，推进部门全力履职，真正形成各部门共同治水、管水的合力。此项机制由江西省率先创立，众多省份到江西省学习经验做法，得到了广泛传播应用。

3. 建章立制，实现了河湖长制工作“十先”“十有”

率先出台省级工作方案，率先建立配套制度，率先设立河长办专职副主任，率先由省编办批复在水利厅设立河湖长制工作机构，率先升格省河长办主任设置，率先开展河湖长制工作省级表彰，率先升级河湖长制工作思路，率先制订河湖长制地方性法规、率先出版以河湖长制为主题的河湖保护教育读本，率先发布河湖长制工作省级地方标准；实现组织体系有名有实、制度建设有章有法、专项整治有力有效、流域治理有景有品、河湖管护有

创新有突破。众多创新做法，为河湖长制深入实施提供了科学样本，受到众多省份效仿。

4. 专注技术转化、探索河湖保护教育新途径

通过发表论文、培训班、学术交流和发布行业标准指南等形式，持续深化河湖管理保护治理方面的研究探索，同时加大力度推广应用。近几年来，共发表论文 10 篇，举办培训班 10 余场，开展学术交流 5 次，累计培训各级水行政主管部门管理及技术人员 20 余万人次。

编制全国首本中小学河湖保护教育读本《我家门前流淌的河》，并印制 40 万本发放给中小学校作为课外教育读本，拍摄河长制工作纪实片《守护一泓碧波》并在电视台播放，少年儿童护河、爱河意识进一步提升。

河湖管理保护治理工作成效被央广网、国家发展改革委、水利部官网、中国水利报、西部文明播报、江西日报等国家级、省部级主流媒体集中报道宣传百余次，研究成果有效支撑了江西省河湖长制、生态环境治理、生态文明建设等工作，为打造美丽中国“江西样板”提供了坚实水生态基础，为驱动河湖长制全面提档升级提供了江西方案。

6.2.4 效益分析

自 2015 年底江西全面推行河湖长制以来，江西省针对河湖管理保护治理工作中存在的体制机制不够健全、协同发力不够顺畅、问题发现不够及时、整治整改不够高效、监测要素不够全面、监管手段不够先进、工作考核不够科学等一系列痛点难点，开展了产学研用联合科技攻关，历时近七年，克服了国内外无现成技术标准、无可借鉴经验等困难，实现了河湖生态治理应用重大技术突破，走出了一条“管理—组织—技术—数据”的技术创新应用之路，并在国内广泛应用，促进了行业技术进步，为水利高质量发展提供重要的数据支撑。

通过项目实施，全省河湖突出问题有效遏制，河湖面貌明显改善，2015—2020 年，全省地表水断面水质优良比例分别为 81%、81.4%、88.5%、90.7%、92.4%、94.7%，如图 6-13 所示，全部断面消灭Ⅴ类劣Ⅴ类水体，长江干流及五河干流稳定保持在Ⅱ类水质，流域综合治理示范流域（河段）、生态宜居美丽乡村纷纷涌现，河湖生态效益、经济效益和社会效益不断提升。

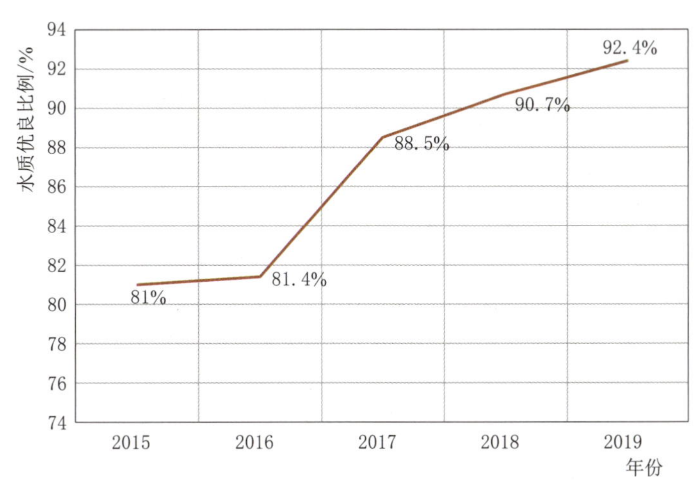

图 6-13 全省地表水水质优良比例

6.2.4.1 社会效益

坚持并完善区域和流域相结合的 5 级河湖长组织体系，各级河湖长全面行动，以签发河湖长令、召开会议、开展巡河督导、现场协调督办等多种方式落实管护职责，25 家责任单位协同发力，有效整治河湖管理问题万余个。制定并深化“河湖长＋检察长”“河湖长＋警长”机制，充分发挥公安机关、检察机关行业职能，形成“三长”联手铁腕护水新格局。坚持全社会共治共享理念，“河小青”、环保志愿者、企业河长、民间河长、巾帼河长等积极开展河道保洁和水生态环境保护行动，全民参与河湖管理保护热情持续高涨。大力实施堤防加固和升级提质工程，94 座万亩圩堤完成加固整治，1664 座病险水库完成除险加固建设，水利基础设施体系进一步完善，河湖管护基础不断夯实，水安全保障能力有效提升。发挥项目优势，连续助力夺取防汛抗旱减灾重大胜利，科学应对 2022 年超历史罕见旱情，减少农业因旱经济作物损失 58 亿元、粮食损失 61 亿元，人民群众安全感显著提升。

6.2.4.2 经济效益

坚持“绿水青山就是金山银山”理念，创新开展流域生态综合治理，探索走出一条经济发展与生态文明水平提高相辅相成、相得益彰的路子。截至 2021 年年底，全省累计完成流域生态综合治理项目总投资超 889.44 亿元，一大批示范流域（河段）治理为广大群众提供良好的生态产品，有效带动了沿岸产业发展和居民增收。印发实施《江西省关于强化河湖长制建设幸福河湖的指导意见》，全面启动幸福河湖建设。全省第一批共确定 108 条（段）河流开展幸福河湖建设，计划总投资约 667 亿元，覆盖所有市县。强化正向激励，拿出 7800 万元对 24 条幸福河湖建设项目进行奖补。截至目前，全省 108 条幸福河湖建设项目全部开工，已完成投资约 414 亿元，达到目标时序。通过幸福河湖建设，进一步巩固了流域生态综合治理成果，推动了水生态价值的有效转化。

6.2.4.3 生态效益

依托河长办平台，重点从水生态治理、流域生态综合治理、源头保护与修复等方面持续发力。2016 年以来，每年持续开展以“清洁河湖水质、清除河湖违建、清理违法行为”为重点，坚决制止河湖范围内的乱占乱建、乱围乱堵、乱采乱挖、乱倒乱排等行为，累计排查河湖“四乱”问题 1962 个。积极推进船舶码头、鄱阳湖总磷、河道采砂整治工作，有力促进污染防治攻坚。重点抓好河道采砂管理，明确 180 处河道采砂管理重点河段、敏感水域河长、行政主管部门、现场监管和行政执法“四个责任人”。坚持规划引领，严格采砂许可，依法许可可采区 202 个。利用采用 GIS 和 GPS 数字屏障技术助力打击非法采砂，近两年共查处非法采砂行为 470 起，移交刑事案件 12 起，有效维护了河道采砂管理秩序。2018 年针对鄱阳湖保护的突出问题，牵头实施鄱阳湖生态环境专项整治行动，至 2021 年取得阶段性成果，鄱阳湖总磷上升问题得到有效遏止。加快推进水生态文明村创建工作，累计创建 836 个省级水生态文明村，河川秀美、百姓宜居的美好画卷徐徐铺开。

第 7 章

结 论 与 展 望

7.1 主要创新点

创新点 1：创新并发展了“天-空-地”立体化河湖长协同巡查技术。构建了基于遥感影像和视频图像的深度学习模型，突破了河湖监管数字屏障技术，实现了涉河湖问题的高效识别和巡查系统研发，构建了河湖长履职体系，全面提高河湖长巡查履职能力。

创新点 2：创新性提出了“点-线-面”全流域水陆共治模式。针对水资源、水生态、水环境和水灾害等涉河湖问题，构建了以水生态文明村落创建为节点，以河湖保护分类施策为轴线，以全流域幸福河湖为示范的河湖治理与评价技术，进一步丰富了河湖长制实施的具体内容，为改善河湖面貌和提升生态功能提供了新的技术治理思路。

创新点 3：创新性构建了“省-市-县”多层级矩阵式治水考评体系。探明了影响全省河湖健康的主要驱动因素，厘清了不同行政层级和责任部门的协同治水关系，构建了河湖长制工作考核指标体系，研发了成效考评-动态分析-过程核算的综合考评系统，构建了河湖长制管理地理信息平台，实现了省、市、县三级全流域跨部门多层级矩阵式考评体系，全面提高了河湖协同管理的整体水平。

创新点 4：首次构建了“制度-标准-科普”为一体的省级河湖长制综合性支撑体系。进一步创新了河湖长制的管理模式，率先制定了“多规合一”的工作规范体系，构建了“议、报、督、考、察”制度体系，打造了丰富多彩的河湖长科普产品，实现了系统集成重大创新，全面提升了支撑河湖长科学决策的能力和水平。

7.2 结论

(1) 通过“天-空-地”立体化河湖长协同巡查技术的创新运用。实现了河湖监管范围内卫星遥感影像，创新构建了标签栅格训练深度学习模型，结合岸线规划、涉水工程审批等信息进行“乱建”行为的智能分析，实现了河湖管理范围内违法建筑物的高效识别，并采用无人机航拍现场取证，实现了“乱建”行为的及时排查、精准识别、现场复核；采用 GIS 和 GPS 数字屏障技术，确定采砂工作面积和范围，实现了动态监控运砂船运行轨迹；通过基于深度学习的采砂船只、采砂载具的目标检测算法，实现了特征量与图像库所有模板的智能匹配，有效解决了采砂船只、采砂载具智能识别难题，为河湖管理范围内“乱采”监管提供了新型技术支撑。成功构建了“区域流域制、四级督查制、履职评价制、过程考核制”的河湖长监管新模式，从而实现更加全面、高效、透明的河湖管理与监督。

（2）通过“点-线-面”全流域水陆共治模式的创新运用。创新开展了以村落为单元的河湖治理与评价技术研究，出台江西省地方标准《水生态文明村建设规范》《水生态文明村评价准则》，成功指导全省 966 个水生态文明村示范创建与评价；创新开展了以河段为轴线的水系连通建设技术研究，研发了水系连通、清淤清障、岸坡整治、防污控污、水土保持、人文景观、河湖管护等技术，印发《江西省水系连通及水美乡村建设试点项目技术导则（试行）》，成功指导全省水系连通及水美乡村试点建设；创新开展了以河段为单元的幸福河湖建设与评价关键技术研究，印发《江西省幸福河湖实施规划编制大纲（试行）》，以规划为引领，统筹谋划，成功指导全省 108 条幸福河湖建设，建立了以平安之河、健康之河、宜居之河、文明之河、人文之河、富民之河为系统层的可评价、可考核的评价体系。

（3）通过对“省-市-县”多层级矩阵式治水考评体系的创新运用。创新提出了涵盖河湖健康保护的目标、政策、参与对象等的河湖长制工作考核指标体系，识别了确保河湖健康的主要驱动因素。创新提出了具有三个层次的河湖长制工作考核细则指标体系，形成了确定的河湖长制工作考核细则指标体系，成功构建了跨部门多层级矩阵式考评体系，形成了动态的、过程化的河湖长制考评结果。构建评分指标权重体系，成功实现对省市县全流域评价指标的即时性分析和自动化算分，对河湖长制综合效能的全面评估，保障河湖健康提供实时指导，并将结果与奖惩机制挂钩，激励各地、各级河湖长和管理机构更好地落实河湖长制工作。

（4）通过“制度-标准-科普”为一体的省级河湖长制综合性支撑体系的创新运用。成功制定了河长制工作方案、湖长制工作方案、流域生态综合治理指导意见、建设幸福河湖指导意见等工作目标体系，明确了不同阶段河湖长制的总体思路、实施范围、基本原则和主要目标。成功构建了河湖长制会议制度、信息通报制度、工作督办制度、工作考核办法、督察制度等制度体系，全面覆盖整个工作体系和流程，对各项工作提出了明确要求，获批全国首个河长制省级表彰项目。成功创制了水生态文明村评价准则、河湖（水库）健康评价导则等一系列地方标准体系，全面加强了河湖长制工作模式、要求、流程规范化建设。形成了河长制湖长制条例、湖泊保护条例、流域综合管理办法等地方法规体系，标志着江西省河湖长制从“有章可循”全面进入“有法可依”。创新打造了一系列河湖长制科普产品。

7.3 展望

（1）不断完善全省统一的河湖长制智慧云平台。运用卫星遥感、无人机、视频监控、手机 App 等实施在线监管手段及信息共享平台，提高河湖违法行为遥感监测、鄱阳湖水面动态监测、河湖圩堤管理范围内违章建筑自动化监测等监测技术进度，实时比对，逐步实时监控、实时上报、实时处置的能力，减少巡河巡湖盲区和死角，持续提升基层河湖长工作效能。

（2）持续推进水生态文明村建设、水系连通及水美乡村建设、幸福河湖建设。以实现“可靠水安全、清洁水资源、健康水生态、宜居水环境、先进水文明”为目标，不断夯实河湖基础设施、提升河湖环境质量、修复河湖生态系统、传承河湖先进文化、转化河湖生态价值，探索打造“河湖安澜、生态健康、环境优美、文明彰显、人水和谐”的江西特色幸福河湖。

（3）不断优化河湖长制成效考评机制和指标体系，大力加强河湖生态环境保护治理基础科学问题研究和科技攻关，系统推进源头控制、过程减排、末端治理等技术集成创新与风险管理创新。同时，根据不同年份河湖治理变化情况，会同涉河湖各省级责任单位，在科学分析的基础上，分工制定年度成效考评指标，定期更新优化“一河（湖）一策”，为水污染治理、水生态修复、河湖健康等保障措施的制定，提供科学可靠的支撑。

（4）继续深入开展建立跨市县合作协作机制，推进上下游、左右岸、干支流联防联控联治，协调解决跨区域河湖管理问题，市县之间签订“对赌协议”。深化“河湖长＋”机制，加强水利部门与审判机关、检察机关、公安机关、司法行政机关的协作配合，不断完善多方联动的河湖管理保护格局。

附录 1

水生态文明村评审指标

类别	指标名称	评价内容	赋 分 标 准
水安全（20 分）	防洪安全（5 分）	防洪减灾措施完善（5 分）	1. 辖内水利工程或山洪灾害防治区、防洪保护区或蓄滞洪区按要求编制了防御预案，得 1 分；预案具有针对性和操作性，信息更新及时，再得 1 分；村干部熟悉预案内容，如职责分工、转移路线等，得 1 分（辖内无上述防洪要求的，可作为合理缺项）； 2. 对洪涝灾害防御知识开展过宣传、培训或演练，能提供有效佐证材料的得 1 分； 3. 防汛物料储备满足规范要求，得 0.5 分；防洪排涝和预警设施齐全，有洪水避险设置和历史洪水记录，得 0.5 分（辖内无防汛物料储备要求或防洪排涝预警设施的，可作为合理缺项）； 4. 村内近 3 年因洪涝灾害出现过死亡或责任事故的，本项不得分。
	饮水安全（10 分）	饮用水源水质符合要求（3 分）	近三个月内水源水质检测报告符合Ⅱ类及以上的得 3 分，Ⅲ类的得 2 分，其他不得分（检测报告由供水企业提供）。
		饮用水卫生标准达标（2 分）	近三个月内的饮用水水质检测报告，符合 GB 5749 水质常规指标限制要求的得 2 分，否则不得分（检测报告由供水企业提供）。
		自来水普及率（5 分）	实现整村自来水全覆盖的得 5 分（存在自打水井或从河湖自由取水饮用的，每发现一处扣 0.5 分，最多扣 1.5 分），只覆盖一半以上的 3 分，无自来水的不得分。
	水域安全（5 分）	水利工程管理规范，设施完好（3 分）	水库、山塘、堤岸、水闸、堰坝、渠系等涉水工程外表规整，管理规范，得 3 分（每发现一处塌陷、破损、水毁或管理较差等情况扣 1 分，最多扣 3 分）。
		落水、溺水防护设施完好（2 分）	1. 水岸有完整的防落水设施，得 1 分； 2. 水边有防溺水警示宣传标识且村民熟悉，得 1 分； 3. 村内水域近 3 年出现过人员落、溺水死忘事故的，本项不得分。
水生态（24 分）	水土保持（5 分）	土地无裸露，水土保持良好（5 分）	1. 村内房前屋后和道路两侧等公共区域无裸露土地（小于等于 $20m^2$），得 2 分； 2. 村庄周边可视范围内无生产建设活动结束后造成的裸露土地（小于等于 $30m^2$），得 3 分。
	水域岸线（5 分）	水域岸线管理良好，环境优美（5 分）	1. 水域岸线采取了工程措施的：①为生态护岸措施，有植被生长环境且管理较好的得 5 分；②为两岸硬化措施，管理较好的得 3 分；③为三面硬化措施，管理较好的得 2 分；④水域岸线管理缺失的本项不得分； 2. 水域岸线未采取工程措施的，视植被生长、干净整洁和环境优美情况：良好得 5 分，较好得 3 分，一般得 1.5 分； 3. 以上二选一打分；存在乱占、乱采、乱堆、乱建或阻碍行洪等涉河湖问题的，每发现一处扣 2.5 分，扣完为止。

续表

类别	指标名称	评价内容	赋 分 标 准
水生态（24 分）	水元素形式（7 分）	有水体穿村、绕村和靠村（7 分）	1. 有天然河流穿村或绕村，水体能保持全年流动的得 5 分，否则得 2 分；有湖泊临村（单个面积不小 10 亩），水位全年较稳定的得 5 分，否则得 2 分；有人工主干渠道穿村或绕村，水体能保持全年流动的得 4 分，能保持半年以上流动的得 2 分，否则不得分（择一项打分，最高 5 分，河道、湖泊和主干渠道要求村内步行 5 分钟以内可达）； 2. 有门塘（单个水塘面积不小于 2 亩，在村内或步行 5 分钟以内可到），得 2 分。
	水系连通性（7 分）	水体连通性和清澈性（7 分）	1. 河湖渠系和门塘实现水系连通的 3 分； 2. 水体感观清澈见底的得 2 分，较清澈但不能见底的只得 1 分； 3. 水体底部有水草或水净能洗衣的得 1 分，水清有鱼的再得 1 分。
水环境（18 分）	污水收集（6 分）	生活污水管沟收集（4 分）	实现全面污水收集的得 4 分（每发现一处未收集的扣 2 分，扣完为止）。
		雨污分流（2 分）	实现全面雨污分流的得 2 分，部分实现的得 1 分，未进行雨污分流的不得分。
	污水处理（6 分）	污水处理系统运行有效，维护得当（三选一，6 分）	1. 利用污水处理设备的： 1）处理设施能正常有效运行的得 2 分（现场查阅运行记录等）； 2）处理后的污水能达标排放得 2 分（提供运营方近三个月出水水质报告）； 3）处理设施及附属设施维护好且管理规范得 2 分（每发现一处破损、锈蚀、杂草丛生和管理不规范情况扣 1 分，最多扣 2 分）。 2. 利用人工湿地或氧化塘等的： 1）处理系统面积与人口匹配的得 1 分；现场查看能出水并有效运行的得 1 分； 2）处理后的污水能达标排放的得 2 分（提供近三个月出水水质报告），无出水水质报告，但感观良好无异味的得 1.5 分； 3）处理系统维护良好，得 2 分（每发现一处基质堵塞、植被迂腐、垃圾沉积或漂浮物、管理不规范等情况扣 1 分，最多扣 2 分）。 3. 利用三格式化粪池的： 1）处理设施能正常有效运行的得 2 分； 2）处理后的污水感观良好无异味的 1； 3）处理设施及附属设施维护好且管理规范得 1 分； 4）全村每发现一户未建化粪池的扣 1 分，扣完为止。
	公共水域水质（6 分）	面源污染有效控制（6 分）	公共水域水质：无富营养化无异味现象的得 6 分，有轻微富营养化的得 4 分，有富营养化或有轻微异味的得 2 分，有黑臭水体的不得分。
水文化（8 分）	水文化遗产（2 分）	水文化遗产发掘与保护（2 分）	1. 村内有古井、古桥、古陂坝、古堰、古码头等涉水建筑物（步行 10 分钟之内）：保存完好的得 1 分，保存一般的只得 0.5 分，未有效保护的不得分； 2. 有治水人物或事件，记录完整的得 1 分（如地方志、碑记、宗谱等）。
	文化遗产（2 分）	其他文化遗产发掘与保护（2 分）	1. 有宗族祠堂且保存完好，得 0.5 分； 2. 有古树且保存完好（有县级及以上主管部门颁发的铭牌，步行 5 分钟之内），得 0.5 分； 3. 有传统文化或红色文化等传承遗产且记录完整的得 1 分。

续表

类别	指标名称	评价内容	赋 分 标 准
水文化（8分）	水文化与法治宣传（4分）	水文化与法治宣传（4分）	1. 对上述自有文化遗产进行了广泛宣传：以固化方式宣传的得1分，仅以临时性横幅标语宣传的得0.5分； 2. 除自有文化遗产外，对其他水文化进行了广泛宣传：以固化方式宣传的得1分，仅以临时性横幅标语宣传的得0.5分； 3. 对涉水法律法规进行了深入宣传：1）以固化方式宣传的得1分，仅以临时性横幅标语宣传的得0.5分；2）传播手段生动有效，运用典故、格言、警句、谜语、标语、案例等多种形式（每有一种得0.3分，满分0.5分）；3）传宣传内容准确无误、通俗易懂、更新及时，得0.5分。 注：固化宣传方式是指利用电子屏、橱窗、灯箱、草坪牌、石刻、墙绘等多种载体进行。
水管理（30分）	亲水空间（4分）	建成亲水、近水配套设施（4分）	1. 有滨水绿道（大于500m），得1分； 2. 有桥（主要水体内），得1分； 3. 有近水踏步（大于5步），得1分； 4. 有水岸文化长廊（大于10m），得1分； 5. 有亲水平台（大于5m^2），得1分； 6. 有水景观，得1分； 7. 以上可累计得分，最多得4分；每条要求离村庄的距离在步行5分钟范围之内，设施规整完好。
	水面整洁性（2分）	水面无垃圾、杂物漂浮（2分）	公共水域无垃圾倾倒，水面无漂浮物、水华和成片水葫芦等得2分，每发现一处扣1分，扣完为止。
	交通便捷性（2分）	交通便利性（2分）	距离高速出口30分钟，或国道20分钟，或省道15分钟，或县道10分钟车程，或所在乡镇15分钟车程，得2分。
	道路规整性（2分）	村道、人行道铺设完善（2分）	1. 村内主要公共道路固化，得1分； 2. 道路平整，无破损，雨天不泥泞，得1分。
	建筑风格与规模（7分）	村庄规整有特色，有一定的规模（7分）	1. 村庄规整有序，建筑风格有特色，色调和谐统一：良好得6分，较好得4分，一般得1.5分，较差不得分； 2. 自然村户籍人口不少于50人或日均流动人口不小于100人，1分。
	村容村貌管理（5分）	固体垃圾处理（2分）	实现了固体垃圾整体收集和定时转运的得1分，在此基础上实现分类的得1分。
		村庄整洁性（3分）	村内外道路及两侧、房前屋后和各类公共区域无明显垃圾、杂物堆放整齐，路旁围墙，无不雅涂鸦的得3分。每发现一处扣1分，扣完为止。
	制度建设（6分）	文化制度建设（4分）	1. 有公共议事和文化宣传阵地固定场所的得1分； 2. 有涉水的管理制度、村规民约，及时上墙布告并能提供执行记录的得1分； 3. 按要求设置了河长制公示牌的且内容规范的，得2分。
		管理人员和职责（2分）	有涉水事项管理人员的得1分，职责明确的再得0.5分，有考核制度的再得0.5。
	附属设施（2分）	配套广场和健身设施（2分）	1. 有可用于聚集、休闲的广场或礼堂，得1分； 2. 有可用于健身、休闲的设施，得1分。

续表

类别	指标名称	评价内容	赋　分　标　准
创新示范（4分）	特色创新（2分）	生态文明探索创新（2分）	所在自然村或所在行政村因特色创新得到主流媒体正面宣传报道：国家级的得2分，省部级的得1.5分，市厅级的得1分（报道内容要和水生态文明相关，不重复计分）。
	示范表彰（2分）	示范表彰（2分）	所在自然村或行政村获得了上级表彰示范称号：省部级及以上得2分，市厅级的，得1分（不重复计分）。
总　计		104分	

附录 2

江西省幸福河湖评价指标赋分标准

目标层	系统层	准则层	一级指标层	序号	分值	二级指标层	计算方法	赋分标准
幸福河湖	河湖系统治理	平安之河	防洪安全	1	8	防洪达标率（8分）	防洪达标率＝达到防洪标准的河段（湖岸）长度/河流（湖岸）总长度×100%	①防洪达标率100%，8分，小于等于75%的不得分，其余按线性插值赋分； ②病险水库、水闸等水利工程未按要求除险加固的，此项不得分； ③无防洪任务的，作缺项处理。
				2	4	排涝达标率（4分）	排涝达标率＝达到排涝标准的涝区面积/流域涝区总面积×100%	排涝达标率100%，4分；小于等于75%的不得分；其余按线性插值赋分
			供水安全	3	3	供水安全保障水平（3分）	城乡居民自来水普及率＝接受公共管网集中供水人口/常住人口×100%	①河湖取水工程或设施取水能力满足供水需求，得1分，每发现1处不满足扣0.5分，扣完为止； ②城乡居民自来水普及率100%，2分，低于40%不得分，其余线性插值赋分。
		健康之河	陆域生态健康	4	4	水土保持率（4分）	水土保持率＝水土保持状况良好面积（非水土流失面积）/流域（区域）面积×100%	①水土保持率达到或高于省平均水平的，得2分，每减少5%，扣1分，扣完为止； ②幸福河湖建设期间，新增水土流失治理任务分解落实到地块且按时报送水土流失治理措施图斑矢量文件的，得1分； ③幸福河湖建设期间，完成上级下达的水土流失治理任务的，得1分。
			岸线生态健康	5	5	岸线自然状况（5分）	岸线自然状况＝河（湖）岸带稳定性赋分×0.4＋河（湖）岸带植被覆盖度赋分×0.6	赋分值乘以0.05。

续表

目标层	系统层	准则层	一级指标层	序号	分值	二级指标层	计算方法	赋分标准
幸福河湖	河湖系统治理	健康之河	水域生态健康	6	5	生态流量满足程度（5分）		①已批复生态流量保障目标的河湖，指标赋分为生态流量达标天数比例与 100 和 0.05 的乘积； ②未批复生态流量保障目标的河湖，常年不断流，得 5 分，否则，不得分。
				7	5	大型底栖生物完整性指数（5分）		以参照点位 B－IBI 值由高到低排序，取 25%分位数作为最佳期望值，P－IBI 值大于等于 25%分位数值，赋分 5 分；小于参照点位 25%的分布范围，通过五等分，分别代表各级划分标准，各节点赋分分别为 4 分、3 分、2 分、1 分和 0 分，采用区间线性插值赋分。
		宜居之河	水污染防治	8	3	入河（湖）排污口规范化整治情况（3分）		①入河（湖）排污口达标排放，2 分； ②入河（湖）排污口完成规范化建设，1 分； ③无入河（湖）排污口，作缺项处理。
				9	3	主要污染物总量减排情况（3分）	河湖所在县级行政区域万元 GDP 污染物排放量＝污染物排放量/万元 GDP	达到考核要求的，得 3 分，否则不得分。
			水质达标	10	9	水质状况（9分）	水功能区水质达标率、优良水质比例、地表水集中式饮用水源地水质状况	①水功能区水质达标率 100%，得 3 分，低于 75%，不得分，其余线性插值； ②Ⅰ类水质得 3 分，Ⅱ类水质得 2 分，Ⅲ类水质得 1 分，其余不得分； ③地表水集中式饮用水水源地均达标的，得 3 分，没发现 1 处不达标，扣 1 分，扣完为止。

续表

目标层	系统层	准则层	一级指标层	序号	分值	二级指标层	计算方法	赋分标准
幸福河湖	河湖系统治理	宜居之河	水休闲魅力	11	5	城乡居民亲水指数（5分）		①有滨水慢行道、河埠头、亲水平台、便桥等亲水设施，2分； ②在保障安全的情况下，平均每公里河长亲水设施≥2，得1分，小于2得0.5分； ③亲水设施的亲水性质量较好（亲水设施不仅使居民可以安全观赏河湖风景，还可较为便捷到河边嬉戏），得1分； ④亲水设施管护较好（亲水设施具有卫生、设施整洁、设施安全等日常维护，居民亲水设施整体环境优良），得0.5分； ⑤亲水设施安全性较好（亲水设施具有明显的安全指示引导牌等，下河戏水处配备安全引导员和救生圈等应急装备，保证居民亲水过程的安全性），得0.5分。
		文明之河	河湖管理能力	12	10	河湖管理智慧化水平（10分）	统计平台相关数据类别（河湖划界、涉河建设项目等），信息类别（无人机、无人船、物联网、卫星遥感等）及其项数；河湖智能化管理功能（“四预”、巡河管理、职能识别、问题预警、智慧调度等）；防洪预警预报能力；河湖智慧化监测感知设施完善程度	①数据和信息类别（卫星遥感、视频监控、无人机无人船、物联网等），有4项及以上得2分，有3项得1.5分，有2项1分，有1项0.5分； ②具有智慧化管理功能（“四预”、巡河管理、智能识别、问题预警、智慧调度等）2项及以上的，得2分； ③根据 GB/T 22482《水文情报预报规范》，洪水预警预报精度及预报时效主要分为甲、乙、丙三个等级，分别表示优秀、良好、合格。若都为甲等则为极优赋3分，若一个甲等一个乙等则为较优赋2分，若一个甲等一个丙等或两个乙等则为良好赋1.5分，若两个丙等则为中等赋1分，若只有一个不及格则为较差赋0.5分，若两项都不及格或该地区无洪水预警预报能力则赋0分； ④在线监测设施类别（水位、流量、水质、视频影像）设施均符合技术标准的，得3分；有1类不符合标准的，扣1分，扣完为止。

续表

目标层	系统层	准则层	一级指标层	序号	分值	二级指标层	计算方法	赋分标准
幸福河湖	河湖系统治理	文明之河	河湖管理成效	13	8	河湖管理成效情况（8分）		①无“四乱”状况的河段/湖区赋分5分；“四乱”一般问题扣1分，较严重问题扣2分，重大问题扣3分；上级暗访督查交办的“四乱”问题、“清四乱”专项行动以及日常巡查发现的“四乱”问题清理整治情况，每发现1处未整治，扣3分，扣完为止；
								②完成河湖管理范围划界并公告，1分；
								③编制河湖岸线保护与利用规划并获得批复，1分；
								④涉河项目审批率为：100%，且无超范围审批、越级审批等情形，得1分。
	助力流域发展	人文之河	水文化宣传与挖潜	14	8	河湖幸福公众满意度（8分）	有效调查公众的满意度赋分均值，有效调查公众人数不少于100人，问卷详见附件2	河湖幸福公众满意度赋分均值为100，8分，均值≤50，不得分，其余线性插值赋分。
				15	8	河湖文化载体建设情况（8分）	①文化传承情况，数量折算公式：（县级＋市级×2＋省级×3＋国家级×4）/（流域面积/100）	①文化传承情况，数量≥10项，得4分；≤2项，不得分；其他按照线性插值赋分。
							②文化融合情况	②文化融合情况度，水文化元素数量≥5项，得2分；≤1项，不得分；其他按照线性插值赋分。
							③文化宣教科普教育，计算出版物、视频、活动、产品、报道等成果的数量	③文化宣教科普教育，成果≥5项，得2分；≤1项，不得分。
				16	2	河湖文化旅游开发情况（2分）		按照城市总体规划、旅游发展规划等相关规划要求，在河湖开发利用空间内开展了合法旅游产业经营活动（含水上和岸带旅游观光产业、生态农业体验等）的，可得2分；按照规划要求，应在河湖开发利用空间内开展旅游产业经营活动而实际未开展的，本项不得分。

续表

目标层	系统层	准则层	一级指标层	序号	分值	二级指标层	计算方法	赋分标准
幸福河湖	助力流域发展	富民之河	水经济	17	5	居民人均可支配收入（5分）	居民人均可支配收入的相对水平及增长情况	①河湖流经的乡镇（街道）居民人均可支配收入高于河湖流经区域共同的上一级行政区域平均水平的，得3分； ②居民人均可支配收入增速高于省平均水平的，得2分。
			水资源节约	18	5	用水总量和强度双控情况（5分）	主要评价用水总量和强度双控目标落实情况	用水总量控制方面： ①河湖所属县级行政区域年度用水总量符合用水总量控制指标要求、年度地表水用水量符合水量分配方案明确的区域水量分配份额要求的，得2分； ②完成上级政府下达的非常规水源利用目标的，得1分。 用水强度控制方面： ①达到同类地区市级行政单元先进值的，得2分； ②达到同类地区省级行政单元先进值的，得1分； ③未达到上述先进值，但所在县级行政区域入选水利部节水型社会建设达标县（区）名单的，得1分。
	加分项			19	5	水文化遗产保护数量（5分）	水文化遗产保护数量＝（县级＋市级×2＋省级×3＋国家级×4＋世界级×5）/（流域面积/100）	遗产数量≥5，得5分；≤2，不得分；其余线性插值赋分；遗产资格被取消，或者被人为损毁，不得分。

参考文献

［1］ 陈健，庄超，付琦皓，等．基于政策分析和实践调查的河湖长制考核工作研究［J］．水利发展研究，2022，22（2）：20－29．

［2］ 陈晓，刘卓，戴向前．河湖长制考核典型案例分析及对策建议［J］．水利发展研究，2024，24（3）：91－94．

［3］ 袁群．国外流域水污染治理经验对长江流域水污染治理的启示［J］．水利科技与经济，2013，19（4）：1－4．

［4］ 范兆轶，刘莉．国外流域水环境综合治理经验及启示［J］．环境与持续发展，2013，1：81－84．

［5］ 陈洁敏，赵九洲，柳根水，等．北美五大湖流域综合管理的经验与启示［J］．湿地科学，2010，8（2）：189－192．

［6］ 可持续流域管理政策框架研究课题组．英国的流域涉水管理体制政策及其对我国的启示［J］．水利发展研究，2011，11（5）：77－81．

［7］ 余辉．日本琵琶湖的治理历程、效果与经验［J］．环境科学研究，2013，26（09）：956－965．

［8］ 于秀波．澳大利亚墨累—达令流域管理的经验［J］．江西科学，2003（03）：151－155．

［9］ 朱威．强化太湖流域治理管理　推动新阶段流域水利高质量发展［J］．中国水利，2023（24）：54－55．

［10］ 孙铭敏．我国华东地区突发环境事件应急管理机制研究［D］．上海：华东政法大学，2015．

［11］ 李晓玲．流域机构水资源管理角色困境研究——以韩江流域管理局为例［D］．汕头：汕头大学，2020．

［12］ 李忱庚．辽宁省重点流域水生态环境保护“十四五”规划研究［J］．水资源开发与管理，2023，9（12）：18－25．

［13］ 赵晖，朱凯群，袁芳，等．江苏省太湖流域湿地保护现状与空间布局［J］．湿地科学与管理，2023，19（3）：69－72．